进化中的城市

——城市规划与城市研究导论

帕特里克·格迪斯

（Patrick Geddes，1854.10.02—1932.04.17）

爱丁堡，从王子大街望向城堡和古城

国外城市规划与设计理论译丛

进化中的城市

——城市规划与城市研究导论

[英] 帕特里克·格迪斯　　著

李　浩　吴骏莲

叶冬青　马克尼　　译

邹德慈　　审校

中国建筑工业出版社

图书在版编目（CIP）数据

进化中的城市——城市规划与城市研究导论 /（英）格迪斯著；李浩等译. —北京：中国建筑工业出版社，2012.2
（国外城市规划与设计理论译丛）
ISBN 978-7-112-13812-8

Ⅰ.①进…　Ⅱ.①格…②李…　Ⅲ.①城市规划　Ⅳ.①TU984

中国版本图书馆CIP数据核字（2011）第253660号

Cities In Evolution: an Introduction to the Town Planning Movement and to the Study of Civics/
Patrick Geddes, 1915
Chinese Translation Copyright © 2012 China Architecture & Building Press

本项目由"北京未来城市设计高精尖创新中心——城市设计理论方法体系研究"资助，项目编号
UDC2016010100

责任编辑：董苏华
责任设计：赵明霞
责任校对：姜小莲　关　健

国外城市规划与设计理论译丛
进化中的城市
——城市规划与城市研究导论
［英］　帕特里克·格迪斯　著
李　浩　吴骏莲
叶冬青　马克尼　译
邹德慈　审校
*

中国建筑工业出版社出版、发行（北京海淀三里河路9号）
各地新华书店、建筑书店经销
北京嘉泰利德公司制版
北京云浩印刷有限责任公司印刷
*
开本：787×1092毫米　1/16　印张：13$\frac{1}{2}$　字数：278千字
2012年1月第一版　2017年11月第二次印刷
定价：52.00元
ISBN 978-7-112-13812-8
　　　（30145）

目 录

中文版序

　　这是西方近现代城市规划史上一本经典著作，虽常为城市规划学界所乐道，但至今未被完整翻译成中文。1998年金经元先生所著《近现代西方人本主义城市规划思想家：霍华德、格迪斯、芒福德》一书中曾节译介绍过该书的主要内容和作者的主要思想，但仍未能窥其全貌。最近李浩等几位同志翻译了作者1915年的初版，历时近一年，可谓是一项艰苦的"壮举"。主要原因是该书原著写作离今已近百年，时代背景有很大不同，语言文字也不通俗，表述方式独异，读来有点晦涩之感。但这些掩盖不住其内容之丰富和思想之深刻。我愿择若干要点向读者作些介绍。

　　作者写作此书处于20世纪初，第一次世界大战前，世界处于新旧变革的动荡时期。一方面新的科学技术大量出现，另一方面西方主要国家（表现在大城市）的社会经济矛盾日益尖锐。老工业城市（如伦敦、爱丁堡）工人居住状况恶化，贫困现象突现。西方国家开始出现以"新技术时代"为标志的"城市规划运动"。1875年的巴黎改建、1893年的芝加哥美化、1898年的"田园城市"理论以及德国当年的城市建设等都进入了作者的视野。

　　作者本是一位生物学家，但是他视野广阔，知识渊博，头脑睿智。他从爱丁堡大学著名的瞭望塔里，跨出生物学，进入经济学、社会学、规划学广泛领域，观察城市，认识城市，研究城市。他的方法是走向社会，深入生活，接触实际。他游历过世界很多国家推行他的规划方法，其要点应该是：先调查（研究它的历史和现在），再规划它的未来。

　　作者通过城市研究，较早察觉大城市扩展蔓延的特点，提出组合城市（conurbation）的概念。他对英格兰和苏格兰若干组合城市的组合和划分，至今仍有现实意义。他甚至已预见了美国东海岸的巨大城市链。

　　作者以敏锐的眼光看到了工业化社会两个阶段的差别和交替。他把能源和动力作为分野的标志。以煤炭和蒸汽机作为"旧技术时代"，以化石燃料、电力和内燃机作为"新技术时代"的特点，并通过研究来探索城市的相应变化。这对今天处于工业化、现代化、城镇化过程中的中国读者会有多少启示呢？

　　作者重视城市调查，他倡导的调查既重历史，又重现实；既见物，又见人。他强调"人、工作和场所"的关系；认为城市是"人类的家园"。但是，作者认为自己所调查的所谓旧技术工业和旧技术经济活动的综合成就下的城镇，用一个词来概括，那就是——贫民窟。

　　作者是一位人文主义的城市学者，他云游四方，宣传他的观点，为城市规划美好的未来。他自认为是在推动一个城市规划运动。他举办展览会，与公众沟通；他倡导建立"城市学"（城市科学），认为仅有城市规划是不够的。他说："如果城市规划是为了迎合城市生活的需要，是为了帮助城市发展，并促进城市进步，那么他必须确切地了解和理解这个城市。为了减轻城市弊病，城市规划需要在治疗开始之前进行诊断。为了表达其最高目标，城市规划必须欣赏和分享这些目标。因此城市规划和城市学必须共同前进。"

　　作者关于"城市精神"的提出是一段非常深刻的有关城市历史传承（包括物与人两个方面）的精彩论述，今天读来仍有启发。

　　"城市的进化和人的进化必须同步前进。"

邹德慈

2011 年 9 月 6 日

注：邹德慈，中国城市规划设计研究院学术顾问，中国工程院院士。

前　言

　　从开篇之语到末尾结语，本书显然既不是为城镇规划师或市政议员准备的学术论著，也并非向社会学家或教师提供的城市学教科书，老实说，它是一个导论性的读本。然而，本书并非只是向公众普及日益复兴的城镇规划艺术和城市科学知识。本书的写作，旨在以不同的方式，展示所有这些兴趣和目标的内在一致性；并强调与之进行更有准备的接触和更完美的合作的可能性。这一切，并不仅是一般的道德或经济呼吁，而是试图用具体的论据及地方性的实例来说明，我们的那些长期以来被分隔开来的生活和处世行为，能够通过一种富有建设性的市民关系（citizenship）予以联合起来。尽管当前我们有各种困难——工业方面的，社会方面的，政治方面的——但是，在我们周围，仍然有可资利用的公众进取精神，借此，必将全面发展到一个更高水平的工业文明社会。

　　城市复苏和建设性的努力已全然开始，处于旺盛的发展之中，不仅是为生存，而且也是为更长足的发展，朝向各种各样的鲜花和果实——区域和城市的文学、历史、艺术及科学之鲜花；城镇社会复兴之果实，或著或微。此种复兴，涉及越来越多的家庭和个人福祉，在其蓬勃的发展过程中，艺术创作将会被再度激发，并与工业活动比翼齐飞，就像以前那样。

　　这并非"只是乌托邦"（utopian），尽管老实讲，它确实有点优托邦（Eutopian）。关于城市问题（matters civic），就像单一的科学领域一样，源自所调查和说明的事实，借此我们得到对进化趋势的宏观认知，甚至于预见其更长足的发展；因为，通过经由选择的最优化成长，我们能够培育出更佳的品种。

　　此外，本书甚至也对职业城镇规划师发出呼吁，尽管对于本书所包含的一些事实，他可能已经有所了解。本书的一个明确原则是，我们的讨论不能过于简单，像很多人那样，停留在对基层问题上的交流而得出简单的观点，譬如涉及美学感受的透视图等。或许可能，而且更为重要的，是去探求城市的精神、城市历史的本质及其持续的生命。这样一来，我们的规划设计工作就能去表述、激励甚至挖掘城市发展的最高可能性，并更有效地应对城市的物质需要和根本需求。

　　对于将要被规划的城市，我们的调查和分析工作再怎么深入都不为过——调查它过去的和现在的最高级形态，最重要的是，既然规划是要面对问题（planning is the problem），那就必须预见它已经开始的发展趋势。对于它的城市特征，它的集体精神，应或多或少地进行辨识和讨论；对于它当前的日常生活，应当更深入地接触；对于它的经济效益，应当更深度地激发。通过城市活力和生活的自我复兴，人们已改善的生活条件被明确地予以考虑，内部循环和外部更大范围的流通活动将变得更加清晰起来，建设性的效率和艺术影响都将比之前更加可靠。这是因为，对于城市的考量，必须阐明和控制其地理性要素，反之亦然。因而，理想主义和客观事实并未被割裂开，而必须被紧密地联系起来，因为我们日常的脚步被理想的趋向所引导，它们不可能远及星辰，但必须有所成就，避免走向衰败。

那么，优托邦存在于我们周围的城市，它必须在各地被加以规划和实现，依靠我们这些公民——真实存在的城市或日益显现的理想城市中的每一个市民。

必须向许多朋友表达谢意，尤其是那些正在成长中的一代城镇规划师，他们为本书作出了巨大贡献；如果非要提到其中的某个人，他应该是雷蒙德·昂温（Raymond Unwin）。也应该向其他一些同事致谢，他们和我一起，共同在都柏林（以前曾在爱丁堡、伦敦等）从事城市改良研究（civic betterment）；他们中有很多都是女性，我愿将本书献给在城市工作方面最具效率和组织能力的阿伯丁女士（Lady Aberdeen）。再次向那些为数不多的先驱政治家们致谢，他们极大地推动了城镇规划运动的发展——当然，这主要由约翰·伯恩斯（John Burns）阁下所领导，随后被时任苏格兰大臣的彭特兰勋爵（Lord Pentland）以及现任爱尔兰大臣的阿伯丁勋爵（Lord Aberdeen）更深入地执行，有力地推动了都柏林的城镇规划和住房建设的发展。

更详细的致谢也是必不可少的，尤其对于 M·巴塞洛缪（Messrs Bartholomew）父子而言，他们授权从《英格兰地图集》（Atlas of England）引用本书第 2 章中的人口地图；并且为图 16 至图 19 提供《威尔士风景》（The Welsh Outlook），为加的夫市中心景观图提供《西部邮政》（Western Mail）。另有几张图纸和照片是通过尤尔特·库尔平（Ewart Culpin）、W·H·戈弗雷（W. H. Godfrey）以及雷蒙德·昂温而得到的。本书最前面的插画和其他 3 个爱丁堡的照片是由爱丁堡的弗兰克·英格利斯（Frank Inglis）先生授权使用的，而邓迪（Dundee）和汉普斯特德（Hampstead）的照片则是由邓迪 Messrs Valentine & Sons 有限公司授权使用的。

最后，但并非微不足道的，非常感谢我的朋友和同事 F·C·米尔斯（F. C. Mears）先生提供的许多插图；并感谢我的妻子和女儿在证据、索引和插图方面所给予的帮助。

读者朋友或许会注意到，本书的写作是在战前[1]，这里除了增加结语之外，没有改动过一字一句；因为本书的主旨以及对德国城市的赞赏或批判，并未受到形势变化的影响。下文中将要频繁提及的城镇规划展览，曾经以插图的方式充分地展示了城市发展的历史，已完全被警戒且野心勃勃的"埃姆登"（Emden）所摧毁，但依然在复兴之中重建。

帕特里克·格迪斯

1　即发源于欧洲但波及全世界的第一次世界大战（1914 年 8 月—1918 年 11 月）之前。——译者注

第1章

城市的进化

　　这里将要讨论的城市的进化，并非对城市起源的展示，而是关于当代社会进化的研究，对于未来前进趋向的探究。从事城市研究和城市改良的困难。旨在唤起如收藏家和艺术家、建筑工人、家庭主妇和手工艺人等各阶级的兴趣的范例。对于诸如中世纪城镇（medieval towns）等流行思想的必要修正。旅行者及其把握"概要性景观"（synoptic vision）的需要。从亚里士多德（Aristotle）到亚当·斯密（Adam Smith）。当前的教育工作在阻碍从抽象的政治学向具体的城市学发展方面存在过失。关于前者的批判：需要如都柏林和贝尔法斯特（Belfast）的具体知识。关于伦敦问题的政治态度和城市态度，分别专注于选举回馈和城镇规划。

　　在欧洲和在美国都很相似，城市问题已成为头等大事，并愈加呼唤对其进行研究和治理。任何党派的政治家们都不得不承认，那些传统的政治方法已不足以应对这些问题。今日之教授——国立的或普通的历史学家，这所学校或那所学校的经济学者——长期工作于不同的领域；尽管一些新型城市研究学者正在许多城市中出现，但他们中尚没有形成明确的一致意见，即便只是调查方法，更不要说其结论如何。然而，在我们的城市中——这里，那里，或许到处都是——一种新的激动人心的行为，一种新的思想意识的觉醒，已然开始，没人能否认；同样不可否认的是，到处都是新的政策和抱负，新的景象及影响；政治家和思想家们正对其进行重新审视。一种新的社会科学正在形成中，一种新的社会艺术正在发展中——这些，对于当代社会进化的每一个观察家而言，仍然是完全陌生的；今日之传媒和国会也已开始关注，即便是最保守的镇议会（town councils），最顺从的投票者，最平凡的纳税人，明天也都将很快醒悟。柏林和波士顿，伦敦和纽约，曼彻斯特和芝加哥，都柏林，以及一些小城市——直到最近，无疑仍然主要关注于皇权或国家政治，关注于财政金融，商业贸易，或加工制造业——不是都正趋向于新的、更亲密的自我意识吗？而城市自身仍然是难以言语的：我们难以给它以清晰的表达；迄今，城市仍然主要处于各种情感的冲突阶段，痛苦与愉悦，自尊与羞耻，忧虑与希望，不尽相同地混杂在一起，此种情况下，明确的观念或理想只能在这里或那里开始萌芽。本书正是思想全面激发（general fermentation of thought）的产物——无疑仍是非常不足的。而这种新生科学的素材，并不只是由图书馆员所搜集，以各种不同的形式所出版发行，从学术专著到热情洋溢的畅想书（passionate appealings），从统计表格到流行的图画书（popular picture-books）：它们正在我们的头脑中萌芽，即便是我们在街道上行走之时，即便是我们阅读报刊之时。

我们能否以自己的方法开展城市研究，开展关于城市进化的探究，就像美国城市研究者通常所喜欢的那样，采取现代的路线，像我们发现它们的那样去思考它们？或者，我们能否遵循历史的和发展的方法，就像诸多的欧洲城市自然而然地所吸引我们的那样？或者，如果结合采取两种方法，那么以什么样的比例，什么样的次序？进而，难道我们不能超越历史的和现在的，去探寻城市的未来么？

关于人类进化的研究，并非只是对历史起源的一种回顾。这只是一种人类古生物学——人类考古学和历史学。它甚至并非对当前实际社会进程的分析——社会人类生理学（physiology of social man）抑或经济学（Economics）。第一个问题是根源（Whence）问题——人类社会是从何处开始的？此外，第二个问题是，它是怎么开始的？——人们是怎么生活和工作的？——进化论者还要问及第三个问题，最好不是关于过去，而是下一步将会如何？——就像某些事情终将来临；更确切地说，是去往何处？——将要发展到哪里？进化的观念的确是必不可少的——尽管是难以理解的，也更难于实际应用——因此，不应当仅仅调查今日之人类社会如何从昨日发展而来，而且还应当去预见明天甚至是现在已萌芽的发展可能，并为之而准备。这样的研究当然是困难的——使我们回归于对现实情况的调查，以及追溯其较早的状态；自从进化论学说清楚地进入人类的视野以来，所有的专家们已经没有眼见或勇气回归至进化论的首要问题，根据这些必要的且具吸引力的调查结果——从貌似变幻不定的发展变化中，对当前的发展趋向进行辨识。

总而言之，辨识城市过去的历史起源，解析城市当前的生命进程（life-processes），不只是合理而颇具吸引力的调查研究，而是对每个城市研究者都必不可少的工作内容——不论是他将游历世界城市（world-cities）并展开调查研究，或是安坐于家中进行研究。这就像农学家，除了对苗木和作物的历史谱系及当前状况的兴趣之外，他一定不会冒着毁灭的危险，疏忽掉为下一个季节而应做的积极准备，他一定会重视关于农业应用的各种研究。对于市民而言，也同样如此。当然，对于所有人而言，进化的进程虽然十分诡秘，但毕竟是最为明显且能迅速得到证明的。每一座城市都被无数的朦胧景象所环绕，每种景象都可能纵横交错、复杂多变。这种模式看似简单，实则复杂，常常像难以阐明的迷宫般，且当我们对其观察的时候，一切均在不断变化之中，每时每刻。不仅如此，这种特别的网络已经重新自我地编织起来，形成新型且巨大的联合体（combinations）。而在这迷宫似的城市联合体（civicomplex）中，并没有纯粹的观众（spectators）。盲目的或有远见的，善于创造或不假思索的，欣喜的或厌恶的——每个人都在纺织着生命的脉络，不管是病态的或健康的，越来越好或是越来越差。

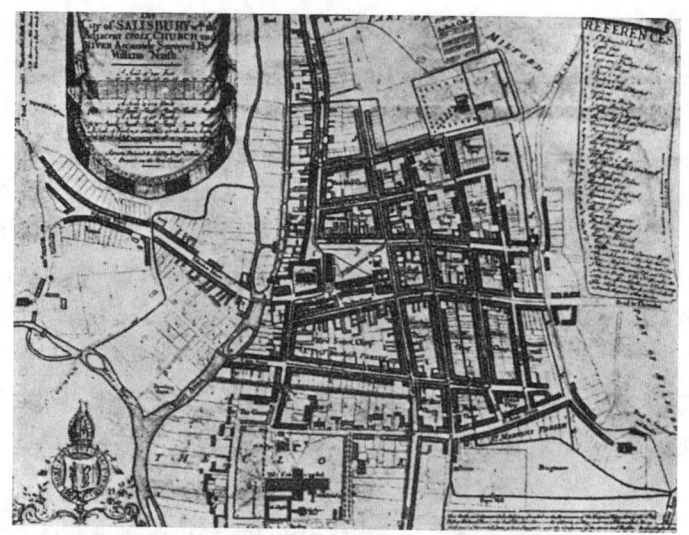

图 1　索尔兹伯里：18 世纪的规划图，体现出最初规划（13 世纪）的痕迹

　　由于物质对象的浩瀚，我们的工作是难以开展的。在总体上，应当讨论城市的什么问题？关于罗马、巴黎或伦敦的参考书究竟在哪里？有没有一本丰富且精简的版本？书店的橱窗中什么时候能够摆上一些有漂亮插图的书目，每一本介绍一个城市？这些书目中何时会有关于每个城市的大量文献的介绍，广泛的，不只是偶尔的？以一个最小的历史城市为例——一个目前在英国不太知名，在美国更鲜为人知的历史城市，这里受早先的爱国主义和文化传统的影响，发生过许多著名的伟大事件——厄斯金·贝弗里奇（Erskine Beveridge）先生的《邓弗姆林书目》（*Bibliography of Dunfermline*）是一本内容丰富的八开本名著，已经出版了足足两摞！

6

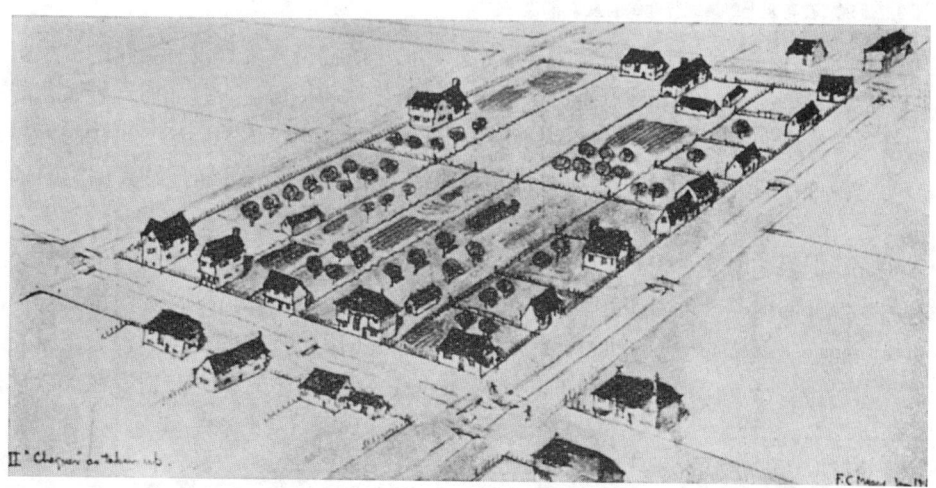

图 2　早期的城市街区规划效果图

　　此外，每个专家，也包括每个一般读者，倾向于将其兴趣限于自己的经验领域。如果要引起文物学者或旅游者的兴趣，我们首先要从他们自己的想法出发；但是我们要去了解，我们究竟能够怎样去展现它们，以一座最为喜爱的大教堂城市（cathedral cities）为例——索尔兹伯里——是如何被规划的。在 1220 年索尔兹伯里的主教（Bishop）从古塞勒姆（Old Sarum）[1] 退出的时候，它给广大市民留下了一个已建成的真正的田园城市（garden city）；因而，最初的索尔兹伯里，在 6 个世纪之前就神奇般地与今天的莱奇沃思（Letchworth）和汉普斯特德（Hampstead）的田园式城郊这般相像，只要关注一下它的住宅就能明白。的确，正是这些住宅的建造者，率先认识到了索尔兹伯里所具有的大型花园空间（greater garden space）及贯穿石板街道的溪流的发展优势；更不必说耸立其中的高贵的大教堂。因而非常有趣地，文物学者现在就成了引导我们追因溯源的恰当人选，追溯古老的花园社区，是如何相

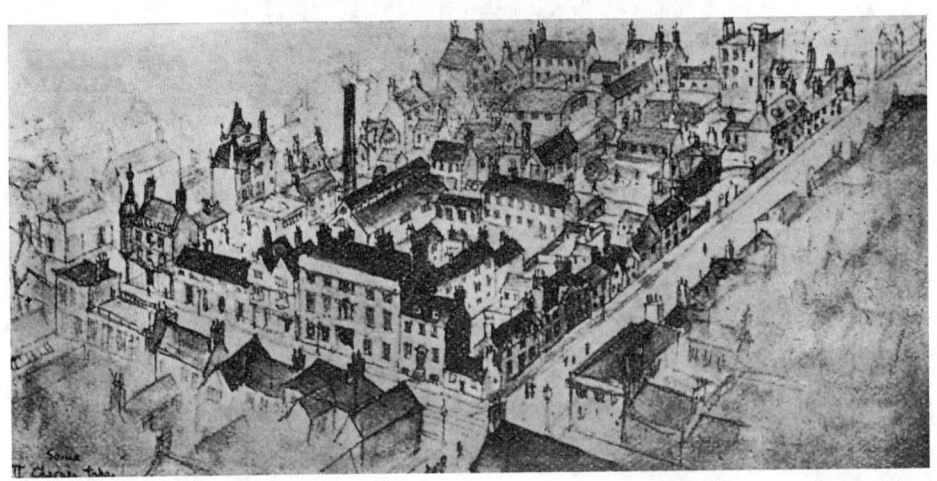

图 3　近现代在花园上肆意进行建筑的景象

继清晰地（且相对新近地）堕落为当前索尔兹伯里的拥挤庭院和没有花园的贫民窟的。他亲自重新地、详细地调查，中世纪的城镇规划和住房建设是如何奇妙而和谐地开展的，进而去预见我们的田园城市的发展；并且，不论他关心这些事物的复兴与否，接下来他都能帮助我们应对许多困难的事情，甚至于可能是最为困难的事情——古爱丁堡，长期以来是世界上最为拥挤和衰败的城市——然而，它的历史从未被完全泯灭，因此对于有眼力的观察者和历史研究者而言，仍然是极富教育意义和启发意义的内容。正因如此，才有了推动斯科特（Scott）重新开启世界浪漫史（the world-romance of history）的动力，此后卡莱尔（Carlyle）[2] 重现悲喜剧的动力，以及罗伯特・L・史蒂文森（Robert Louis Stevenson）[3] 潜心创作的动力；到现在，在日

1　英国索尔兹伯里教区的古罗马名。——译者注
2　卡莱尔（1795—1881 年），英国作家，生于苏格兰。——译者注
3　史蒂文森（1850—1894 年），苏格兰小说家，诗人和随笔作家。——译者注

益科学化的日子里，最早期的英国自然中心（the natural centre），正致力于建立一所关于社会学理论的社会学院校以及一所从事城市调查和研究的城市学院校。

　　起初画家可能更难以应付，因为当我们的田园式郊区（Garden-Suburb）中的林荫道已经成长起来、别墅小屋的屋顶已与周边协调起来的时候，他仍然极少去想象未来的艺术究竟将会与多少科目融合。然而我们同样要使他了解——即便是下一个春天，到那时，我们的一些新果园将会首次开花，孩子们将会在其中玩耍。建筑人员又将开始期望建设更多的别墅小屋，对我们的城市梦想漠不关心，对以前的神殿或大教堂规划视而不见。因为他容易忽视，在教堂，更多地在工作日，如果用现代的方式重述，某一个关于没有理想的建设将导致失败的古老谚语，将意味着什么。再者，务实的家庭主妇，忙碌于她的紧凑而便利、但通常也相当狭小且阴暗的盥洗间，当我们告诉她这里已成为古爱丁堡的贫民窟，该盥洗间也可以位于走廊中，或在一个有屋顶但开敞的首层阳台上时，她有充分的理由可以怀疑，一直到向她展示历史的证据，甚至其幸存的遗迹。即使到这个时候，由于强烈的习惯性，她也许宁愿选择她所熟悉的部署；无论如何，当她觉悟到这种中世纪的、迂回的处理方式所造成的开敞空间的缺乏时，她或她的女仆可能已处于痨

9

图 4　爱丁堡：古大街房屋的重建，带有开敞的街廊

10 　病的边缘。她的丈夫，从事着稳定的技工工作，比欧洲大陆的竞争对手具有更多的工资和更短的工作时间，当被告知许多德国工作城镇比我们的更值得生活之时，可能是目瞪口呆的；如果他是马赛（Marseilles）、尼姆（Nîmes）或法国其他许多

图5　坎农格特（Canongate）留存至今的庭院，具有户外楼梯等

城市中的技工，他将能够和家人一起在小规模的乡村家园中度过夏季的周末休假时光——照应着他的葡萄园，或者躺在他自己的无花果树下睡上一阵。首先，让我们结束这种对上述流行信念的预言性的不安。富人和穷人，守旧派和自由主义者，激进分子和社会主义者，都被扰乱起来——他们中的大多数，在一生中已经

12　习惯于倾听和重复关于中世纪城镇的贫困、痛苦及潦倒，他们常常被告知，我们在各个方面已经大大前进了——通过在他们面前展示一些古老的规划图或照片，如城镇规划展览的一些资料。因为在那里——或者确实说在任何公共图书馆中——很容易找到一些旧档案，就像在每个城镇中的实际遗存物一样，借此能证实许多中世纪城市的市场和公共场所是多么豪华和宽敞，花园是多么富足，甚至大街是多么宽阔和宏伟。应当给予谴责的——现在的确已经足够了——主要被介绍为自中世纪以来的几个世纪——最坏的情况是在工业时期，也有许多就在我们的现代。如果需要这

13　样一个具体的实例，没有比古爱丁堡的历史街道更生动、更丰富的了，尤其是下文将要论及的古大街。因为，正如前文业已指出的，这种中世纪和文艺复兴时期（renaissance）的历史街区已经是，而且依然是，世界上最肮脏的聚集区和最拥挤的地区：即使是纽约或芝加哥的一些新的移民聚居区，也不相上下。我们的"爱丁堡城市调查"显示，这些糟糕的情况主要出现在近现代，13世纪的城镇规划曾考虑到——并非仅是相关地，而是积极地——遵循它的思路，制订出许多比我们的新城（New Town）和现代化的林荫大道更宏伟的计划：著名的王子大街（Princes Street）。

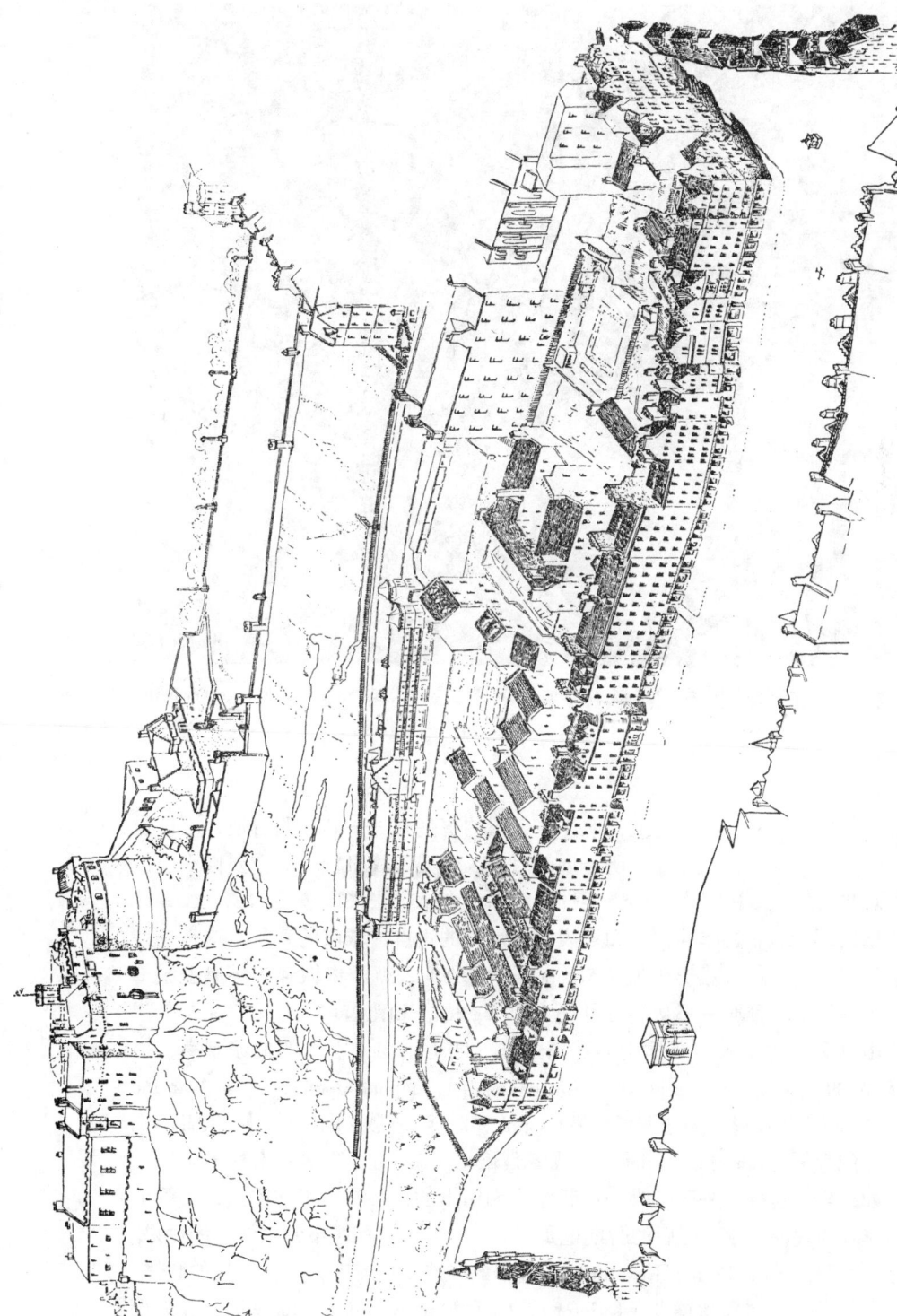

图 6　爱丁堡的牧草市场（Grassmarket）: 位于城堡下面的传统的农业中心和集市场所

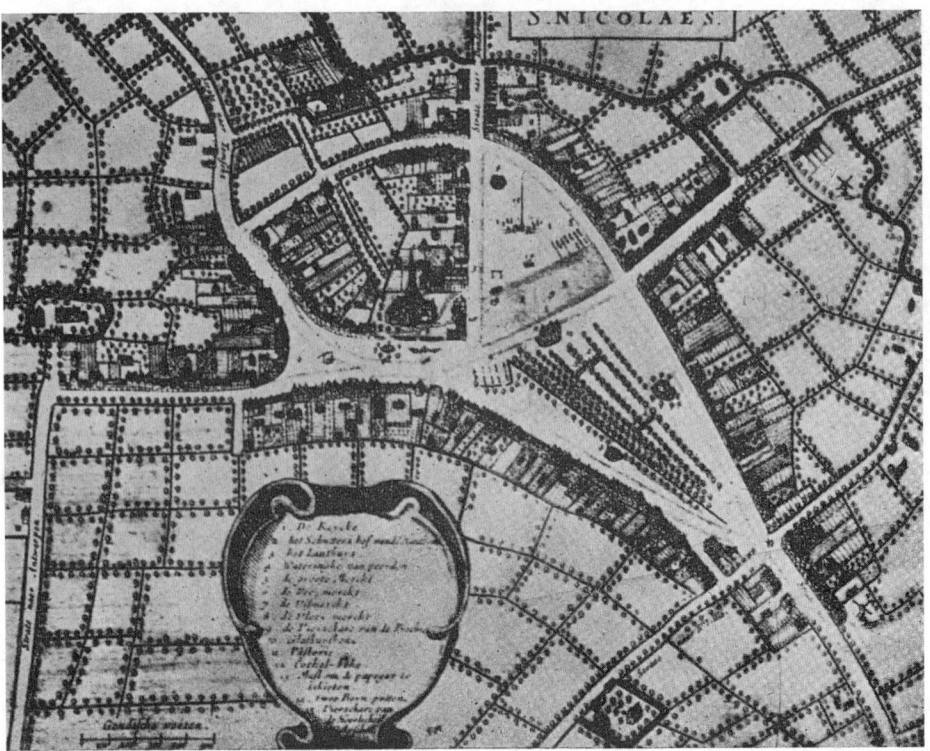

图7   圣尼古拉斯，位于比利时荷兰区的古城：巨大的中心区空地，供市场交易、箭术比赛（archery butts）和庆典活动（maypole）等使用

亚里士多德——城市研究及其他许多领域的奠基人——非常明智地，不仅强调对城市结构进行比较（正如他所开展的对 163 个城市的比较）的重要性，也强调亲自对我们的城市进行观察的重要性。亚里士多德主张采取概要的观点，一种非抽象化的，生动而具体的，正如外表所展示出的观点：城市的景象，这是一种整体上的印象；就像从雅典卫城（Acropolis）看雅典，就像将城邦和雅典卫城一起审视——真实的雅典——从利卡贝托（Lycabettos）和比雷埃夫斯（Piraeus）望去，从山顶和海边望去。亚里士多德清楚并简明地指出，宏大的抽象观点，依赖于宏大的具体景象（Large views in the abstract, depend upon large views in the concrete）。不论是亚里士多德的诡辩者（sophist）时代，还是大阿尔伯图斯（Albertus Magnus）的教授（schoolman）时代，或者是培根（Bacon）的学究人物（pedant）时代，如果忘记这样的基础，唯一给哲学家们留下的，必然是走向堕落，不管他有多么非凡的理论力量。此后的时期也是如此；给城市学和城市带来致命的后果。因此法国大革命（the French Revolution）章程的缔造者；或者大多数现代的政体，仍然十分抽象化，尽管狄德罗（Diderot）的《百科全书》（Encyclopœdia）和孟德

14

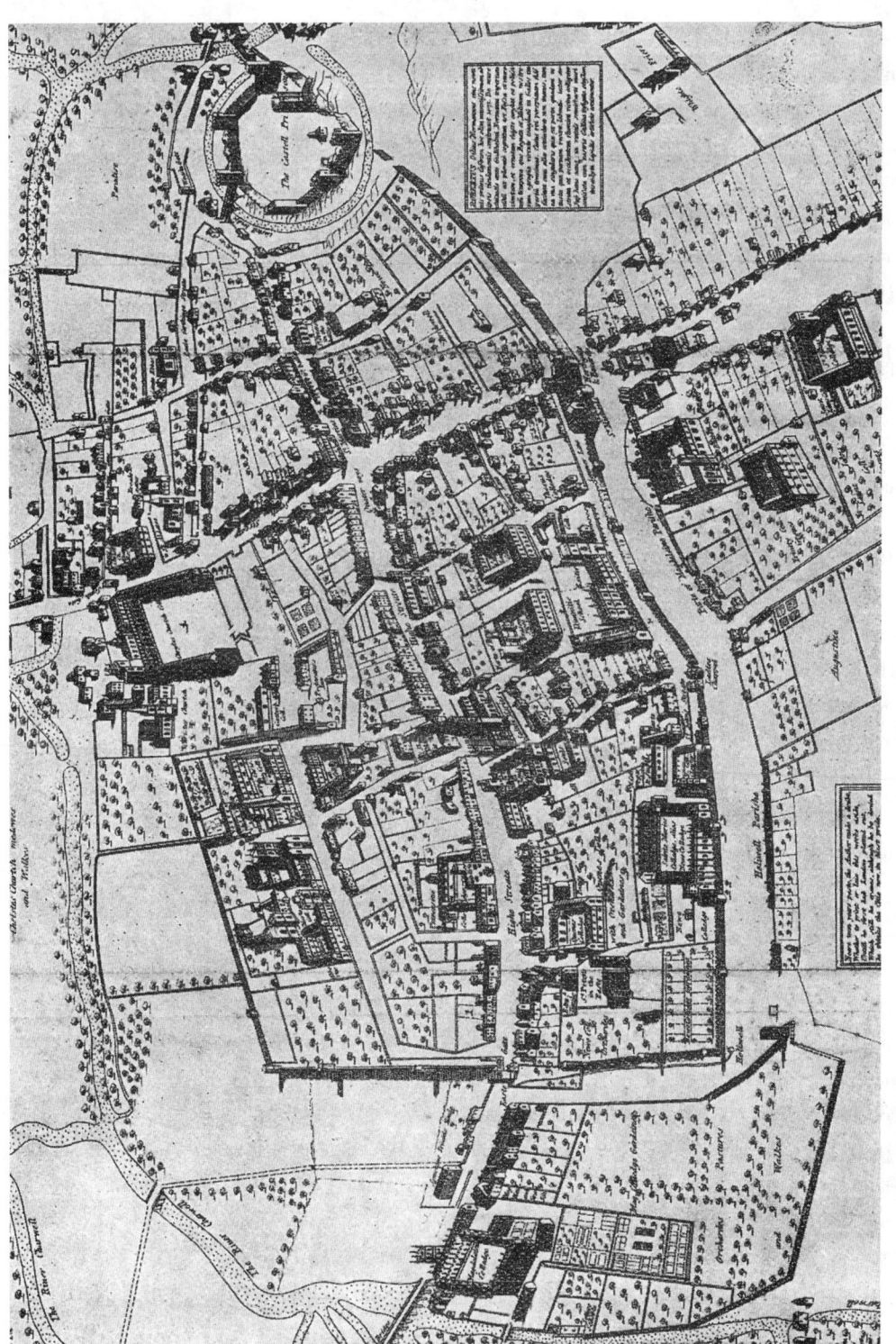

图 8　1578 年的牛津规划（Plan of Oxford）

斯鸠的《论法的精神》(*Spirit of Laws*)富于广泛的观察。因而政治经济学陷入较长的衰退期,成为一门无足轻重的科学;尽管它的产生十分具体,首先出现于德·魁奈(De Quesnay)对法国具体的农业经验的概括,然后由亚当·斯密(Adam Smith)概要的城市印象所正规化。因为,我们爱丁堡社会学校(Edinburgh School of Sociology)的旷野旅行意在证实,他的主要生命及貌似抽象的工作,主要是他个人观察的放大和合理领悟——不仅在格拉斯哥(Glasgow)的成年期如此,青少年时期在家乡同样如此。亚当·斯密强烈地主张,没有其他地方能使人更清晰地认识到农业在作为聚敛财富、加工制造、海洋运输及对外贸易等的手段方面的优越性,比起漫游古老的商业城镇——柯卡迪(Kirkcaldy)、迪萨特(Dysart)及其他的城镇——它们沿法夫(Fife)海岸分布。因为在亚当·斯密的时候,尽管法夫是一个"黄金边缘的乞丐聚居区"(beggar's mantle with a fringe of gold),正如5、6代人之前詹姆士六世和一世(King James the Sixth and First)非常机灵而独特地描绘的那样;正是以同样的经济学视角。

我们过去的教育是非常书生气的,严格的"3R"[1]式学校训练,我们几乎完全都在这种环境之中,十有八九如此,时而更甚,对印刷物的理解胜于对图片的理解,对图片的理解胜于对事实的理解。这样,即便是对于不列颠群岛(the British Isles)的少数依然存在的美丽城市,它们少数非凡的街道——如牛津古大街(the High Street of Oxford)和爱丁堡古大街——一些精心挑选出来的风景明信片,将会在大多数人们的头脑中产生比真实的美景——那里的大学和教堂,这里的宫殿、城堡及城市政府(city's crown)等——更为深刻的印象。因为对于这些街道的美丽,以及其生命和传统的最佳元素而言,我们已经成为半盲人(half-blind),对于其衰退因素也同样如此;尤其是在这些十分古老的文化城市中时,这种盲目主要是知识或信仰方面的僵化,而非只是现行的衰退现象。然而,即使在这个时候,我们仍然更乐意于从新闻报纸的简短记录中认识事件,而不是从时常在我们眼前涌现的悲惨景象中去了解真相。

庆幸的是,更为区域性的科学前景已经开始与这种人为的盲目相对抗。当然,旷野 – 博物学者(field-naturalist)常常在这个方面起到作用。摄影师、画家、建筑师也是如此;公众与之相随,或许很快会成为主导。即便是开敞空间策略(open-air games)也已经在很大程度上成为过于局限的和个人的:昨天,外出露营者刚离开家乡;今天,童子军已经到了海外;明天,年轻的飞行员将会重新获得概要的景象。因而,各种层次的教育,已开始撕掉那些长期以来遮蔽我们双眼的许多印刷物。

不论是回到最宏伟的城镇,或是到最简朴的城镇,通过向居民询问,只能得到很少量的城市学知识。他们常常极少知道谁是他们城镇的议会议员,或者,如

---

1 一般指儿童教育的基础,即读(read)、写(write)、算(reckon)。——译者注

17

（*Photo, Inglis.*）

图 9 爱丁堡：前大街（Upper High Street）（13 世纪以来密集的布局）

果他们知道的话，也常常鄙视他们；虽然议员们通常比选举他的人们更优秀。他们已经忘却他们自己城市的绝大部分历史；那些学校，无论如何，是您所能够了解一些事情的最后场所。他们甚至希望忘却历史；似乎他们只对一些无足轻重的小事件感兴趣。狭隘的政客们的嘲笑，已经造成了从设得兰群岛（Shetland）到康沃尔（Cornwall）的严重局面；那些本应成为最佳市民（best townsfolk）的人们，已经长期深陷于当地琐碎的"煤气和下水道"（gas and sewage）事务。即使在各种社会团体中的少数有思想的青年男女——当然例外的是，现在已经越来越多——大多还不是市民，不论在思想上或行为上。如果尚未被党派政治所吸收，他们一般更期望成为管理者，国家的官僚作风远比城市事务更加诱人；"行政事务"（civil service）对所有人来说都很熟悉，但城市事务（civic service）则是一个很少听到的词汇，更少有什么抱负。他们能像政治经济学家那样涉足其中吗？这些普通的思想类型的高度抽象和升华物，在所有的组织和政党中都能发现，这并非是通过他们的非常不同的政党观念，而是通过他们对城市学的普遍的无知（blankness）来诊断。一个人关注于关税改革（Tariff Reform），他的同事令人信服地争辩自由贸易（Free Trade）；一个人代表着地方自治（Home Rule），另一个代表中央政府（Central Government）；一个呼唤和平，另一个热望战争，诸如此类。而"务实的政治家"大都会说，对于我们所谓的城市研究，似乎是不务实的，不真实的；因为他们对身边的具体地理世界不加关注，所以十分无知，更没有兴趣。假若你偶然进入德国的主题，例如，尝试就特别的德国城市及其各自的活动和兴趣进行交谈；你询问的兴趣在于，柏林与伦敦的不同之处；那个说，汉堡或许部分不同，部分一致，或者其他地方也许会相对无关紧要？你不久将会发现，这些城市差不多都一样；你好像冒着"毫无爱国心"（unpatriotic）的风险，二者都很相像，如果你愿意更多地了解的话。

这样一个关税改革，及其补充的自由贸易，达成一致，对于利物浦及邻近的曼彻斯特的调查而言，同样没有任何建议，甚至没有用处，尽管所有这些城市理应帮助我们对该类问题进行更全面的理解。在下一个酒吧或茶几旁的邻居，正热烈地讨论联邦主义（Unionism）和地方自治，因而必须就"贝尔法斯特"和"都柏林"发生争执，他们一般对每个城市的具体景象都知之甚少，而这正是我们的城市研究正在积累的；在任何能够证实它们的一般观念方面，也是如此。"波士顿"，据说，"不是一个地方；它是一种思想状态（a state of mind）"，这能否同样地应用于我们常常听说的"贝尔法斯特"和"都柏林"呢，不论是在国会或是出版物中？在专门花费一个夏天（当然是一段尚不足够的时间，但是已经大大超过了辩论领导者愿意提供的最长时间）对这两个伟大的城市进行研究之后，人们被这种不信任深深地打动。城市并非像通常所认为的那么简单。

为了认真研究城市生活的基本事实和进程，让我们具体研究一个城市，一个目前尚没有十分突出的、亟待解决的政治问题的城市。这就说到爱丁堡，我们已经对其调查了多年的时间，但尚不完善。

　　爱丁堡？爱丁堡！苏格兰人首先可能会对这样一个地方感到羞愧。她是否仍然是一个研究者？显然不是。我们已经唤醒了政治家，而他则责备我们精力充沛的作风。他不想再回到七国联盟（the Heptarchy）的时代，否则他将被要求制订更小的省划方案，比他们的选区还小：他可不想再去关心教区的抽水泵了！好吧，鉴于伦敦特殊的重要性，使得更容易从更小的、更易理解的地方着手，让我们回到那里，尽力而为吧。

21

　　几年前，社会学会（the Sociological Society）的三四个成员，包括笔者在内，被邀请参加一个座谈会，并被允诺在一个重要的行政俱乐部（political clubs）就餐，然后讨论"伦敦政府的未来可能"（The Possible Future of London Government）。我们谦逊并长时间地聆听会议，逐渐理解了这个议题的真正含义：并非我们曾天真地想象的那样，甚至也不像我们被允诺的那样，并非对这个伟大城市的更佳组织的深谋远虑，并非旨在实现这一更佳组织的改革与发展问题的讨论，即便是有一些超越乌托邦的想象。根本不是这样。简言之，它无功而果，除了内外部的转换、将外部替换为内部之外。只有当时间还很充裕而这一主题暂时无话可谈时，这才想起有一个社会学代表团在参加会议。然后让我们发言：简要地说是为了体现主席的公正，正如我们理解的那样。于是我们的第一个发言人说道——"我能否制订一个伦敦规划？""当然可以"，主席说道；但是什么也没有啊，"那么需要一份地图集"（记得这个俱乐部掌控着一个十分重要的图书馆）。"当然可以；什么地图集？""皇家地理学会（Royal Geographical Society）的《英格兰和威尔士地图集》（*Atlas of England and Wales*）就行。"侍者旋即返回，转达图书馆员的歉意：他们没有这个资料。"好吧，什么地图都行！必须有一些伦敦的地图，在这些地图上我们能画出城市的结构及邻近城镇，行吗？"最终侍者又回来说——"先生，图书馆员非常抱歉；图书馆里没有地图集。"在这种情况下，我们的发言人说得很简短。"先生们，这明显说明了诸君关于伦敦的政治观点和我们的社会学观念之间的差异。我们完全理解诸君；诸君的观点对我们非常有趣；但只有当诸君得到一本地图集，并且使用它们的时候，诸君将会理解我们。"不论如何，他画了一张简图；并且我们尽我们所能地解释我们的观点——但却缺乏讨论——很快会议结束，此后没有再被邀请。

22

　　因此我们不得不向读者呼吁，诸位是他们所认可的裁判员，这时也能成为我们的鉴证人。他究竟有没有那种能用于城市研究的地图集？无论如何他是有办法拥有的——上面所说的皇家地理学会的《英格兰和威尔士地图集》（Bartholomew，Edinburgh，1902 年）——在附近的公共图书馆中。如果那里没有，让图书馆员去设法弄一本就是。因为他们将发现，这本地图集中有一份他们所曾见过的唯一

23

图 10 和图 11（右上角） 英国人口地图和煤矿分布图

真正有用的地图——确实是迄今为止唯一可资利用的地图——关于英国人口分布的地图；伦敦及其自治市镇，包括英格兰的所有城镇；但是当那些点在地图上分散开来不久，在对其感兴趣之前我们曾在学校学习过，但现在已经大量地忘记了，就像很多人一样。承蒙出版者的好意，我们在此提供它的一份复制品；但是，由于它被必要地大大压缩，且没有色彩，我们还是建议应该使用原始尺寸的生动的图件。在下一章我们将看到对它的使用。

第2章

人口地图及其内涵

　　人口地图及其用途。像一个正在伸展的"人礁"的伦敦["大伦敦"（Greater London）]。即使有伦敦郡议会（L.C.C.）所提供的现代化管理机构，仍在持续过度发展。对其他较小的城市和城市组群进行调查的必要性。同样的发展进程显示，工业城镇联结为巨大的城市区域（city-regions），"组合城市"（conurbations），需要进行广泛的调查研究方能加以认识。作为巨大的组合城市的兰开夏城（urban Lancashire）的概念，超过了大伦敦，现在需要整体的综合预见和城市政治家智慧（civic statesmanship）。除了这个巨大的"兰开夏顿"（Lancaton）之外，其他一些巨大的城市组群也正在出现，这里概括为"西赖丁"（West Riding）、"南赖丁"（South Riding）、"米德兰顿"（Midlandton）、"南威尔士顿"（Southwaleston）和"泰恩－威尔－提兹"（Tyne-Wear-Tees）。因而一个真正的新七国联盟（New Heptarchy）正在出现，它们的水供应和煤田，以及类同的地方事务，成为国家存在的要素，不再像大城市政治（metropolitan politics）中那些纯粹的"教区抽水泵"和"煤－矿"（coal-cellar）那样微不足道。大格拉斯哥和爱丁堡（Greater Glasgow and Edinburgh）的相似概念，即"克莱德－福斯"（Clyde-Forth）。因而，需要城乡组织结构的新形态，然而在这之前，需要更广泛的调查，更深入的分析，以及更深入地，初步的研讨——对于所有相关问题及其全部状况，包括利害关系。

　　那么，上文给出的人口地图，究竟能够向我们展示些什么内容呢？在讨论陌生的内容之前，让我们从最熟知的案例开始，首先观察伦敦旁边的一大片——显然这就是大家熟知的大伦敦——其大量的人口正流向各个方向——东，西，南，北——不同程度地蔓延，经过泰晤士河（Thames）及其次级河流的河谷地带，填充起来，黑压压地挤满，只剩下楔形的高原地带依旧是白色。这时，在彩色的原著中当然会更清楚，我们获得第一张，也是（直到它形成的时候为止）唯一的，相当精确地反映大伦敦发展的图片。伦敦这条章鱼（octopus），或许形容为水螅

（polypus）[1] 更恰当点，有点特别奇特，是一个巨大的不规则的增长物，在先前的
人类生活中没有类似物——或许最像一个巨型珊瑚礁的伸展。就像这样，它具有
一个石质的骨架，逼真的珊瑚虫——如果你愿意，不妨称其为"人礁"（man-reef）。
它向前生长，起初较为稀疏，白色的分布比其他更远、更快，但各处人口稠密的
深色紧随其后。内部有一片黑色的密集地区；然而，那日常的脉动中心（pulsating
centre）召唤我们，探寻一些比珊瑚生活更高级的鲜活比较。无论如何，我们都认
同这最接近于大伦敦的真实面貌，与历史上著名的伦敦大不相同。因人们的习惯
或其他目的而曾费心描绘，至今仍全然维持的那些古老的郡分界线，对我们而言，
对那些以这种分离的方式从很远的上面看它的人们而言，以至于对目前的实际市
民而言，有什么意义呢？那些历史名称被淹没掉——显然永远将被淹没掉——的
数不清的村庄和次级市镇，就像一些微小的植物（microscopic plants），一些微小
的动植物，一个四处伸展的大变形虫能毫不费力地将它们吞噬掉，难以抗拒地吞
噬掉啊，它们之间的分界线真正有什么意义？出于大多数的实际意义，这里显然
是一个巨大的新的联合体，很久以前曾描述为"被住房覆盖的地区"。的确是一

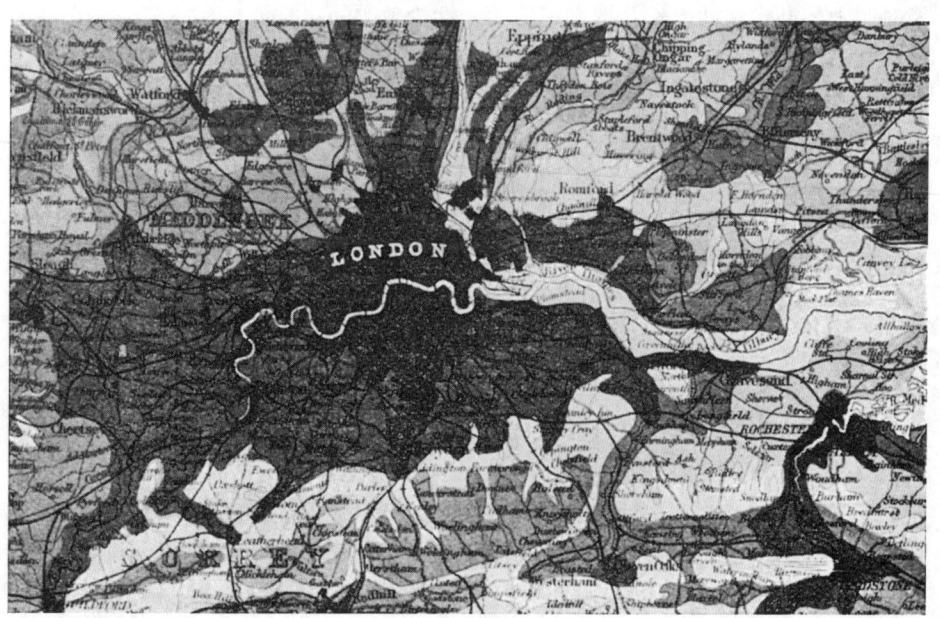

图 12　大伦敦

<hr />

1　腔肠动物，体呈指状，小型，肉眼可见，一端附着在其他物体上称为基盘，游离一端有圆锥状的
　　突起，称垂唇，中央有口，周围有辐射状排列的触手 6—12 条，为捕食器官，在体侧常有水螅芽体。
　　身体可伸长达三四倍。常生活在水质洁净的池塘或小溪流中，附着在水草、落叶或水底岩石上。——
　　译者注

个住房省（house-province），不断伸展，不断吸收，成为东南英格兰（south-east England）的很大一部分。即使一些人口稠密的边远地方，实质上也已经属于它了；一些完全出于实际的目的，如布赖顿码头（Brighton）。[1]代替以前的，是一些新的分界线：今天的"线"（lines）一词，最容易让人联想到铁路，它们是潮汐涌动的动脉，所有激烈生活的咆哮的动脉；或者，又让人想起在它们旁边蔓延的电报线，那么多的神经线，每个都在传输着思想或行动的推动力。开展伦敦的历史调查——这就像胚胎学——对庞大的整体的调查，是非常有趣的，甚至是必需的。当然，我们首先应当调查它的两个历史城市；应当把许多自治市镇考虑在内，当它们成长起来且尚未被吸收之前；不管是多么容易被遗忘，我们应当注意到，它的数不清的被吸收掉的乡村和部落，它的一些曾经是新的和伸展中的住宅区——富人区的建设较为松散，相隔很远，中产阶级的住区则更紧密、更拥挤一点，那么——工人和穷人应该放在哪里呢？我们看到并识别出国家的许多成团的、至少是关联的单元，都在越来越充分地成长为一个巨大的团块（agglomerate），包括它自己的大型自治政府，它的郡议会（County Council），甚至这已经大而不当；但是如果成长进程继续，当各个方面都明显比当前的状况还差的时候，它的管理机构必须及时跟上不断扩张的增长，把真正的功能性伦敦（functional London）纳入它的区域，并把经济实惠和利益带给相关的大多数。当然，一般地，所有这些已经为读者所知晓——对于伦敦人来说，或多或少；但是，有面前的这样一张地图，难道不能获得一个新亮点，以及一个新建议吗？当我们研究它的时候，难道我们不能看到，越来越清晰地看到，对我们的传统观念和城乡界线进行全面修正的必要性？

作为历史学家和地志学者（topographers），我们再怎么忠诚地保留这些被吸收掉的元素的记录都不为过；但是，作为现实的管理人员，或是被管理者，我们却要忍受它们。让伦敦市长大人和他的团体尽可能地幸存下来，就像历史纪念碑，为了美好的过去；为了历史城市，为了邻近的市镇，就那样吧——不仅只是威斯敏斯特（Westminster）[2]，而且包括能在实际上证实的每个区域单元，有可能的话——也还包括地方自治团体。我们不希望过度的中央集权（over-centralisation）；相反，我们认为，如此巨大且多射线的（multi-radiate）国家必须有许多神经中枢。但是，最根本的事情是，对于生活、健康和效率的公共事务的妥善安排，应当主要依据当前的和正在开始的发展情况，而非不恰当地依据历史路线来维持；否则，我们将继续有局部矛盾（local friction），重复劳动和耗损（overlapping and wastage），抑制和成囊（encystments），拥塞（congestions），甚至瘫痪，而非我们全都热望的总体上及局部上的健康与经济。

现在和朋友们一起看看伦敦地图，或者，如果可能的话，和两种朋友一起

1　英国南部海岸避暑胜地。——译者注
2　伦敦市的一个行政区，英国议会所在地。——译者注

看——改革派和保守派。当他们像那些普通而虚心的市民一样坐下来看地图——再次强调，如果可能，最好是原版——的时候，他们之间还会有什么分歧？难道他们会不赞同，双方的政党都应好好地坐下来，对整个情况再彻查一番？如果这样，我们对城市调查的呼吁将变得容易理解；甚至它的经济效益、实际成果，也会很快出现。不论如何，当改革派和保守派的朋友们继续这些研究之时，当伦敦的众多问题与日俱增之时，他们将承认，不管是个人还是全部，他们都不能清楚地认识到这个巨大的人礁中正在发生的事情，更不要说明天将要发生的事情。人们在这些方面的明确认识还很琐碎——对于他们年轻时候成长和生活，或者目前正在工作和生活的伦敦。逐渐地，我们通过交往汇集起来大量的有用知识，甚至可能是各方的实际建议。但是，伴随着两种典型伦敦人的研究的继续进行，随着他们兴趣的不断增加，他们将很快遇到一些新的难点，遇到难以把握的大问题；一个人会问另一个人，"我们能不能通过了解人们在一些比大伦敦更小点的地方和更简单点的城市中的行为方式，学习点什么？譬如伯明翰，也许能对我们有所帮助"，另一个人可能表示赞同；甚至可能想起，从格拉斯哥市政当局的一个美国朋友那里听到过什么。假设他们在地图集看这些城市。唉！我们的研究工作已经超越了我们学生时代所理解的简单的地点；取而代之的是，我们看到一些巨大的增长中的团块，每个都特像另外一个大伦敦。让我们讨论一下兰开夏，以及它

30

31

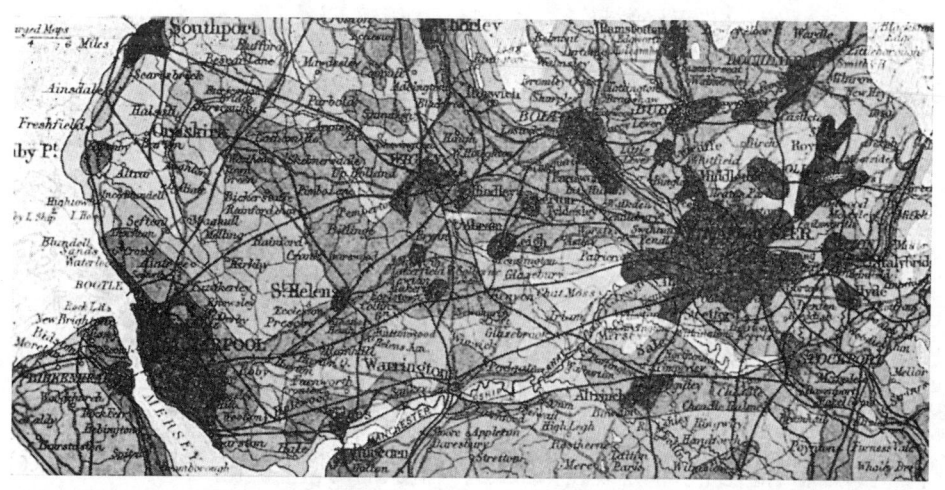

图 13　兰开夏郡的城镇集聚形成"兰开夏顿"

的城市；这无疑将能帮助我们。曼彻斯特，那儿有大量的自由主义者和自由贸易档案；利物浦，那儿有同样强大的保守主义者；它们之间一定有一些冲突的事情。但仔细看，当然也是从地图上看，正在很快地变得没什么差别。实际上，这里是另一个巨大的住房省，将很快地拓展成一个整体，在许多地点已经联结起来，

有时是以很高的人口密度（在沿主要交通线的地方）。这里，甚至已超越一般认知上的兰开夏，正在成长为另一个大伦敦——一个城市区域（city-region），利物浦是海港，曼彻斯特是市场，现在又有了运河港口（canal port）；奥德姆（Oldham），以及许多其他的工业城镇——更确切地说是"工厂地区"（factory districts），则是生产车间（workshops）。这一进程，即使并不像在大伦敦那样得到全面发展，也未被任何共同的政府实际地加以组织，却正在变成一个相当清晰的、理智的远景，如果增长和进程像过去那样持续下去——以前所未有地发展着的关系——那些单独地被分离的城镇，它们的名字，我们在学校时听说过并仍以局部的目的被使用，将变得只有较少的区域意义，如邮政的等等，就像大伦敦实际上被统一起来的市镇？因此，如果我们想要避免伦敦过去的许多错误和遗憾及当前在组织管理方面的混乱，现在难道还没到该对兰开夏郡的城镇进行统一调查的时候吗？就像大伦敦一样，我们应当以对当地历史及行政自治等极大地尊重的态度，对各个地方细加思考，同样地思考其作为一个有很多地方已经被极大地统一起来了，而且还在往一起发展的更大整体的部分。有人问"这些有什么用？"用途多的是，但这里只要列举两点就足够了——公共健康和城镇规划。如果只要说一点；那么首先是公共健康。

这些巨大的群落（communities）已经开始运作（exercised）——但在多数情况下还没有充分地运作——关于它们的卫生设施和水供应；健康大会（Health Congresses）及其文件已经激起了一些影响，尽管还不够充分。此外，如果更多的人口数量超过目前的情况（我们确信这一点），那么青年人到乡村生活及就业的更充分和更攸关的机会问题，必须被赋予无与伦比的更多的重要性，并且与市政当局甚至是最模范的园林部门（Parks Departments）提供的漂亮场所相比，尽管它们是在我们的那些巨大的街道迷宫（labyrinths of streets）之中，要提供相对更大的空间。

即使在城镇规划活动中，这种扩大化地观察增长中的城市的方式，也仍不够普遍。建筑师习惯于只考虑单栋建筑，或至多是一个街道的规划；城市工程师习惯于思考街道，或至多是街区；二者都很难扩大他们的视野。他们说起话来，好似这种更广阔的视野和远见仍然"超前"——"50年后或许有用"——提出一大堆充满抱怨的抗议，这正是进入衰老阶段的重要征兆，这种对于环境的固守在任何年龄段都可能发生。但是现在，回到公共健康的问题上，在一年又一年，一个又一个城市急切召开的历届健康卫生大会（Congresses of Health and Sanitation）上，对于每个会员而言，关于他们周边的大城市，即使现在开始行动也已经够晚了，这难道不是显而易见的吗？通向自然和自然环境的通道，四分有三已经被毁；甚至更多，考虑到是为母亲及其孩子们的工作——此乃祖国之未来。邻近的大城市已经通过有轨电车（tramways）和街道联结起来，就像铁路一样；而大型的开敞空间（open spaces），不久之前曾作为至高无上的生命之肺，现在却都已变得不可救药（irrecoverable）了。

这里已就我们所提议的调查工作进行了充分的讨论，它们还需要进一步巩固和加强，这并非我们的问题，本书的主要任务，是在政策形成之前，明确主题思想。

为了聚焦于这些发展进程，甚至于我们所提出的城乡地理学传统的转型（transformations），为了更敏锐地表述它们，需要对我们的词汇表进行少许的扩充；因为对于每一个新观念，我们还没有与之相匹配的术语。对于这些城市区域、这些城镇集合体的一些称呼，是必要的。我们能不能称之为星群（Constellations）；集聚区（conglomerations）呢，唉！接近于当前的印象，但却可能会不大悦耳（unappreciative）；"组合城市"（Conurbations）怎么样？在表达人口组群发展（population-grouping）的新形态方面，这或许是一个恰当的词汇，潜意识地，它代表着一种处于发展中的社会组群新形态，以及不久后相应的政府和管理机构。

对于第一个组合城市而言，大伦敦这一称呼显然已占据突出的优势地位；但兰开夏地区也需要一个相应的称呼，其他具有类似特点的地区亦如此。如果难以把握恰当的名词，既然我们不能将利物浦和其他一些城市纳入"大曼彻斯特"（Greater Manchester）或诸如此类，让我们将兰开夏地区这个巨大的组合城市命名为"兰开夏顿"（Lancaston）。这就是"兰开夏顿调查"（Survey of Lancaston），是构成它的城镇所最需要实现的；既在细节上，又在整体上。设想在一个航空旅行中拍照，就像一条街道一条街道地绘制地图，像布思（Booth）先生的伦敦调查，确实，在某些方面还要更充分些。对于这些已经常常被提及的需求，自从巴塞洛缪的地图出版以来我们却一直无动于衷；我们逐渐地习惯于对这一区域的想象。它现在有什么缺点？是否有可能继续存在？——自然的限制（natural reserves）是否仍然将其成长中的村庄和郊区分割开来？——花园和菜地是否仍然有可能使它们变得健康？

离开兰开夏顿，让我们穿越奔宁山脉（Pennines），去看看沿东麓分布的另一个黑压压的城镇组群。哈德斯菲尔德（Huddersfield）、布拉德福德（Bradford）及相邻城镇组成了一个毛纺织业的世界大城市（world-metropolis），与以棉纺业而闻名的兰开夏顿地位相当。我们该如何称呼这一区域，这一自然的城市联盟（city-alliance）？为什么不以一种城市的感觉，尽管仍然富有乡村气息，简单沿用西赖丁（West Riding）这个绝佳的称呼？类似地，我们也可将以设菲尔德（Sheffield）的以钢铁和煤矿为中心的组合城市称作南赖丁（South Riding）。再次注意伯明翰当前的扩展情况，最近已经成功地将其蔓延的郊区整合起来，它的非凡的成长情况可以予以识别，现在已经是一个甚至能与曼彻斯特和格拉斯哥相抗衡的城市。受到吸纳边远郊区的鼓舞，伯明翰正在规划新的扩展计划，以一种大胆而富有雅量的城市设计尺度，而不再是过去的那种大城市的特征；背离、超越和遗忘铁路时代的来临的特征。然而当前的拓展只是在古老的进程中前进一步。在区域事实

35

36

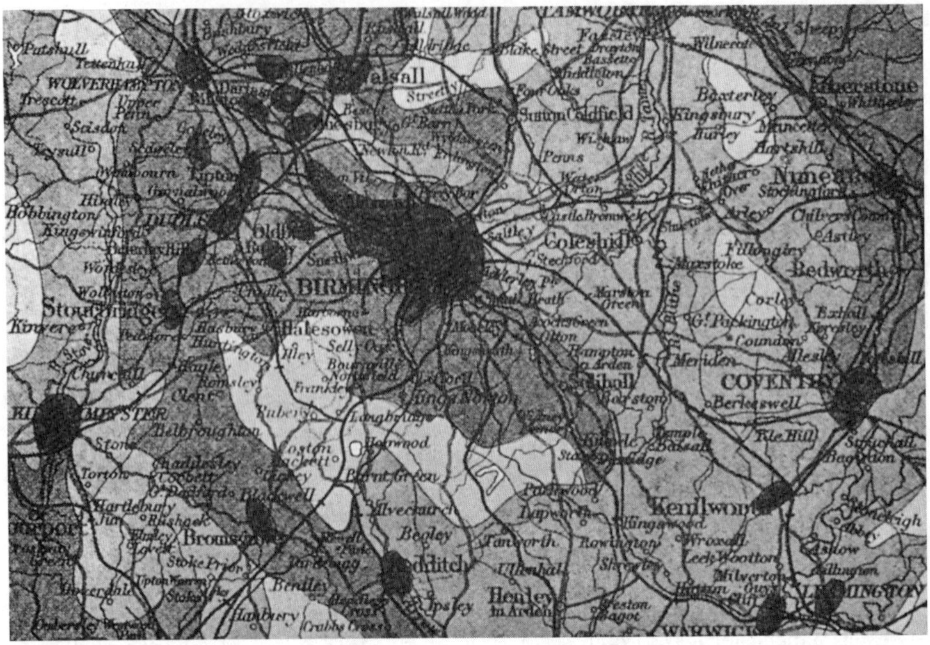

图 14　英格兰中部地区的城镇集聚，"米德兰顿"

方面，我们将讨论一个更充分的认识；因为最近的伯明翰拓展行动（Birmingham Extension Act）很少有充分的区域自然基础，而毕竟只是一种临时性的、凑合的拓展，尤其是能否带来繁荣与发展，还很难说。区域事实方面更广阔的认识，涉及一个更大的城市区域概念——"米德兰顿"，或许可以这样称呼：成长中的大伯明翰只是它的首府，尽管它的准确界限尚难以界定。因而，近来的"五镇"（Five Towns）联合不只是一个地方性事件，而是一个区域先锋（a regional pioneering），一个初始的城市再组群（an incipient urban re-grouping）的典型案例。这里，让我们期盼萨瑟兰（Sutherland）的领导者能够同样地带给我们一个整个城乡之间比以前按更好的紧密发展时期。

　　接下来到了南威尔士（South Wales），在它富饶的煤田上，同样的发展进程也在进行中。说到煤田，顺便请大家注意到这个大的人口中心同南威尔士的富饶煤田分布的高度一致性，在图 10 和图 11 右上角较小的煤矿分布图中，可以注意到每个组合城市同其煤田分布的对应关系，大伦敦的情况除外。我们能清楚地看到一个大加的夫（a Greater Cardiff），一个名副其实的（南）威尔士顿 [（South）Waleston] 的发展情况，它们的确切边界，以及同冶金中心斯旺西（Swansea）的关系，有待区域地理学者的研究。接下来往北到泰恩河城镇（the Tyne towns），显然，它们同威尔（Wear）和提兹（Tees）地区的城镇一起，组成了一个新的区域群落（regional community），一个自然行政区（natural province）——泰恩－威尔－提兹（Tyne–Wear–Tees），或许可以这样称呼。就此而论，十分有趣地，让人回想起在 1910 年布鲁塞尔展览会上我们的英国展厅，一片被烧毁之处用一张精心描绘这个区域的图画予以装饰，展示其所有城镇都通过铁路和公路联结起来，作为一种从海上鸟瞰的（bird's-eye）视角 [或像今天常说的空瞰图（an aeroplane view）] 而呈现。在这张地图中，不正是清楚地展现了这种新型城市区域——本书所形容的组合城市——已处于有意识的发展之中吗？这种概貌图的准备和展示，将非常有助于使这些观念清晰起来，使公众及各地领导者认识到这种新的情形、新的结合，正在朝向一个更综合的、更高水平的国家单元而发展。伟大的铁路系统地图，立马成为德国车站大堂的便民设施及装饰品，具有许多价值和教育影响：因而，更强烈地，可能是对我们此处所讨论的组合城市地图（conurbation-maps）的放大，给公众带来更为广泛市民关系下的地方性的必要概念。

最后，让我们转到苏格兰。在这里，再一次，曾伴随我们成长的关于历史和地理方面的流行观念教科书，甚至我们的孩子仍然正在学习的，也已经不够了。

众所周知，格拉斯哥是苏格兰人口及活动的中枢，在数量和重要性方面都远超过爱丁堡；在许多方面它才是真正的首都。大格拉斯哥（Greater Glasgow）——以一种最全面的认识，正如我们所讨论的大伦敦一样——比现在的称呼和各种描述的区域范围都更为辽阔；它几乎囊括了克莱德港口（Clyde ports）和水域，延伸到了艾尔郡（Ayrshire）境内，覆盖了内陆的许多市镇和村庄。它在克莱德流域蔓延，甚至已经穿越峡谷而到福克克（Falkirk）和格兰奇茅斯（Grangemouth），同时商人将他们的别墅兴建于斯特灵（Stirling）或更远的地方，远至艾伦大桥（Bridge of Allan）甚至邓布兰（Dunblane）。同样，很明显地，古老的人口稀疏的区域正逐渐被房屋所覆盖。爱丁堡无疑具有显著的区域个性；在它最近的生长中也是如此，超过人们的一般认识，利斯（Leith）和一些次级城镇及郊区已经接近 50 万人：伴随邻近的煤田的发展，它或许注定要在 20 世纪内翻一番。尽管从历史的传统及现在的假日协会（holiday associations）来看，很多即使是在苏格兰的人们，仍认为苏格兰大体上是一些艰苦的农村地区，但这里迄今已取得重要的城市化进展，同时，正如卫生改革者所知道的，也没有什么较差的住房情况。超过一半的苏格兰人集中在中央的峡谷地带；随着即将开始的克莱德－福斯运河（the Clyde and Forth Canal）的兴建（这显然并非只是一个苏格兰的事件，而是国家性的、英帝国的事件，是一项国际性的政策），很明显我们应当将苏格兰的这两个大城市及其较小的邻近城镇联结成一个新的组合城市——实际上是一个两极型的城市区域，它们越来越联合成一个巨大的双边区域首府（bi-regional capital）——克莱德－福斯（Clyde-Forth），随后我们将如此称呼。

当然，格拉斯哥和爱丁堡在风格和精神方面的差距，远甚于今日较短的铁路

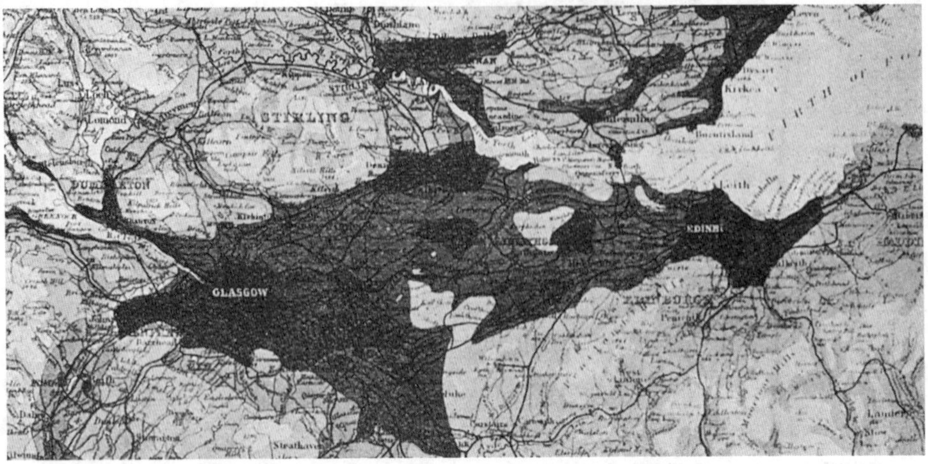

图 15 克莱德和福斯的城镇集聚，"克莱德－福斯"

距离；这种差异，甚至对比，是自然的，不可避免的，持久性的，因为实际上它们各是苏格兰东部地区和西部地区的区域首府，在很多方面存在差异——地理方面和气象方面，种族方面和精神方面。格拉斯哥和爱丁堡之间的差异，就像利物浦和约克之间的差异那么大；然而，更大的差异可能还要从爱丁堡的角度来看，就像瑞典和挪威的主要城市之间的差异一样，在很多方面苏格兰简直是二者的一个缩影；比方说，爱丁堡是斯德哥尔摩和乌普萨拉（Upsala）的一个缩影，格拉斯哥就像一个更大的卑尔根（Bergen）和克里斯蒂安尼亚（Christiania）。[1] 在本性、气质及传统方面，不同的城镇之间存在广泛的差异，很难轻易识别其社会功能和结构，即便它们是成长中的巨型组合城市的一极（poles）；然而在这些地方，增长的进程依然在进行，在很大程度上倾向于将各种差异淹没于其上涨的潮流之下。一般而言，当代城市的主要限制在于小时旅程（the hour's journey）或诸如此类，即忙碌的人们除了日常工作之外所能接受的最远距离；因此，首要问题在于每个组合城市的交通方式的不断扩展和加速。

现在再回过头来看看地图，梳理一下几个主要的组合城市，是件有趣之事，每个组合城市都在当地的煤田之上。从上至下，除了苏格兰的克莱德－福斯，在英格兰我们有（1）泰恩－威尔－提兹；（2）兰开夏顿；（3）西赖丁；（4）南赖丁；（5）米德兰顿；（6）威尔士，每个巨大的组合城市都有一个煤田；而大伦敦，没有煤田，成为第 7 个组合城市。这是一个新的七国联盟（a New Heptarchy），在我们目前的、传统的政治和管理网络之下自然地成长起来，但却几乎不为政客所意识到：默默无闻地，不只是继续当前的状况，拉紧、撕裂、毁

---

1 斯德哥尔摩为瑞典首都，乌普萨拉为瑞典东南部城市；卑尔根为挪威西南部港口城市，克里斯蒂安尼亚为挪威首都奥斯陆（Oslo）的旧称。——译者注

灭旧有的网络，而是很快地进化出一些新的组织形态，能够更好地应对当前城乡议会所遇到的各种问题。新的形态是什么呢？

暂时离开这种斯芬克斯谜语（sphinx-riddle）[1]式讨论，再次转向地图，我们很明显地能认识到，那些"不想回到七国联盟"的政治界朋友，将不得不走进七国联盟，实际上已经是身处其中。让他现在接近地观察，在地图的正中央，一大片不规则的白色，实际上是无人地带，将兰开夏顿从几乎就要连在一起的南赖丁和西赖丁分隔开来。这一片白色代表着奔宁山脉（Pennines）的高地，也是各个方向的大量人口的水源地。这里，抽象而言，实际上是一个不能被轻视的"教区抽水泵"；但也正是人口分布及其增长限度的最重要的，最根本的和有决定性意义的自然条件。煤还可以用很长时间，棉花也会获得相应的增长；而水则是除空气之外的第一需要，与空气不同，水量是有限的。对于任何可能的人口而言，即使再偏远，只要是轮船能驶到的地方，只要我们有资金，就能有食物；饥饿的人可以活几个月，绝食的人可以活几周；但如果没有水，我们只能活 3 天。的确是教区抽水泵！是区域政治活动的第一需要，因为正是赤裸裸的生存需要。为了生命和健康，为了洁净和美丽，也为了生产，还有什么更需要的呢？现在，尽管我们的政治家们还在拖延，以及由此而导致整个社会无视区域性问题，在地理学方面无所事事，并且处于实际的目的，几乎都只是伦敦人，但是，针对此类问题的一个议会的环境正在发展中。特别是以前文所述及的健康大会为代表。在 1910 年的伯肯黑德（Birkenhead）[2]大会上，针对兰开夏顿地区未来的卫生和供水状况，进行了许多严肃的甚至是令人忧虑的讨论，这立即引起了许多地方专家乃至威廉·拉姆齐（William Ramsay）先生等国家权威人士的关注；他们当然也是一些最为显赫的伦敦人，甚至我们前面所说的政治家们大概也曾接受过他们的意见，如果他们在教区抽水泵的问题上讥笑，可能也会惧怕于他。

回到这个问题——新的社会形态将会是什么样子？在必要的区域调查充分地开展之前，尚难以推测。但是，有一项建议是非常实际的；乡村的和城市的、不同城市和相关区域的各方面代表，应当尽快地、更多地开展一些友善的讨论会；事实上，在他们共同的利益关系的压力之下，已经以不同的形式开始这一活动。这种会议将逐渐在数量、有效性及合作关系等方面不断增加，并将逐步采取更加固定的形式。古老的区议会和郡议会都不再能够单独地应付那些显然越来越多的区域性或区域间的事务，如本书所选择的供水和卫生事务，显然其他事务也是如此。伦敦的增长和郡议会，相分隔的自治市镇或区，正在自我诉说；它的案例值得研究，其启示或教训也是如此。然而，相反而论，对于伦敦人而言，这种区域性的浏览也可能是有启发意义的。"首都伦敦和地方城镇"的对比，正如消费城

43

44

---

1 有翼的狮身人面女怪，传说她常叫过路行人猜谜，猜不出者即遭杀害。——译者注
2 英格兰西北部一城市。——译者注

镇（Spending-town）和盈利城镇（Earning-towns），税收城镇（Taxing-town）和支付城镇（Paying-towns），以及各种其他类型一样，也随之出现，并且将会带领其走得更远。

现在可能还不是改变政治布局的时候：这往往意味着太容易引起过早的辩论和摩擦，更不要说立法上的困难和财政上的问题了。但是，现在已经是区域地理学家和卫生学家以及二者同社会学家、研究城乡问题的学者进行合作的时候了；也是在代表各种组织和有关利益的友好会议上，促进城乡劳动者详细讨论这些问题的时候了。

自从写下这些文字以来，甚至是从在 1910 年健康大会上宣读以来，一位著名的部长提出了必需的、即将来临的分散化发展问题；这在很大程度上是一种类似的形态；而随后的事件表明了同样的趋势。无论如何，上述观点最好保持不变，因为严格的城市范围的理由和无党派的特征。当前大伦敦所有行政团体的合作正朝向城镇规划的准备，这样的范例应被其他的组合城市尽快地效仿。

第 3 章

世界城市及其竞争的开端

其他国家如法国、德国和美国等的城市区域。城市的进化仍然只是刚刚开始，现有城市在不断地进行重建。工业集聚的其他形态：挪威的范例——与电力工业的最新发展相关，源自山区河流的"白煤"。这些工业的特点及相关的人口发展优势。瑞士、法国、意大利及其他山地区域的类似案例。回顾煤炭开采国家的相对劣势及危险，觉悟到新工业时代即将来临，第二次工业革命。

关于新七国联盟的讨论到此为止。但如果说城镇和村庄集结成组合城市并吸纳进邻近地区的这种解释，是对当前社会进化趋势的正当描述，那么，我们可以期望在其他地方的一些相似的城市区域，也能发现这种处于同样进化过程的事物；它不可能只是一种岛屿奇观（island marvel）。法国的人口增长较慢，且相当缺乏那些能够促进城镇发展的煤矿，自然很少有像我们国家的这种巨型工业组合城市，即使在里尔（Lille）周围等地区也毫无萌芽迹象。然而却有一个大巴黎（Greater Paris）；在巴黎城墙以外出现了大量的郊区，俨然与当前在伦敦郡之外的住区非常类似；任何旅行者，只要在整个旅程中有足够的耐心，不是驾车一站一站地穿过城市，而是坚持从火车北站（Gare du Nord）经圣但尼（St Denis）向东北方向一直走到巴黎里昂马赛铁路（P.L.M.），他就会承认，至少在这一地区，城市增长已经变得十分混乱和肮脏，绝不亚于我们！近年来，在里维埃拉（Riviera）[1]沿岸地区，娱乐及休疗养地已迅速发展起来，在很多情况下已连成一片；以目前的发展速度，不久之后的人们将会看到一个几乎连续发展的城镇，以一种单调的风格，绵延数百英里。柏林的发展当然已经迅速赶上巴黎；最近的城镇规划竞赛的设计方案表明，它正在学习维也纳关于处理边远郊区问题的经验，比伦敦及其他很多大城市都更加有魄力。和典型的英国模式一样，威斯特伐利亚（Westphalia）地区已经在煤矿的基础上发展起来了大型的组合城市。在杜塞尔多夫也正在迅速成长起来一个巨大的、有影响的、在很多方面都非常宏伟的区域首都，虽然不久之前还只是一个小的"王府城"（Residenzstadt），比它的名字所纪念的古老的村庄

1　南欧沿地中海一地区。——译者注

48 大不了多少：现在似乎已经明显要同科隆（Cologne）相连，和利兹（Leeds）同约克的样子差不多。然而，这些德国区域中心的组织体制和城市精神，要远远地超过约克郡或其他地区的城市，因此，这种比较只是一种粗略的启发性方式。

在自然资源迅速发展及人口相应增长的美国，仍有充足的发展空间；但即使在这里，城市也已经联系起来；匹兹堡地区就是一个典型的"黑乡"（Black Country）[1]案例，由于其增长情况及其所造成的压力，除非没有远见，否则很快就会开展组合城市的调查和重组。对区域大城市与其周围的城镇及辖区相连接的问题的深刻理解，最好的证据莫过于伯纳姆（Burnham）先生大胆而精巧的芝加哥地区规划，正如该规划为城市发展所提出的建议；尽管他的建议在细节上遭到批判，但现在，大纽约（Greater New York）被河流所分割的两边都已经通过庞大的交通系统连接起来，与费城及各个方向的次级城镇的联系也在迅速地发展中。多年来，从纽约到波士顿，沿着公路连续地建设了有轨电车线路（tramway lines），

49 从而将这些增长联系起来，所以这样的预言并非是荒谬的，即在不久的未来，人们将会真实地看到一个沿着大西洋海岸线、长达 500 英里的巨大的城市链条，通过许多点向后伸展；或许总共会有数百万的人口规模。此外，五大湖地区（the Great Lakes），由于丰富的资源优势和便捷的交通条件，成为北美的地中海（a Nearctic Mediterranean），未来可能发展为世界性的规模。即便是得克萨斯———一个被欧洲人甚至美国人所忽视的地方，拥有和法国及德国的总规模差不多的农业用地，并具有更佳的气候条件——也被认为能以精深的耕作水平而供养与文明世界相当的人口。

这样，我们的英国人口地图或许是对美国煤矿地区未来发展的一种预测：相应的东部和中部地区人口地图，也成为那些即将出现的组合城市的概略图，是该对此有所准备的时候了。

关于这些潜在的组合城市的必要的供水问题，姑且留给工程师们去讨论；但是粮食供应问题则是能够充分想象的，在所有的层次上，从美国旅馆中十分精美的饮食，到遍布纽约贫困街区中那些数不清的手推车小贩的廉价食品，都坚持要

50 求可能的热带环境的输入品，为了维持底层工人阶级的生计和繁衍生息。事实上，如果我们当前的食物供应条件和机械使用情况趋向于为我们创造迄今已被众多的中国人口实现的条件，会怎么样？中国的人口已经非常稠密，当西方思想与方法的传入使得她发展起其丰富的潜在煤矿资源、廉价的水运以及铁路等的时候，会变得怎么样呢？但是，在我们自己的这个古老的国家，在很多方面，比我们现在对中国的想象更为昏庸，许多人仍然会告诉你"不需要作城市规划，城市照样都建起来了"；但是，即使就帝国和世界上的很多地区而言，城市的进化实际上还只是刚刚开始；我们现在的城市，大多数不正是过一段时间就要再次重建？的

1　美国煤矿地区。——译者注

确，城镇规划方案，当进行适度的添加（tackings-on）、拼合（patchings）和修补（cobblings）时，在各处也在被考虑甚至努力实现；然而，在已重新开始的世界生存斗争面前，即便我们只是想"混过去"（muddle through），我们也必然需要做得更多；我们认识到，社会生存和胜利的最终裁判，既不在于军国主义的斗争，也并非工业的混沌状态，而在于城市和区域的重新组织。这里，关于国际斗争及工业竞争的最广阔观点结合成一个更高的层次。

但是，从这些众多的组合城市的景象中，转而寻找一些更小而简朴，但却更健康且幸福的社会发展类型，能使人安慰。幸好，一个新的、鲜活的范例并不遥远。每个学生至少都会知道一点关于挪威的历史性意义，在那个最贫穷的国家，正如挪威的孩子告诉你的，总共没有多少可供创造所用的土地，少数的山地农场也只有极少的可耕土地，就好像是其和善的守护神从富足的地方打扫而来的。然而，作为补偿，挪威的许多河流盛产鲑鱼（salmon）；这使得很多渔业人员沿着海湾的"天鹅之路"（swan's path）冒险求生，在长长的岛屿防浪堤（island-breakwater）后面相当稳妥地掌握了航海的艺术。这就造就了挪威的商贸历史、移民历史、海盗历史和征服历史等，众所周知，它们对欧洲具有重要的影响：但其他国家尚未充分地认识到——它们的观念至少要落后一代，常常更甚——在新的条件下，新的历史发展注定要采取新的形态，以及如何再次出现，实际上挪威即是如此。现在，一个瀑布的电力使用已达到 15 万马力（约 11 万千瓦——译者注）；这当然是指最大的一个瀑布，可是，在 1000 英里（约 1609 公里——译者注）长的地方，较小一点的瀑布却有无数个。那么，挪威——由于长期被认为已经到了资源、工业和人口发展方面较小的自然限度，一直被排除在强国的计算之外——在新的世纪里，已经突破这些限制而开始新的发展，这或许与我们国家在过去一个世纪内的发展相当地具有可比性——可是有什么不同呢？我们的工业时代，从一开始，到长期的持续，一切都依赖于煤的开采，依赖于蒸汽的动力，依赖于机械的运作，依赖于廉价产品的生产以供养那些底层的人们——这就造成更多的煤炭、更多的蒸汽、更多的机械和更多的人口，甚至一切——导致所谓的"财富与人口进步"。这种生命数量方面的急速繁殖，相应地伴随着这种生活所依赖的物质资源的急速枯竭，已非常庞大——正如煤炭经济学家不时地严厉提醒我们的——这就像依赖于果酱瓶（jam-pot）的沃土，在某些时节奇迹般地发展，到最后却只有一个拥挤而蓬乱的菌类外壳，充满着生活的渴望，满载着无数的孢子（spores），但果酱已经枯竭。此种类比是刺耳的，甚或是可怕的，然而却必须被认识到：因为它并非英国或他国的每个"黑乡"所急速发展的目标——众多的人口，处于低劣的生活标准；对农业过于限制的土地，即使没被砖块或废墟所覆盖；简言之，在枯竭的矿地之上低劣而悲惨的城市。

现在，从这种一系列条件下逻辑推论的悲惨画面，回头看看相反的北海（the

51

52

53

North Sea）海滨正在出现的景象，源自河流中的"白煤"（white coal），只要地球还在旋转，海风还在吹拂，挪威山脉还在屹立，白煤就用之不竭。与我们所不同，挪威依托这些永恒动力而形成的城市，在很大程度上是一长串的小城镇，实际上就是乡村，在这里最强劲的赛跑从不会走向衰落，而是相当地发展，依旧延续着对自然和生活的掌控；到处都有古老的精灵国王（dwarf-kings）的智慧，到处都有像托尔（Thor）[1]的铁锤般的力量。显然，这里不正是具有一种新的社会现象和社会动力——古代挪威人贵族民主主义（aristo-democracy）的和睦超越了过去的所有成就，不论是古代的国内民主主义，或者是（谁知道？）贵族统治对古老落后民族的征服和殖民，甚至是在他们相当贫瘠的土地上新的贵族统治秩序的建立——的形成条件吗？

除了电力照明及作为电车和铁路等的动力之外，这种新能源最实质的价值是什么？它们在冶金学上有广泛的用途——从石器时代开始，冶金学就一直处于世界发展的中心位置。电熔炉的使用，不仅使钢铁产量的成本比以前大大降低（据说已经只有 50%），而且能够获得最上等的质量；因而，不仅我们英国的钢铁厂，而且包括匹兹堡的许多钢铁厂，很快都将会感受到这种新的竞争。

一些新金属，譬如铝，以及一些日益重要的稀有金属，要求电熔炉提供较高的温度，这意味着冶金技术的新发展。再次，由于工作条件和实际工资收入，无数的花园城镇和村庄因此而发展起来，每个城镇和村庄的规模受到水能蕴藏量的限制，因而能保持令人愉悦的自然环境不受破坏，这就提供出一个附加的竞争要素，比现金工资和市场价格具有更持久的重要性。这些新城镇大部分位于海湾地区，具有各方面的优势，这些优势是重要的，且富有竞争力。

此外，河流的系统化使用，形成或增加湖泊，作为能量储蓄器，可以防止春季的洪水泛滥，这是山地区域经常发生的一种灾害；更深一步说，它还有一项了不起的副产品，即养鱼业。

不仅如此，可以回忆起一位重要的化学家威廉·克鲁克斯（William Crookes）先生在几年前曾提醒说，世界上的小麦作物的氮正日趋缺乏，同时红辣椒硝石矿床（the nitrate beds of Chili）也在快速枯竭，等等。但是现在，利用空气中的氮生产硝石的问题已经被挪威的化学家和工程师所解决，甚至比德国还好。以这种方式，这个在农业方面迄今仍十分贫穷的国家，不仅更大强度地开发了自己的土地，而且提高了整个北方世界的生产能力。

这样的电力发展当然并非只为挪威人所独有；瑞典和芬兰已经开始分享这种经验，瑞士更进一步，在电力工业的影响下迅速地全面发展起来，通过近两代人的发展，她已将自己变成西方世界的旅游胜地。沿着阿尔卑斯山脉，沿着长长的意大利主山脉，同样的白煤开始出现，从这个未来工业化欧洲的主轴线向各个方

1　北欧神话中的雷神。——译者注

向延伸开来。在法国，长期以来英国或德国的工业化时尚被认为已经无望地走向堕落，在工业和人口方面同样如此，新的资源在阿尔卑斯山一带 [即法国的比利牛斯山北部（Northern Pyrenees）] 发展起来，甚至她中部的一些山脉，也有大量的水力资源。甚至干旱、贫瘠、贫穷的西班牙，也已经看到了新的国内开发前景，正如有先见之明的公民们已经认识到的，作为对因殖民而错过许多发展的庞大帝国的补偿。或者向东看。尽管古时的奥地利未能征服瑞士，但它在蒂罗尔（Tyrol）有一个自己的瑞士，匈牙利也有宽阔的喀尔巴阡山脉（Carpathians）。类似地，多瑙河和巴尔干半岛的新兴国家也有相当规模的水力资源。小亚细亚（Asia Minor）也是如此，对于阿尔巴尼亚及其邻邦，年轻的土耳其有着在中央超越他们的发展和抑制周围环境的机会——的确是重新组织的机会。说到土耳其帝国，我们当然越来越充分地进入干旱的区域；这就出现了亚洲的干旱及其沙漠的进化问题。

56

　　这里，我们不能解释清楚这个困难且尚未解决的问题，即沙漠的进化究竟是何种程度的一个宇宙性过程（a cosmic process），迟早要将人类世界带入珀西瓦尔・洛厄尔（Percival Lowell）先生所极力主张的火星环境。有许多理由可以解释这种沙漠化过程的成因，即便不是由于人类的疏忽，多半也是由于人类的疏忽而起到了推波助澜的作用；很大程度上也由于连年的战争的危害，各处的灌溉设施和梯田遭受毁坏，它们的遗迹较古代遗产甚至考古学家所发掘的神庙和宫殿更加重要而显眼。比肆意毁坏灌溉设施更甚的是它们的损耗情况，包括物质上的疏忽和财政上的勒索，伟大的土耳其帝国就是这样走向衰落的，波斯国的衰亡也大抵如此。没有必要去探究这在多大程度上是由于牧人及土耳其人一般的军事征服者的疏忽，以及在多大程度上被动地接受阿拉伯沙漠实际上是多么不可改变，这一点，在伊斯兰教的哲学和信仰中已经有了明确的表述。之所以谈及这些貌似遥远的事件，在于它们有助于我们反思自己民族的起源、地区发展的经历及经验的缺乏，以及我们的既定哲学和相应的流行信仰有多大可能会妨碍我们所需要的工业和社会的现代化发展。毕竟，在土耳其人的保守主义和英国人的保守主义之间，并没有多大的不同。之所以获得这样的观点，正是我们联系到了土耳其，包括区域的和大城市的联系。

57

　　然而这里并没有真正的悲观；因为对于土耳其、波斯甚或中国而言，已经出现了效仿日本那样去借鉴西方思想与方法的迹象，非常期盼我们自己的国家也会遵循目前领导者的劝诫，并清醒过来。但是，人们或许会说，难道我们不正是那些工业成就和政治制度被正在觉醒的国家所效仿的西方国家之一吗？当我们被公认处于领导地位时，这里却提出我们的滞后问题，似乎不仅十分荒谬，而且过于轻率——或者荒唐可笑。然而，现在的工业生产不正是在全面地非难之前的农业活动吗？就像地主和农夫一样，控诉其未能充分地认识到百年来的工业革命所带来的新秩序。的确，不论对当前秩序的权威正逐渐缩小感到多么的遗憾，不都是保守的思想吗？当前秩序的失利，至少在很大程度上是由于其未能认识到现代的

58

工业形势。现在，当前的问题——一个新的难题已经全面地出现——即引导当前工业社会的领导者——自由主义者或激进分子，工党党员或社会主义者都无关紧要——认识到一种新的工业秩序的真正产生及其当前的发展——一种与旧秩序截然不同的新秩序，它们正处在全面的使用中，比从旧的农业秩序中发展来的工业秩序更全面的应用。根据当前的城市进化观点，起初是在工业革命之前，现在重新开始，很明显，尽管索尔兹伯里[1]统治者和鲍尔弗（Balfour）先生大体上代表着旧的农业秩序，格莱德斯通（Gladstone）先生和阿斯奎斯（Asquith）先生，以及劳埃德·乔治（Lloyd George）和基尔·哈迪（Keir Hardie）先生，则都代表着工业和机械时代及其商业和金融斗争，尽管是以不同的方式。现在的观点是，一种新的秩序再次从这种工业秩序的对立中诞生，对于这种新秩序，不管是经济学的领导者——不论无产阶级或资产阶级——或者是各自的政治代表都尚未充分地觉醒。如果没有阿克赖特（Arkwright）发明的珍妮纺纱机，瓦特（Watt）发明的蒸汽机，我们的煤田可能仍在沉睡中，也不会有煤矿主和矿工，火车司机或铁路工人。它们的发展路线是清晰的：首先是发现或发明的进步，然后是规模越来越大的发明应用；伴随力量、数量及资本和工作等级的相应发展。伴随着利益冲突的出现和激化，工党成员和资本主义代表开始出现；让我们不时地期盼抚慰二者的方法。与之相伴的是更宽广的政治经济学理论——保守主义、社会主义的发展；最终是所有这些政治领域竞争性的利益和教条的清晰表达，以我们所知道的个性。但是，当它们的争论富集了公众注意之时，人们忽略掉一种新的经济秩序——第二次工业革命——已再次出现，需要相应的经济理论变革，以及相应的表达。在下一章中，将就这一问题进行更充分的讨论。

---

1 津巴布韦（原罗得西亚）首都。——译者注

第4章

旧技术时代与新技术时代：
工业时代的两个阶段

一个新的工业时代已经开幕：石油燃料、电力工业等的重要性。如同"石器时代"现在被划分为"旧石器时代"和"新石器时代"两个阶段一样，"工业时代"也需要划分为两个阶段，即"旧技术时代"和"新技术时代"。达勒姆（Durham）概要性景观的例证。浪漫式、卡莱尔式、拉斯金式等主张的阐释。自然经济学的概念，"自然资源"不再只有起码的金钱意义。财富标志的质询：从现金工资到"基本生活预算"：以这种观念为指导，需要建设新技术时代的城市。

作为必不可少的社会关怀的乌托邦：从旧技术时代走向新技术时代，即从坎坷邦（Kakotopia）走向乌托邦——首先，将能源的使用朝向个人的财富收益，其次，保存能量并改善环境，用以生活的维持与发展，社会的和个人的，城市学的和优生学的。

以当前的观点，对战争和生存斗争的解释。新近的发展，朝向建设性的行动，美国和平力量的发展超越了欧洲。

同样的进程，一个新的工业时代的进程，已然开始。随着詹姆斯·瓦特（James Watt）发明蒸汽机之后，凯尔文勋爵（Lord Kelvin）在格拉斯哥创造了至关重要的电像法（electricity）。随着斯蒂芬森（Stephenson）发明火车头之后，我们有了电动机和电子耳（electric ears）；随着瓦特的蒸汽机在海运中的应用，我们在伯明翰得到了内燃机（gas engine），在纽卡斯尔（Newcastle）得到了帕森斯（Parsons）发明的涡轮机（turbine），性能得到极大改进；接着是石油燃料的使用，柴油机（Diesel engine），等等。

现在，在中产阶级和上流社会的主导观念中，最大的局限性是没有看到不同的劳动方式会带来多大的差别。这不只是在那些经济学家惯于描绘的不同产品或不同工资水平等方面。除此之外常常被人们所忽视的差别，是不同劳动方式产生的影响。首先是对执行这些不同任务的个体的影响，正如医师和心理学家现在所能够观察到的；其次是对因之而形成的各种家庭、制度和大众文化的影响，正如社会地理学家（social geographers）已经长期指出的单一社会（simple societies），或社会学家正在谋求的复合社会。先举一个简单的例子。例如，没有人能看到大批炼炉工人实际的消失情况，因为有石油在燃烧，这在生理上（若非在政治上），就像囚犯的释放一样，是由现代运动的发展所带来的。最好将人们从这样的工作中释放出来。但炼炉工人的案例并不很直观，有必要再作阐释。一个理想主义者，一种不容置疑的道德力量，就像近来约翰 · 布赖特（John Bright）所坚持的经济学信条——最终的机器与市场秩序（machine-and-market order）——在国会上反对将劣质品法案（Adulteration Acts）作为对竞争活动和商业生活的干涉！然而，即使最普通的电工，最少教化或唯心主义的电工，也不需要公共热情或道德及社会信条来确信，劣质产品不受欢迎；因为日常职业工作的经验使他们认识到，铜线稍有不纯就会降低导电性能，接触面之间的少量污物绝非小事，而是会破坏掉整个接触。这样的例子还会不断增加和发展。但是，作为对当前城市进化状态的真实理解的要点，只要我们能广泛地指出，过去的工业秩序以及刚刚开始的工业秩序的区别——过去的时代和即将来临的时代，也就足够了。的确，在很多年前，我们可以称之为行将结束的时代和正在开幕的时代。

回想起孩提时代我们曾首次听到的"石器时代"；此后这一术语几乎消失了。实际上，存在显著差异的两个文明阶段常常会被混淆，虽然二者常常有混杂或转换的情况；有时被捕获或逆转；也常常有冲突——现在我们称之为旧石器时代和新石器时代。前一个阶段以粗糙的石头工具的使用为特征，后一个阶段以经过巧妙削切或磨光的石头工具的使用为特征；前者通常主要用于简陋的用途，后者有更多的类型和材料，用于更精细的用途。前者是一种粗野的狩猎和战争文化，尽管也有某种艺术魅力的呈现，后来的军事家或狩猎者也曾为此种魅力而努力，但很少真正获得，当然更难超越。新石器时代的人们性情较为温和，和平的艺术和妇女的地位有了更高的发展，正如人类学家（anthropologist）所知，到处都具有农业的特征，因而明显地降低了人工的劳苦。

这两个不同文明阶段的档案，现在的每个博物馆中都有清楚的展示，这里不必一一赘述。它们的价值是，在我们自己的时代中，可用之对我们周围的世界进行相似的分析，以获得更容易的理解。尽管从蒸汽机及相关机器的发明开始，我们的经济学家已习惯于谈论我们当代（即"工业时代"）的文明及其技术斗争和胜利，我们却迫切地呼吁将其主要分解为两个不同的类型和阶段：同样是旧的和新的，粗野的和更精细的，相应地也需要一个建设性的术语。简单地将 "-lithic"（石器）替换为 "-technic"（技术），我们可以将工业时代中前面的一个粗野的阶段称为旧技术时代（Paleotechnic），把刚刚开始的一个阶段分解出来，称作新技术时代（Neotechnic）：而对于这两个阶段的人们，姑且冒昧地分别称之为旧技术时代人类（Paleotects）和新技术时代人类（Neotects）。

前者属于煤矿秩序，至今仍发挥着主体性作用；依靠蒸汽机，包括大多数的制造业；铁路和市场也是如此，随之而来的是拥挤而单调的工业城镇。大家对这些郁闷之城颇为熟悉，这里无须详述；它们构成了前一章中所讨论的大多数的煤矿型组合城市。相应的理论发展，一方面构成了传统的政治经济学（political economy），另一方面则形成了政治教条的主体，它们被法国大革命（French Revolution）及其代表者明确地表达和积极地实践，但却逐渐与漫长的工业革命相融合。

　　首先，在城市的概要面貌方面，为了了解从旧有体制向近代的旧技术时代的变化，世上恐怕没有比从铁路边看达勒姆的景象更鲜活的例子了。在中央的山脊上，能看到伟大的中世纪城堡，宏伟的大教堂，这是古老的王宫郡和主教教区（及其王子和主教）的精神力量的特别遗址。接下来看它的周围，近代矿业城镇的大发展，有无数的简陋但体面的街道，更简陋但也还算体面的住房，以及承载主要生活的厨房和后院，它们也还像样，但却是最简陋的：这里保持了安定而持续的繁荣，具有相当的自由，从而摆脱了大城市的诸多不幸，这就使得现代的达勒姆城从古城堡和大教堂中脱颖而出，成为煤矿时代的一个真正的风景区（beauty-spot），成为旧技术时代秩序的一个典范。当我们把寄宿学校（Board Schools）和卡内基图书馆（Carnegie Library）加入这个繁荣城镇的生活，把政治经济学的内容加入大学附校（University Extension），把经济史（Economic History）的内容加入工会（Workers' Union）的时候，给矿工或其代表者心目中留下的，不就只有对繁荣和教育（幸福，家庭的或个人的，保持私有财产）方面的渴望了吗？除此之外，通过立法稳妥且永久地缓解失业和疾病的方法被筹划了吗？工资无疑还可能会提高一点点。或许大教堂会被废除；等等。以众所公认的旧技术时代的经济或政治法则而论，达勒姆城显然是近乎完美的了。我们的大型煤矿、铁矿和纺织业的组合城市也同样如此；美国的情况也一样。只要煤田持续供应，发展和进步似乎是无疑的；媒体十分确定的声音将会使我们深信，政治家也会以这样或那样的手段，满怀希望地向我们允诺和担保，它们将持续下去。由于工业进程中的这种体制，以及给周围的其他工业城镇所传递的相关思想体系，对于卡莱尔、拉斯金和莫里斯的谴责之辞所取得的小小成功，有谁会感到惊愕呢？——或者甚至说，对于政治家和经济学者未能做出应对的批判之辞，又能怎么样？这样，就很容易毫不信任地将这些作者冠以"浪漫主义"、"审美主义"等等，或假定科学和发明都站在旧技术时代的一边。但是现在，感谢科学和发明的更深发展，我们不会再上当了。卡莱尔或莫里斯也清楚这一点（拉斯金也略有所知），他们对工业的看法，已经更多地遵循于唯物论者（physicist）的能量学说，而非传统的甚或今天的经济学。因为在导致经济学教科书所忠告的长期暗淡之后（缺乏那些本应成为工业发展进程的基础自然知识）——或许除了斯坦利·杰文斯（Stanley Jevons）教授关于阳光危机或煤炭

65

66

供应枯竭方面的参考书之外——只有罗斯福（Roosevelt）总统的"国家资源委员会"（National Resources Commission）成立后，国民经济的基本原理才开始被广泛地认知。这个委员会在国家林务官（national forester）吉福德·平肖（Gifford Pinchot）的领导下开始运作，并且有像霍勒斯·普伦基特（Horace Plunkett）先生这样的农业政治家（statesmen-agriculturists）的参与，因而具有领袖般的积极协作能力。庆幸的是，它现在甚至也吸纳了经济学家的参与，尽管他们还留有很深的青年时期迥然不同的教育烙印。现在，该委员会告诉他们的国民，在匹兹堡或其他地方的旧技术时代的美国人，对国家能源的利用并不经济，而是存在很大的浪费；为了这样或那样的个人利益而继续这种能源挥霍，将不再被认为是"资源的发展"，而将会作为国家的浪费和有害的公共事务行为，被坚决地予以制止。随着关于经济发展的自然事实等方面的研究工作的继续，工业发展的每一步进程都应被明确地予以分析——一方面分析物质效率的自然因素，另一方面是财政支出。这样，当我们能够利用更多的可以节约能源、减少冲突、降低浪费或缩短运输时间的进步和发明的时候，我们也会开始以同样的精神，批评那些蕴含在著名的铁路格言"能运多少就装多少"（charging what the traffic will bear）中的商业过程，而这句格言，用更科学的语言可说成"运输中的寄生状态"（parasitism in transit）。旧技术时代的思想，不论是董事会的还是工会的，都过分地关心商业收益的增长及分配，却一直很少关心提高实际效率和经济节约。因为这些不仅仅应用于铁路，所以几乎没有人会怀疑，以一般的旧技术方式，近现代的重大发明进步竟然会造成巨大程度的无效（nugatory）结果。劳工和资本家也不会感到有什么反常，因为他们极容易地就能说服自己。

科学的进步在很大程度上是一种先进的标志（notations）。但是，一种标志并非就是一种思想促进（thought-help）；它也极易成为一种思想囚笼（thought-cage），令人难以逃脱。实际上，金钱计算的标志的历史就是如此，在很多方面是一种旧技术时代的观念——从学童到百万富翁，从教育大臣到经济学家——均是如此，当然会以不同的方式，抄袭，拘束，限制。实际上，从最小的工会到最大的银行托拉斯，都为之着魔，从过分夸大金钱作用的早期教育，到专注于赚取金钱的专门研究，都因之而束缚。其结果，人们在实际上并不能看到自己的真正财富和他人的真正收入。即使政治经济学家能够保持清醒的头脑，他所创造的金钱哲学也难以对流行的民间文学（folk-lore）产生影响。

对金钱的这种热爱，已经被一位社会学先驱大胆而露骨地定义为"一切罪恶的根源"；奇怪的是——当人们以纯自然科学的眼光，不带任何情感地去看待经济形势时，就会感到——这一说法却广泛地适用于我们周围的世界；历史上的许多事情显然都是如此：西班牙的衰败即为例证，对金钱的狂热，甚至超越了具有同样作用的信仰。旧技术时代的人们，会随心所欲地谈论他们在这里的英国银行（Bank of England）或别处的乡村储蓄银行（Savings Banks）中"大量的，越来越多的财产积蓄"；虽然有社会调查员的直率看法，如不久前的卡莱尔或拉斯金的热情洋溢之辞，但这种财产积蓄毕竟依旧：很多简陋的街道，简陋的住房，简陋的后院，都在不断地发展着，大点的或多或少好一点，但很多甚至更为阴暗。

就让我们继续为个人财产的增加而挥霍国家的能源储备吧；结果当然能够获得非凡的金钱财富。可靠的分享，颇丰的红利，数百万的新"积蓄"。实际上这难道不是本质的展望——连年的废物箱被压扁或扩大？——"城市"的沉闷景象被连成一片？

但是，当这些美好的结果被"实现"时——在物质意义上而非财政意义上——它们是什么？除了上述十分简陋的街道、简陋的住房及发育不良的生命之外，还有什么可炫耀的？纪录片首先会展现在别处低劣的街道和未来的劳工。到处都是债务而非贮藏品，简单地说，是负财产而非正盈利。反而，新技术时代的经济学家开始对国家资源进行精心的节约利用，例如，他注重植树造林以弥补被砍伐的树木，甚至种植比砍伐量更多的树木，这才是在进行真正的储蓄。他的森林是一个真正的银行，具有异于罗思柴尔德（Messrs Rothschild）的"信用"[1]——每项最终的受益，都是我们这些纳税人自己的。

70

图 16 矿工的小屋——棚屋：前面，圣海德（Senghennyd），加的夫

(Photo,"Welsh Outlook.")

---

1 罗思柴尔德家族是欧洲最古老的银行世家，银行遍及欧洲主要城市，财产难以胜数，对全球金融市场具有重要的控制力和影响力。——译者注

再者，旧技术时代秩序下的劳动人民，像我们其他人一样，被传统教育所误导，追求现金工资而非基本生活预算（Vital Budget），从来就没有足够而得体的住房。但是，当新技术时代的秩序流行起来的时候——它的技能被生活所引导，朝向生活，为了生活——工人们就像在过去所有的真实城市中一样，通过贵族民主化（aristo-democratised）成为具有生产能力的公民——将致力于住房建设和城镇规划，甚至城市设计；所有这些，都是在对等于——不，优胜于——过去的历史辉煌的水平上。他将需要并创造高贵的街道，高贵的住房、花园和公园；不久后是以新兴思想而建的纪念碑和神殿，超越了古代。

图 17　矿工的小屋——棚屋：后面，圣海德（Senghennyd），加的夫
(Photo,"Welsh Outlook.")

这样，他将迅速地积聚起城市的财富和个人的财富，这是双重的财富，两者都得以传承。有人说（甚至到现在还在说，他们依然麻痹着）这是"乌托邦"的——换句话说，实际上不可能。这的确是超越了历史上空想主义者（Utopists）的梦想，尽管当时他们也是如此。因为真正的财富事业，是基于对那些稀缺资源和有限人口的更合理使用。而旧技术时代的金钱财富和真正的贫穷，则是与大量能源和物资的消耗和浪费及其使用能力密不可分的，而日益增长的大自然知识正在向我们解开枷锁，因而，新技术时代更好的使用方式，带来了超越过去的乌托邦梦想之外的财富及安逸的可能性。这时，新技术时代的秩序，由于更好地统筹人类和环境的关系，更合理地使用资源和人口，因而意味着一个实业的命题（a business proposition）——城市和区域逐一地创造优托邦的理想，各地都富于健康和福利，每处都壮丽而美好，历史上的最好成就得到复兴和挑战，所有这些都在各地开始——甚至在那些旧技术时代的紊乱状况达到极点的地方。

图 18　矿工的小屋：前面，伍德兰兹，约克郡

图 19　矿工的小屋：后花园，伊尔斯韦克（Earswick），约克郡

这该怎么样更明确地说呢？很简单。真正经济学上的可选择办法（金钱经济的困扰已长期令人迷乱），广义而言有两个，每个都朝向于实现一个理想，一个乌托邦。这就是旧技术时代和新技术时代——分别是坎坷邦和优托邦。前者迄今仍占支配地位。作为旧技术时代的人们，我们以一种初始的动力去挖掘煤矿，发动机器，生产廉价的棉花，为让穷人穿得起衣服，采掘更多的煤矿，发动更多的机器，等等；这些都本质地朝向"开拓市场"。整体上都基于"初级贫穷"和"次级贫穷"[这是朗特里（Rowntree）先生的一个专门术语，稍后解释]来进行组织，通过一种中等康乐的社会阶层而解脱，通过一些奖励和稀有的财富而获得生机——后者主要以黄金为估价。

但是，所有这些，并非真正财富的正当发展，最根本的是住房和花园的财富，更不要说城镇的财富：我们的工业只是为了维持和加重我们的贫穷而单调的生活。不论我们的现金工资会变成什么样，旧技术时代的毕生事业很快就会从物质上消散；很快就会变成粉尘和垃圾。而且，尽管我们已经耗尽了自然资源和人力资源，创建了新的组合城市、城镇和伪城市（pseudo-cities），但这些基本上甚至本质上都带有贫民窟的特征——贫民窟、半贫民窟和超级贫民窟，随后我们将会更全面地看到——每个都是坎坷邦；与这种环境相适应的是，各种不同类型的人性堕落的相应发展。在这种生活机制下，会有各种各样的辩解，但并不影响现在的对比。

然而，第二个可选择的办法（公开的，并已幸运地在各处开始发展），即初生的新技术时代秩序的办法。无论何时——就像机器时代、铁路时代、金融时代及现在的军国主义时代刚刚来临时那样，利用像旧技术时代的人们所具有的那种活力和果断——我们下定决心，应用建设性的技能和必需的能量，朝向资源的公共保护而非私人挥霍，朝向生活的发展而非堕落，那么我们将会认识到，这种秩序下的事物也是"合算的"（pays），这是一种更好的手段。换句话说，在拥有住房和花园方面，朝向生活的维持和发展，是最好的，是恰当的，对我们的孩子们更是如此。因而，在相当短的时间内，大家将拥有坚固而确定的、卫生而可爱的住房和令人满足、性能良好的花园。年长的社会学家利用社会学，会看得比我们更清楚；但是，因为我们重获了他们乡村的和进化的观点，我们也能够有所见地——"无论种下什么，都会有所收获"——至少会有所收获，他或他的继承者。在旧技术时代，这常常被作为一个咒语（curse）而认识和鼓吹。从新技术时代的立场来看，它是一种祝福，源自大自然的规律。为什么不去多播种一些最值得收获的种子呢？

每个种族、每一代人的生活和劳作都是要实现他们的理想。这在旧技术阶段，得到了最充分的实施，由于浪费性工业和掠夺性财政——结果是，（a）能量的浪费；（b）生活的恶化，现在已变得相当明显。这种双重的浪费可以从两个主要方面直接观察到：赤裸裸的奢侈和享乐，而且很容易反映在道德上；其次是战争。赤裸裸的奢侈是有托辞的，确切地说，旧技术时代的生活，在人类所知的美丽和灵性的每个重要方面，都十分匮乏，由此导致了心理上的需求。一个最基本的奢侈即为酗酒——"逃离曼彻斯特的最快方法"，即对该现象的生动阐释。

至于战争，也可类似地加以解释，甚至可以说，是旧技术城市（尤其是大城市）的现有哲学和社会心理学的需要。首先，战争只不过是竞争，是生活进步要素理论的延伸。因为，如果竞争是我们所说的贸易的生活（the life of trade），那么竞争一定也会是生活的贸易（the trade of life）。达尔文及其追随者等率直的博物学家，除了相信这一点，还能怎么做？因此投射到自然界和人类生活上一个新的信条！这样，旧技术时代的哲学就完备了；贸易竞争，自然竞争和战争竞争，三位一体。因而社会精神，尤其是城市社会的精神，影响到整个民族的精神，具有普遍的、不断加深的恐惧感，并受其所支配。这是一种自然的积聚，是对某种特别真实的罪恶和危险的必然的心理表达，尽管这在通常情况下不一定会出现。首先，各有关方面都日益感受到旧技术工业的无效和浪费，以及相应的不稳定和无规则的就业状况；其次，人们也逐步认识到金融体系相应的不稳定，及其货币和信用的假象；最后，在旧技术城市的生活中，我们都或多或少地确实感到萧条和衰退——各方面都不协调——这种状况必然愈来愈迫使我们蹲伏在掩体之后寻求保护。因此，事实上，丁尼生（Tennyson）对克里米亚战争（the Crimean War）的赞词，以及其他许多先驱者或后来者——就成为拉斯金式的。想象中的军事危险变成了事实，非但不是一种日益增长的恐惧，而是立刻使我们减弱的勇气获得振奋和鼓舞。就过去的"可爱的英格兰"（Merrie England）[1] 而言，只有一个城镇习惯于炫耀这种绰号；这就是"可爱的卡莱尔"（Merrie Carlisle）[2]，仅仅因为它守卫着进行曲（marches），忍受了苏格兰入侵的首轮打击；它最先送出了他勇敢的儿子们，现在却煽动这些，使他们遭受主动抵制。同样，可能被炮轰的，并不是许多沿海的城市，而是伦敦——这并非简单而言，而是有深刻的含义，因为它实际上是难以攻击的，而且它还确保能立即集中起所有的国家防御资源——在那里，我们所有的城市中，黄色的新闻记者能够很欣然地挖掘那些迎合人们口味的恐惧。

在这些战场上，严重的悲观主义自然地涌现。然而，这里所谓的悲观主义只是相对而言；因为它不需要战争，只需要新技术时代的科学和艺术的出现，以唤起相应的精神。正如飞行员不顾一切地冒险中的快乐；又如 1911 年面临长期而又危险的摩洛哥谈判（Morocco negotiations）中巴黎的平静。

既然旧技术时代的战争困扰在城市改良方面如此明确，那么让我们以一种稍有不同的方式对其加以批判。

在落后的人们中，农业在衰退；由于乡村生活的恶劣，相应的技能和艺术，乐趣和精神，以及真正的健康，都在衰退。恶性循环出现并扩张；工作的单调辛

1　古时对英国的称呼。——译者注

2　英国英格兰西北部城市，坎布里亚郡首府。——译者注

77

78

79

苦，奢侈的和被奴役的，低劣的，甚至卑鄙的，出现并深化，取代了旧有的简单的劳动关系；放任自流或好逸恶劳，因倦怠和冷漠而酗酒，取代了休息。社会阶层因军国主义的回归而固定化；各种禁忌开始出现并不断恶化；性，男女双方道德生活的自然而基础的源泉，堕落为罪恶的梦想和舞蹈。对于任何"发展"、"财富"和"安宁"，人们已经厌倦。乡下的前辈们面对生活并掌握自然规律的古老精神，现在找到了赌博的出路；这正日益污染正当的商业活动。统治阶级日益成为富有一族，平民的类型也相应增加，就像经历这一游戏的前辈们一样，只要有工资，就顺从地为各种服务工作而准备，在对偶尔不劳而获的期待中发现生活的希望。

80　　　旧的乡村职业，不论高低贵贱，并不适宜这种现代生活，现在却被它所吸纳和引入，成为其中的守护者和责任人，或因外部服务而进入军事阶层。旧技术时代"秩序"因此而完善，并且是在损害进步的情况下；就像俄国、奥地利、普鲁士的历史常常向我们所展示的；就像他们告诉我们的那样，我们的秩序日益显现出这种状况。在每个这样的国家，甚至其大城市中，尽管每个人的精神火花被大量地创造和维持，但最终却和人们一起走向消沉，否则便是突然爆发为社会不满，充满厌恶的抱怨。职业的演说家和吟游诗人（bard）也开始出现；作为社会的医师，他们必须冒着一切危险再次去唤起人性、勇气，这甚至是恐怖的。这样，在冷或热的激励下，旧技术时代的人们开始来回奔跑；他们创造新的恐怖神话（myths of terror），他们守卫新的战争舞蹈（war-dances）；那些为他们带来财富，这些给恐惧之神（fear-gods）建起了巨大的神殿。他们创办了俱乐部，伸长并挤满他们的战争之舟（war-canoes），总有一天他们会起航去战斗。这正是用胜利和荣耀、统治和帝权加冕的时刻，大量腐朽的细菌相伴，它们也在走向成熟。这难道不正

81　是对半个南海（the South Seas）的人类学，甚至古老的海盗历史及斯堪的纳维亚半岛的荣耀的精辟概括吗？这一摘要留下的唯一的新鲜感，即斯堪的纳维亚人现在对我们所想和所说的，"强国"（The Great Powers）。因为现在挪威人有另外一种进化观，相应地有不同的生活状态，不同的防御观念和不同的生存实践。由于自然资源的贫乏（我们至今仍惯于如此思维），也可以说是摆脱现代工业拥挤现象（从单纯的数量意义，我们称其为城市）的好的机遇，他们开始着手文化城市（culture-cities）的发展，这已经在生活质量和文明程度上相当领先于我们。25年前，一个爱丁堡人会对另一个爱丁堡人说道："在小卑尔根（little Bergen），有比在大爱丁堡（big Edinburgh）更多的新的乐曲和生活科学"。如今，沿着夜间灯火闪烁的村镇链，从特罗姆瑟（Tromsö）[1]一直到克里斯蒂安尼亚，格里格（Grieg）[2]和南森（Nansen）[3]的名字已经家喻户晓。从前，我们苏格兰的歌手和思

1　挪威北部港口城市。——译者注
2　Edvard Grieg，1843—1907年，挪威作曲家。——译者注
3　Fridtjof Nansen，1861—1930年，挪威北极探险家。——译者注

想家也广为人知；但那是在相当贫穷的时代，早在现在的"商业"和"教育"之前，现在则似乎已经是鲜为人知了。

简言之，社会的本性，并不像人们现在所相信的那样需要战争；即使在大量军队出现的时候也是如此。

无须详细讨论战争的社会因素（它将占掉过多的篇幅），就足以说明本章的主题，即当前的基本生存斗争，需要一种不同于军国主义的，更为开阔的认识。 82

让我们充分相信新技术时代的技能和发明的激励措施，因为他们谆谆教导的牺牲精神是为了社会的福祉；但也要让他们明白，现在主要的生存斗争，不是舰队和军队的斗争，而是旧技术秩序和新技术秩序之间的斗争。应予正确评判的，并不仅在制造业的生产力方面，而要更多地贯穿于我们城乡生活的全部。最简单地讲，当我们重建我们的城市和舰队的时候，当我们使大学和学院、文化机构和学校变得现代化的时候，当我们试图去做勇士的时候，将会有极少的对战争的恐惧，更多的是对生存的信心。反之，如果不能提高总体的文明水平，那装甲部队重量的增加，只能"有助于"走向衰败。

当我们的目光从普鲁士军队和英国军队的敌对状态、十分纯粹的感伤性的抗议或十分冷酷的法律学家为欧洲和平和仲裁社会的努力，转向美国日益发展的和平运动的时候，前述内容将变得更为清晰。由于时间很短，对于卡内基（Carnegie） 83 先生的庞大财团而言，它所宣告的健全官僚政治和学术机构是有助还是阻碍具体的工作，尚难以预测；但在埃德温·D·米德（Edwin D. Mead）夫妇卓越领导下的规模较小的波士顿国际和平基金会（International Peace Foundation of Boston），已经清楚地走向建设性的和平之路；诺曼·安吉尔（Norman Angell）先生的积极宣传及其新建立的戈顿基金会（Garton Foundation），也有极大的希望。芝加哥女修道院院长简·亚当斯（Jane Addams）也强调了同样的观念，她认为美国拥有相当珍贵的多方面的融合，包括社会经验，丰富的感觉，睿智的见识，以及推动的力量。当这些女士，这些积极的和平主义者加入并领导市政和城镇规划运动的时候，他们带着重武器和防护盾牌的同伴们，将最终也会学习抓住泥铲；接下来开始甩掉他们的防护物。在复兴和发展的过程中，区域和城市中到处都是和平而热烈的生存与进化之路。

第5章

通向新技术城市之路

在我们周围的现实发展中，从旧技术时代向新技术时代的转变；仍需强调进化的两种类型，分别为地狱和优托邦。理想观念对各门科学的必要性：案例：天堂和地狱的观念，对社会学和城市学比对神学和心理学要更为重要。

城市之美并非只是纯粹的情感影响：战争及医学上的审美因素，被视作效率和健康的一种征兆，一种援助。过去对旧技术城市浪漫式批判的局限性因此而得以避免。

清洁城市；从山地和高原沼地的水源地开始，继续向内地进行，覆盖城镇规划的范围。城镇沿着重要的大道自然地呈星状伸展，其间留下未进行建设的乡村地区。布置学校、运动场、副业生产用地和花园等，以防止城市发展连在一起。为青年和公民提供活动机会的价值：市民自愿组织。

清洁贫民窟；贫民窟花园，开敞空间的创造。当大型工厂和酿酒厂等迁往郊外的时候，小型车间可以成组地进入它们的位置，空出一些场所清洁为开敞空间。车库必要的集中分布；不必要的马厩的拆除；花园式庭院的形成，等等。这些小小改变是为更大的改变而准备。邓弗姆林的海神。

第2章介绍了巨大的煤田型城镇组群，我们的组合城市，它们处于不确定的增长之中；在接下来的一章中，我们分析了我们国家或类似地区低劣的工业和生活所造成的胁迫性阻碍，不仅在于国内煤田的枯竭或低水平的竞争的影响，更受到更高层次竞争的威胁——新技术的秩序显然正在其他地方展开——挪威是最好的案例，毫无旧技术的发展可言。

然而，正如已经说明过的，而且读者必须一再地感受的——新技术时代的秩序已经向我们开放；我们已开始大量地参与其中。有什么地方能比一个拥有最佳位置、廉价而充裕的煤矿资源、便捷的交通系统以及大量勤劳人口的地区更好？更不必说刚开始使用的资源，如河道（water-courses）和泥炭沼（peat-bogs），或迄今尚未触及的风力和潮汐资源。每个方面的发明家都正忙于这项复杂任务；这些进步的综合，即城市学运动的一个主要面貌。

　　既然城市处于这种转型中，难道没有必要对两种有鲜明分歧的进化路线——工业的、社会的、城市的进行一分为二的抗辩和论述吗？我们对旧技术时代城市的总体看法绝不是乐观的：但剩下一半还没有讨论。在这里，它的罪恶——如新闻记者专栏和现实主义小说所描述的问题——被认为是与其工业及商业水平相一致的，是一种常态，不论政治家或慈善家，都难以予以改变，他们无非只能敷点膏药而已。的的确确的一种悲观看法！但这种悲观只是表面上的；信心在于大自然的秩序方面；低劣的功能和败坏的条件，只能带给我们弊病。但是，只要我们改善环境，激发功能，大自然一定能重新给我们以健康和美丽——重新复兴，必将超越过去的最高纪录。

86

　　因而，应当直面旧技术时代秩序，展示其最坏的内容，如在机器和财富的准则下资源和能源的浪费，生活的压抑，从而分析它因失业和不当就业（misemployment）、疾病和愚蠢、堕落和冷漠、懒惰和罪恶等而产生的特殊后果。所有这些不应被个别地、过于专门化地处理，它们在逻辑上是相互联系的，彼此不可分离，就像疾病的征兆一样；在接下来的发展中，它们将在生活的棋盘上被解决。它们甚至趋向于将城镇规划方案变得局部化，这就很显然地成为真正的地狱。然而，伴随着正常生活的对比发展，出现了许多连续的增长运动，也出现了大量清楚而明确的城市发展。因而，我们的城镇规划方案并非只是图纸而已，它也是一种象征，能具体帮助我们改善当前城镇的思想标志，是为不久之后更高雅的城镇而进行的准备。

　　再次强调，每个这样的城市都是合乎逻辑的梦想：城市并不坏得像地狱，也不好得像乌托邦。这是目前所公认的。现在，人们都承认，每一门科学都以理想的概念为工作依据，像数学家的零和无穷大，地理学家的东、南、西、北等方向，如若没有这些概念，人们便无法工作。的确，数学家向无穷大的迈进永无止境，地理学家的旅行和天文学家的探索也永无穷尽。然而，如果没有这些难以到达的方向和基本理想，除了坠入深渊以外，谁能在他的原点上有所发展？因此，为了使我们不至于在黑暗的旧技术地狱中、或到达新技术优托邦的未来城市之前迷失自我，这些极端的概念可以帮助我们衡量和评价当前的城市，为它的改善和实质的更新做好准备。

87

　　"这里是我们的乌托邦，或到处都不是"；我们对城市令人郁闷的最坏一面的描述，或对它正在拂晓且令人愉快的最好一面的讨论，只是合乎需要的明暗对比法（chiaroscuro）。神学家的地狱和天堂概念，或许已经失去了传统的内涵及对群众的呼吁，但在此，我们重新赋予其新的意义。曾有人问但丁，"哪里能看到地狱？"他回答道，"在我们周围的城市中"，这是《地狱》（Inferno）所表达的整个结构和故事。相对地，像更普通的人和更率直的诗人一样，他也围绕少年时代的爱情而建造起天堂的概念。

正如零和无穷大是数学家的必要之物，对于社会思想家而言，地狱和天堂也是"必需的实体设备"，这就像他的前辈、神学家一样。甚至它们的具体描述（一边是大量的能源浪费和破坏；另一边是富有秩序的完美环境和完善生活）也是可以具体应用的，对我们的经济学和城市学研究也是必要的。有时我们能看到城镇日常生活的辉煌一面，但有时也感受到正日益发展的刺目和阴暗的一面。我们和雪莱（Shelley）说，"所谓地狱，就是像伦敦这样的城市"；可以想象，要想走出这片阴暗之地，会是多么艰难。

这就又有了关于地狱和天堂的传统心理学描述——这里是挣扎、愤怒、憎恨、冷酷和绝望；那里是欢乐、理想的友谊和个人陶醉。

难道两个派别不是极端方式的悲观主义者或乐观主义者吗？然而，比地狱或天堂的景象更接近我们的，却是炼狱（Purgatory）；因为，在我们前面的，是伟大的社会希望的复兴；在我们后面的，是陷入堕落的失望和痛苦。

就城市生活进程而言，略微平淡点的描述，要比这种激烈的神话般的描述更为需要。有什么能比布莱克（Blake）[1]说得更好呢？——这是真正城镇规划师的圣歌：

> "我不会停止精神的斗争，
> 利剑也不会从我的手中脱落，
> 直到我建起耶路撒冷
> 在这片绿色而令人愉悦的土地上！"

现在来讨论城市之美。那些常常习惯以"务实派"（practical）自居的人们，过分轻率地认为城市美是"不切实际的"（unpractical），因为他们不考虑任何科学或艺术上的进步，或者认为它们会搞乱整套旧技术时代的工作常规。因此，他们会很容易地说我们这些城镇规划师和城市复兴学者"所有这些修饰，或许对大陆城市（Continental cities）是适用的；但毕竟是华而不实的，对我们并不合算"，等等。现在，如果持这些观念的人们考虑这几页的观点，他会发现，他们最关心的事情是多么不同于他们所期望的事情；我们的问题——既非装饰问题，甚至也非建筑艺术问题，尽管她可能是艺术的情侣（mistress of the arts）——正是务实的人们（商人、政客、军人）认为最实际的：即生存问题，在当前日益强化的生存斗争中地方或区域的、民族或帝国的生存问题，这些都处于同其他国家的竞争中；就拿德国来说，当前他们的思想也已经转变过来。务实的读者也能认识到，这里所讨论的所有问题，并不比战地办公室（War Office）或最贴近人们的公共卫生办公署（Public Health Office Bureau）涉及更多的美学因素。最大的差别在于，在这

1　William Blake，1757—1827年，英国漫画家、诗人。——译者注

些如此迫切的地方，人们确实认识到清洁、良好秩序和美好面貌的重要性。人们知道，对于一个孩子或一个群体、一个家庭或一个城市而言，最好、最明显的征兆即为健康和福祉的表现；然而，我们的制造业和商业界及其传统的经济学家，至今尚未认识到这一点，实际上都极少关心个体利益之外的事情。 　90

这些务实人士，迄今都不能理解初始的新技术秩序的先锋究竟是什么——因为他们很少会说"他们很好；他们值得！"——这就难以知道，秩序和效率的意义、对适当和礼仪的期望，及其在各方面的思想渗透，正是新技术秩序优越性的重要因素；致使它们的商业成就显著超过那些更"务实"的竞争者的因素，可以作为一种当代历史，经常而广泛地被进行阐释。那些少数的实业家——在欧洲大陆，像神话中的奥丁神（Godin at Guise）[1]、德国的克虏伯（Krupp）[2]及荷兰的范·马尔肯（Van Marken）；在美洲，像帕特森（Patterson）或费尔斯（Fels）；在英国，像利弗（Lever）、卡德伯里（Cadbury）和朗特里——当其日益显赫的时候（如在产出效率及财富创造方面），工人们创造了杰出的成就，也享受着杰出的待遇。众所周知，要想让一匹马最出色地工作，肯定不能喂最差的饲料。在近来士兵和水手甚至商船的培养方面，也是同样的道理。所以为什么旧技术世界在吸取这些教训方面如此缓慢，在迷信经济学方面如此忠心且极富情感，以至于难以让那些少数的新技术雇主有幸去实践它们呢？ 　91

没有人会否认军事社会中也已认识到审美诉求的价值，有许多种类，它同数量和效率一样，是一种发展的手段。然而，当代（即旧技术时代）工业发展的一个主要灾难在于，那些务实派的人们在自己的领域内非常无视美学的要求，他们甚至因自己的局限性而倍感自豪。他们的"务实"称号只不过是诡辩，是自欺欺人罢了；因为真正能找到他们的论据和借口的，实际是在功利主义的哲学中。功利主义才是他们的真正动机，是他们行为的唯一理由。他们强烈地坚持功利主义，因为尽管 19 世纪浪漫和情感提出各种大胆的主张，但功利主义依然幸存。他们至今仍未能认识到的是，当以科学理性的标准去衡量时，他们的哲学只有悲观主义，甚至更糟糕。对于唯物主义者而言，他们的"资源发展"，他们的"区域进步"，只是对自然资源的浪费和挥霍；对于生物学家和医学家而言，他们自夸的越来越多的"人口发展"显然是处于堕落之中，并不是一种前进性进化（progressive evolution）。这些物理或公共卫生的批判绝非苛刻。作为历史学家的社会学者仍然不得不为务实派作辩护。他不得不去分析那些构成他们哲学体系的各种因素（连根拔起的乡村，被机器驱使的劳工，在必需的食物和生活的美好方面都处于半饥饿状态）——酸腐而毁灭性的清教徒（puritan）蜕化为狂热的拜金主义者——革命和激进的政治家僵化为教条主义者。对于我们将工商业界的拯救和提升作为城 　92

1　北欧神话中司智慧、艺术、诗词、战争的神。——译者注

2　Alfred Krupp，1812—1887 年，德国军火制造商。——译者注

市和社会发展目标的希望再怎么重复都不过分，自鸣得意的"务实派"却将其蔑视为"纯粹的情感"，而他们自己正是误入歧途的情感的受害人；不仅如此，他所盘算的想法常常被算术所迷惑，他指望获得的生活只不过是一种牛犊般的舞蹈（Vitus' Dance），为"击倒的魔鬼最少"（the least erected fiend that fell）的信条所引导。

美，不论大自然的或艺术的，对于旧技术工业不断推进的烟尘天空、机器损害和贫民窟发展而言，已经太长时间没有得到任何有效的保护。她的拥护者并不是特别高贵，如卡莱尔、拉斯金、莫里斯都有许多信徒；然而，他们常常过于浪漫——彻底地珍视过去的社会传统，对于因关照生活和劳工而出现的一些现实的主张和需要却勉为其难，有时甚至情绪化地拒绝接纳。这就使他们常常大肆地野蛮反击和作战般地呐喊"呀！情感！"，因此功利主义常常又增加了他对大自然的鲁莽，对艺术的粗暴无情。浪漫主义者对正当的愤怒往往是盲目的，正如机械的功利主义者对于紧张的工作。他们不能看到，超越了残暴的现实，更美好的未来已在拂晓——实用自然科学的发展，已经跨越了最初笨拙而嘈杂的学徒阶段，对于自然资源的应用，已从开始的浪费和污染，向更出色的技能、更精细和更经济的利用方式转变；此外还有日益增长的有机科学和有机人类的相应发展作为补充，对人类生活进行着全新的评价。

在那些日子，当教育凋败为对古老的考试委员会及麻痹的官僚机构的纯粹记忆的时候，没有政党能够预见，对于那些因重新主张个人自由和个体意志及其引导而产生的回弹——作为征兆，见证了全世界对蒙台梭利（Montessori）博士的教育方法的兴趣。在极端利己主义的时代，教育已成为摆脱陈腐束缚的一种必要，可以预见，人类伙伴及互助关系的理性回归，能重新点燃信仰的精神；在我们正在进行的城市重建中，公民关系（citizenship）的复兴将开辟一个社会及政治进化的新时代。我们工业时代的前辈们过多地丧失了公民关系的观念，而我们自己至今还很少觉悟。因此，恢复公民关系的观念和意识，将使我们的思想和劳动获得一个新的起点。事实上它已成为一种口号（watchword），和我们的前辈为之着迷的自由、财富、力量、科学和机械技能等一样明确，甚至更为明确。而且，它比所有那些原则更加重要——它使我们可以用一种新的清晰的思路去保持它们，协调它们，并用之为公众谋福利。

基于上述立场，保护自然、更合理利用自然的事情，必须比通常更认真地、更坚强地确定下来。不是去乞求宜人、娱乐和休息的场所，而是应坚决主张这些。在什么方面？在生活的保持和发展方面；青年人生活的保持和发展，所有人的健康，这的确是任何名副其实的功利主义的基础；此外，激励青年一代的精神生活，终生予以保持，这一定是更高的功利主义的一个主要目标，是朝向教化（enlightenment）持续发展进程的一个主要条件。

在现代的工业地区，应对迅速增长的城市和组合城市之间的山地和高山沼地[如兰开夏和约克郡之间的区域，对格拉斯哥而言，则是卡特琳湖（Loch Katrine）

周围的地区]实施保护,这不过是纯粹的供水系统的基本需要罢了,本书一开始(第
2 章)就讨论了这项工作的必要性。

显然,供水方面的卫生学者是真正的功利主义者;因此,甚至远在我们唤醒
公民关系之前,他就已经处于比其他次要的功利主义者[各种更狭窄的任务和更
局部的视野(工程学、机械学、化学、制造业和财政学),目前已被列入公共服
务的范畴]更高的权力地位。但是,山地和高山沼地的保护对它们也是必要的:
物质的和精神的健康的需要。因为,没有生活乐趣的健康(这的确是接近大自然
的初级动力)只能是暗淡无光的;我们已开始认识到,此乃应对阴险的弊病的一
种主要方式。这就产生了林学:不只是树木的修剪,而是造林(sylviculture),包
括树木的培植(arboriculture),以及最佳的造园(park-making)。

这种大自然的概要景象,这种为了城市健康而对自然秩序和自然之美进行的
建设性保护,以及度假者(允许各种人进入,以培养贤明的公民关系)简朴但却
鲜活的快乐,超越了工程的概念:这是一种管理艺术(master-art);比街道规划
更伟大,这是一种景观的塑造;因而适合于同城市设计相结合。

96

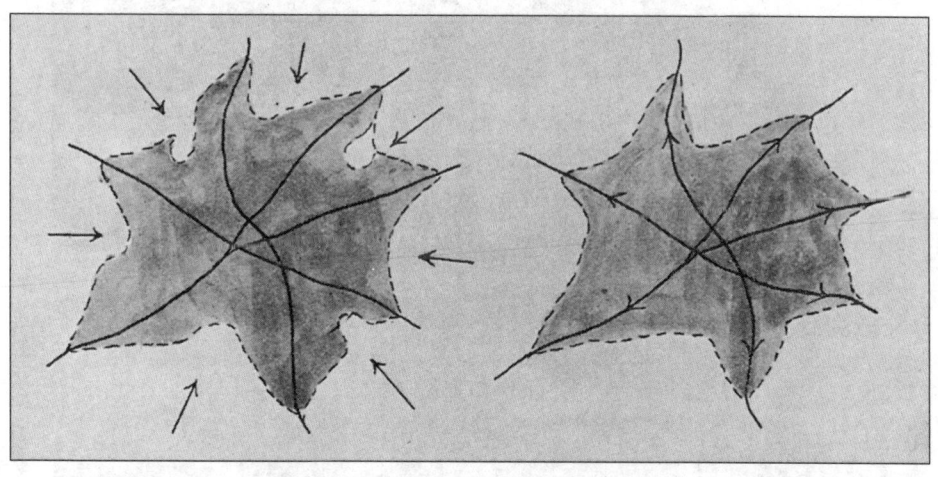

图 20　城镇→乡村:乡村→城镇

但是,城市中的孩子们、妇女们和工人们到乡村去的机会却不多。作为卫生
学者和功利主义者,我们必须把乡村带给他们。当我们的城镇规划师和工程师朋
友们建设起一条又一条街道、一个又一个郊区时,我们还要"使街道旁有田野,
而不仅是田野中有街道"。在从城市中出来的每条主要大道(我们希望今后都成
为林荫大道)旁,每个市郊铁路站场周围,城镇规划师正在仅凭个人嗜好和魅力
安排田园村庄;但是,当我们以一种相反的观点从乡村走向城市时,必须注意到,
那些不断增长的市郊,再不能像过去常有的那样过度地成长在一起。现在城镇必
须停止像墨迹和油渍那样的蔓延:一旦真要发展,它们要像花儿那样呈星状开放,
在金色的光芒之间交替着绿叶。

97

图 21　杰斯蒙德溪谷公园（Jesmond Dene Park）中保存的旧工厂，纽卡斯尔（Newcastle）

作为 19 世纪的市政当局留给我们的最好的纪念物和遗产之一，城市公园——尽管它们常常是颇有价值的、有益的和美丽的——过分地受到购买它们的先辈们的立场的影响，接管人员就像对待官邸住宅的花园那样进行管理，每个都围着栅栏，森严地隔离于世俗社会之外。它们的布局至今仍过分地延续着官邸住宅的传统，礼貌起见，只允许人们在假日进入；小女孩可以坐在草地上。而男孩呢？至多允许他们打打板球（cricket-pitch），或腾个地方踢踢足球，其他活动一概严加防范，就像对付潜在的野蛮人，其实他们喜欢的自然活动，充其量不过是搭棚、挖洞、堵水等等——凡有此类行为，立即驱逐出境，如不交给警察就算万幸了。

人生的知识，大部分来自自然研究和教育活动，二者需要通过自然活动联系起来。为了工业的未来，为了国家的维护，没有什么能比为活跃的思想所引导的朝气蓬勃的健康和活力更重要的了，这是显而易见的，但是，我们却在学校内外，用警察般的镇压方式扼杀了这方面的萌芽。这种生动的、自我教育的童稚本能，尽管显得笨拙而粗野，甚至有点淘气，带点破坏性，但在动机上和本质上，却往往是富有建设性的。然而，严格的限制，仍随处可见。

从根本上说，导致年轻人的精神逐渐向小流氓转变（或被压抑在更糟糕的层次之下）的，正是由于第一手的乡村体验的缺乏。童子军运动（boy-scout movement）已经成功地表明，即使是年轻的小流氓，也需要对于积极职责的某些生活体验，以成长为赫耳墨斯（Hermes）[1]；只要给他们改造自我的时机和强健的工作，我们一定能够使他们成为真正的大英雄（Hercules）。

伴随着对迂腐而衰弱的学校体制的改造，自然而然就产生出更好的学校的构架——极大程度上的露天学校；今后将建立在露天场所的范围内。为此，每个城市改革者必须更多地提供一些副业生产用地和花园——全都与林荫道及盛开着花朵的灌木篱墙相连，向鸟儿和情侣开放。

维持这些项目，并不需要投入大量的城市活动。很自然地，应当由那些新生的学校和补习班及无数的私人协会来承担。在公民关系方面，在寻求健康的机会方面，有什么训练能比共同分担和维护我们的公园和花园更值得我们去做？我们应当开始一种古老的发展公民关系的方法，代替为这些日益增长的公园和学校支付费用的方式，以此缩减税费，最起码承担起一种社会义务，通过不断增加时间和服务的投入，而不是金钱的投入。我们应当试着缩减政府管理活动，这是对当前日益繁殖的官僚作风的自然反应，总是最值得去做的。

人们自愿地奔赴战场；但有人却奇怪地、悲观地迷信他们不会自愿地从事和平事业。正好相反，每一个城市工作者都知道，只要给予少量明智的指导和管理，只要有一定的领导能力（这仍然是稀缺的，但会随着锻炼和服务工作而不断增加），为公共服务的机会不久就能让人们接受。这样，过不了多久，我们的建设性活动

99

101

102

1　希腊神话中为众神传信并掌管商业、道路、科学、发明、口才、幸运等的神。——译者注

100

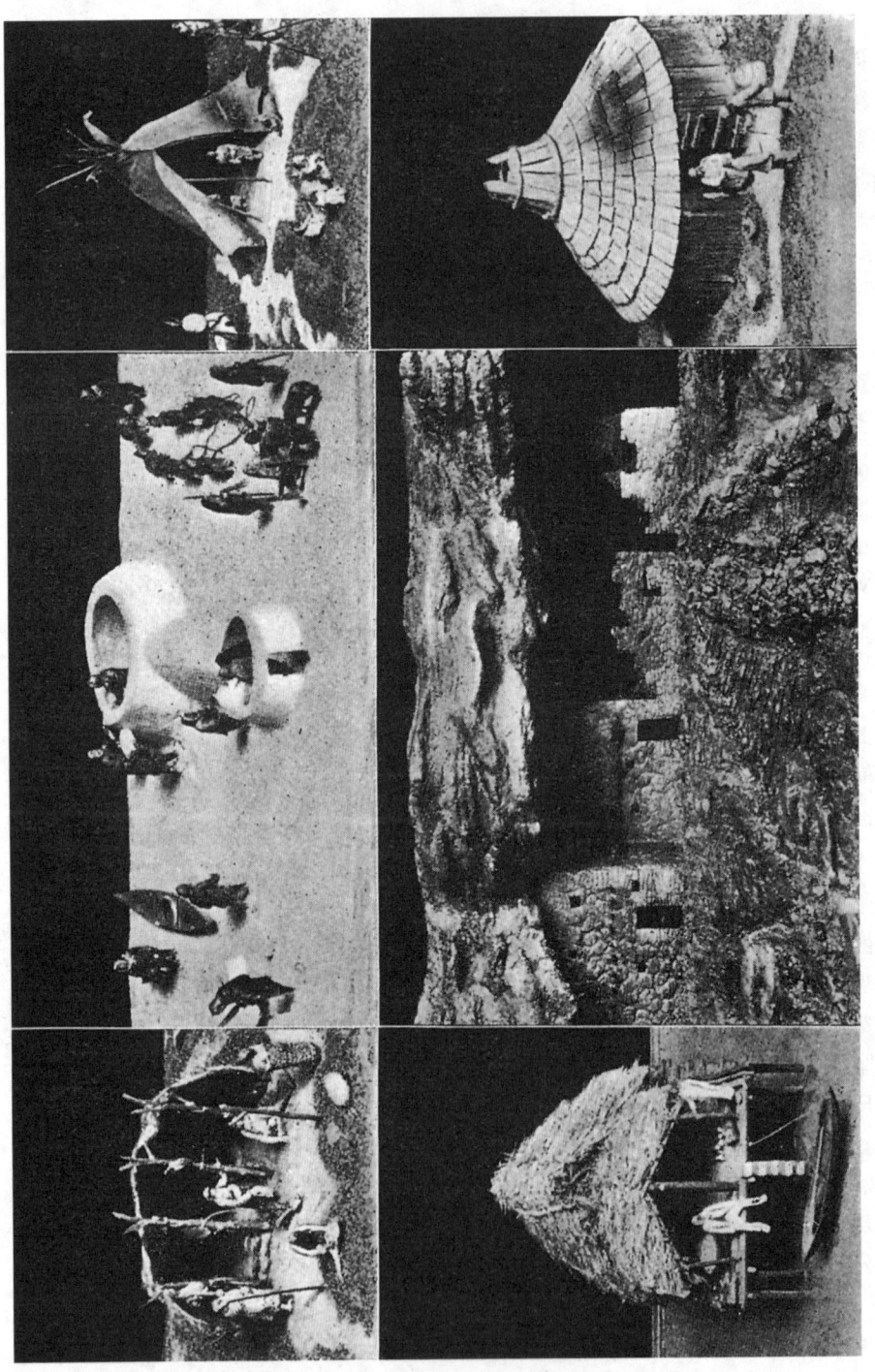

图 22　原始的住房：为公园中男孩场所的提议

就会渗透进古老的现有城镇，以一种无比巨大的力量——以一种城市清洁部门未曾冒险从事的方式，清洁它极为肮脏的地方。例如，在"肮脏的都柏林"，城市自愿活动已经开始了显著而有效的实践。

除了这些起码的清洁之外，我们也需要破坏性的力量和建设性的力量。在未来的十年，在当前的贫民窟中心地带，我们能发现一些小型的开敞空间和市民花园，没有什么能比这更好的了。在古爱丁堡的"古哩"（Historic Mile），有着最拥挤的、最难处理的贫民窟，瞭望塔委员会（Outlook Tower committee）的"户外空间调查"（Open Spaces Survey）表明，那里至少有 76 块、总面积达 10 英亩（约 4 公顷）的空地有待开垦，它们中的相当一部分现在已逐年地建设为花园——都是通过自愿组织来完成的，当然，现在已获批准，而且在各方面得到城市部门和官员的援助。近来，这项运动已被爱尔兰妇女健康协会（Women's Health Association of Ireland）所采纳，并以熟练的领导方式开始在都柏林、伦敦及其他城市推广。

从这次贫民窟改造活动中，我们的工业家和城镇规划师获得了更为远大的机会。无数大大小小、杂乱无章的车间，现在大部分都和工人阶级的住宅无效地挤在一起，这显然意味着，如果进行一次大规模的、周密思考的再规划，一定会有大量的收获。经验表明，许多大型工业——制造厂、酿酒厂等，如果迁往乡下的某些适当地方，将会有很多优势，因此而留下的许多大型建筑，将非

图 23　古爱丁堡的一个儿童花园

104　常适合于容纳和组合小工业。这就空出很多小车间，大部分可以拆除，作为户外空间，这将带来健康，带来孩子们的快乐，并促进城市的经济和生产，这很快就能回馈城市。正因如此，这项工作的全部正当费用，将会在已经开始的下一代得到偿还。

　　举一个具体的例子，即众所周知的爱丁堡西王子大街花园（West Princes

图 24　位于爱丁堡的现代工人阶级住房之后乱糟糟的小车间

105　Street Gardens of Edinburgh）。这里至今还保留着从前的私人所有权的边界；但是，上述的爱丁堡户外空间调查委员会表明，当人们清理了城堡四周以后，就能营造出一些几乎连起来的贫民窟花园——这就将公共美景带入了那些近来仍属私人贫穷的中心地带。

　　马厩正很快被荒废；它们常常可以用作私人车库、储藏室和小作坊等。现在，正是城市改造者的好时机。车库适于集中而不宜分散；各处的私人企业已经提供出这样的场所，尽管在规模方面还较小。

　　此外，卫生学家已经全面论证了马厩的不健康状况；但有时这种马厩又是必需的，市政当局应当坚决地将其相应地分组，成为一定的单元；因为在

图 25 爱丁堡西王子大街花园

保持卫生状态方面，大型的集体马厩要远比许多分散的小马厩更为容易、更为经济。

无疑，对于车间、工作室等的分组，现有的一些马厩将为集中的车间和工作室提供场所，这或多或少已在发展之中；但是，为了获得必需的户外空间，大量地拆除它们也是有可能的。

再者，应当全面和逐步打通那些无数的后院和晒衣场，它们目前仍在玷污我们的城市街区（甚至于最好的城市街区）；花园型庭院，应当不断地取代现在的那些被无数的围墙所分割的肮脏的迷宫和废弃的晒衣场。同时给每个花园型庭院提供一个中心烘干房，这就能为城市解放出大量土地并用作重要的用途，对于儿童生活和家庭生活而言，对于老老少少的花园活动而言，这些户外空间比公园更易到达、更为有用。

这些小小的（但总数相当可观）改变，需要的只是开始；而不少的此类活动也已经开始。而且，这些不太引人注目的创举，已经逐渐消除了人们的各种偏见，为不久后城市公众期望的大规模城市改造活动铺平了道路。随着这种期望的发展，不用担心的是，人们将愿意去付出——即为之而工作——以获得回报。现在还是从小事做起的时候：作为我们同伴的市民必须首先被说服；因此这里要再三强调个人积极性的需要。但也应尽一切办法让市政当局和各种不同的部门去采取每一种可能的措施；尽可能地争取公众的力量，尽快地行动，运用存在的各种先例。例如，为了规范那些令人憎恶的高楼广告牌（sky-signs），爱丁堡已经对其采取了比其他许多城市更有力的管制措施；而格拉斯哥也已经在许多方面树立了榜样。

当完成这一章的时候，我从晨报上了解到，一个海岸城市的执政官，在过去的几年中已建起一座阿波罗（Apollo）健身房和一座海吉亚（Hygeia）神庙，在那里，青年一代是幸福的，现在也表现为海神（Poseidon）的献身精神。这个优秀的海神，对这个城市而言是如此吉利，使得岛屿已经得到了直接的回报，在它们的卫城（acropolis）之上，在离海岸一小时旅程的地方，奇迹般地产生一个可靠的海水源泉，水量极为充足，以至于那里的人们永远都可以在此沐浴。

我们爱丁堡的卫城更为缺乏海水：这种特别的水流，不仅具有治疗功用，而且能够净化城市的许多地方；海神祭司（priest-engineers）甚至会有更伟大的成就。让我们期盼，在我们海岸边其他的小城市，也有他们在行使使命：富饶而伟大者，往往是最难以唤醒者。

第6章

人类的家园

用生态学的观点看待经济学——"没有财富，只有生活"。当代观点逐渐从"货币工资"，转到"最低工资"，再到"家庭预算"，然后转向到基本生活预算。

在莎士比亚及其之后作家的作品中，劳动力出现退化。需要新的"历史纪元"，体现在人、工作和场所；这种历史性退化也体现为住房条件的恶化。"工业时代（即旧技术时代）"的基本成就可以定义为 "贫民窟"（slum）。所谓的贫民窟有着不同的起源和分类。根据凡勃伦（Veblen）的"企业理论"（Theory of Business Enterprise），贫民窟到处都是：中产阶级住在半贫民窟（Semi-slums），甚至于富裕的住房也只不过是超级贫民窟（Super-slums）。现代城市可以提供最好的例证，如伦敦的梅费尔（Mayfair）和爱丁堡的新城。不景气的街区，就像是灰姑娘和她被掠夺走的厨房。她的救赎即将到来，科学是她的神仙教母，电力是她的魔杖，这些就是现代的魔法和浪漫。

从爱丁堡和其他苏格兰城市的公寓问题来看，人们对住房问题仍然过于漠不关心。由亨利·维维安（Henry Vivian）牵头发起的富有建设性的创举提供了富有希望的例证。最后本章以呼吁妇女的觉醒作为总结。

尽管为金钱统计的表象所遮掩，但传统的旧技术经济导致了能量消耗、尘土和灰烬等根本结果，物理学并不是因此而批判它的唯一科学。生物学也有它的观点：正如对于物理学家来说，在被发现的和被保存的能量和材料之中并没有节省财富，对于进化生物学家来说，确切的对拉斯金来说，在他面前，"没有财富，只有生活。"能够以"我们都尽可能生活得最好"作为回应吗？这是一种伪经济的典型说法，它对劳资双方都产生误导，使其广泛接受和不断重复。但是从生物学角度看，作为正常的进化者，而绝不是退化者，我们的问题在于，我们总是想尽可能在一天24小时以及更多的时间里生活得最好。相对于过去简单的工业时代，我们的正常预期寿命应该有所增加，而不是像旧技术社会所做的和仍在做的那样，因为恶劣的居住条件和饥饿而减短。为了生存，有些条件是基本的；首先是由生理学家通过试验确定的能够维持生活的最低工资。著名的现代经济学家西博姆·朗特里（Seebohm Rowntree）针对约克工人完成的试验成果最近已经被应用于这个国家的日常生活中。*其成就在于明确指出约克工人的工资低于真正贫困和生理贫困的界线，如果低于这条界线，身体机能的效率将无法维持，并第一次把这种现象定义为"初级贫困"（primary poverty）。

生物经济学的这个阶段一旦达到，透过"工资"看预算，透过"钱财"看福利的方法能够直接方便地把生理学家所确定的最低能量——劳工和他的家庭所必需的蛋白质、脂肪、淀粉以及"卡路里"——与贸易商和经济学家的波动的货币标志进行比较。现在这种标志将同样服务于我们；它可以使我们不再被蒙蔽于物理和生理的事实的背后。实际上，我们正在逐步接近我们的"最低工资"：然而目前这个迷人又方便的现金总和又开始被视为工人"实际追求的"目标，而不是单纯地作为一个记录上述所需能量的标志，然后理所当然，商业利益将再次导致价格的上涨；直到工人陷入比以前更深的初级贫困中。

然而，甚至是朗特里先生也只是刚开始涉及住房问题；正如他和其他建设者们所认识到的，住房对于家庭预算来说至关重要。除了住房的故事，还有什么能够是经济发展史的核心呢？

这是一个长长的关于乡村与城市劳工以及他们的住房衰退的故事，从中世纪后期实物工资的最好状况衰退到19世纪早期的最低水平。尽管索罗尔德·罗杰斯（Thorold Rogers）和其他学者已经做了大量的工作来描述不同的阶段，描述现在已经到达的衰退和灾难的阶段，但这整个过程的本质和数量——它的含义，它现在的结果——仍然远未被认识；的确，从这个过程中逃脱的人是无法充分认识其中的事实的。在工人的世界中，住房情况已经在下降，不仅低于富裕阶层的历史意识，而且还低于传统水平，即更低的可接受生活水准——这一情况不仅被具体体现出来，而且被那些进行强烈抗议和鼓动的人抽象地提出来。莎士比亚的《仲夏夜之梦》（A Midsummer Night's Dream）在闹剧和诙谐之中，围绕着王侯的尊严和贵族的喜爱，创作了美丽的仙女，提供了真实的证据，其中他并没有对他所清楚看到的进行更强烈的抗议，确切地说，是英国自耕农沦为社会最底层，工匠们沦为挨饿者，以及因出生前发育迟缓导致的特征鼻等——最为丑陋的塌鼻梁和突起下颌的返祖现象。其中庞奇先生（Mr Punch），尽管是一个对岛上所有人都非常友善的小丑，有着最为丑陋的塌鼻梁和突起下颌的返祖现象，却总是不厌其烦地回想起爱尔兰，就好像凯尔特人关于大饥荒以及在他出生之前政治家和经济学如何使他母亲挨饿的记忆还不够长，不够辛酸。

这种冷酷的零星记忆在人类的灾难洪流中简直微不足道——灾难，几乎是人类的主要历史；对于这些，甚至那些纪年表编者都鲜有记录，历史学家们直到现在也才开始进行概述和估计，而一位被誉为具有史诗精神的作家最近向我们

---

* 《贫困》（Poverty），西博姆·朗特里（F. Seebohm Rowntree）著，尼尔森（Nelson）出版社，第一版。——译者注

提出可悲的"历史纪元"。令人高兴的是，这样的作家并不只是美好事物的单纯记录者，更是那些无用和恶化境况的报复者。这样的任务，尽管就像诊断一种持久而加剧的疾病那样，既复杂而且细节令人不快，但对于现在的受难者却可能是必需的、有目的性的和有希望的，当然也对后继者有预防性，防止情况不断恶化。人们长期的沮丧已经从许多方面探讨。最早的奴隶制，后来的农奴制，现在的工资制，都已从释义、宗教、政治、商业、法律各方面备受责备；尽管相应地，简单的万能药一再被提供，甚至被应用，但结果总是因不能完全成功而令人失望——最终我们开始寻找原因。现在轮到研究住房和卫生的学者们工作了：回顾劳工的整个悲惨历史，到实实在在的结果，表现在人、工作和场所。旧爱尔兰的破烂小屋，英国劳工的败落阁楼，苏格兰监狱（一个巨大的监狱，唉！将要倒塌）的肮脏和无比拥挤的宿舍，如此多的极端实例，每一个都是关于社会和个人的不幸和灾祸、暴力和疾病、错误和愚蠢、恶习和罪行的长长的悲哀记录；而且所有实例都伴随着复杂的回应，不断导致其他后果的产生。这里，在旧都柏林、旧爱丁堡、旧伦敦和所有较小城镇和城市以及周围地区产生的结果和影响，使我们开始认识到机器时代运转所产生的复杂状况，这一状况现已大半融入并整合成机器时代的核心特征性产物——"产品"。这些究竟是什么？经济学家的惯常回答是：货包和船货，进口和出口，以及英镑、先令和便士。但是在城市中我们的视角不同，我们主要是看现代"贫困区"和"工业区"，这些组成了我们工业城镇的四分之三甚至更多。

　　世界上并不是真的缺乏同情和美好愿望，很容易被个案以及地方的悲惨唤

图 26　米尔恩法院，旧爱丁堡

114

115

醒：因此博爱通过2½先令和宗教小册子、施粥场和布道厅传递；药局、花园和其他设施开始重新组织；这是必然的。然而对于绝大多数普通人来说，要想读懂、认识这里所严肃地提出、呈现和维护的，关于工业时代的本质成就和优越物质产出的观点，以及关于工业时代下的城镇和城市的"构成肖像"和实现理想的观点，似乎如此困难。什么是旧技术工业和旧技术经济活动的具体目标和综合成就？用一个词来概括，那就是——贫民窟。

贫民窟：它不仅指社会最底层的居住区、乡野的煤矿村、黑人乡镇，甚至也包括我们的大城市。那些长条的联列式住宅只能说是半贫民窟（Semi-slums），不仅熟练工人，还有工头与警卫甚至公司职员都在晚上返回这样的家中，他们的孩子不得不在那些简陋狭小的后院或者空荡单调的校园中长大，妇女们在那些狭窄的环境中辛苦地干活过日子。

然而，交易必然使情况得到好转吗？——既然商业进程超越工业进程是旧工业秩序的本质。想想"在城市里"听起来是多么美好。然而对于城市的自然主义描述者和观察者来说，随着教育的复苏，所有人都应该对黄金狂热免疫，所有人都应该从小就像矿物学家——尽管这一自夸的催眠术失败了，但是的确唤醒了关于龙的灿烂宝藏和昏暗洞穴以及"皇帝的新衣"等童话故事的轻蔑记忆。因为"城市"已不再是它曾经的模样。过去和现在，旧工业金融竞争和成功的焦点究竟是什么？是少数民族贫民区的过度扩张？是海港不协调无组织的过度扩大？还是技术工业和制造业的衰退？少数民族贫民窟、港口贫民窟、工厂贫民窟、商店贫民窟、医院贫民窟、酒吧贫民窟、妓女贫民窟、窃贼贫民窟、客栈贫民窟——这些都围绕在堤岸的两边。难道这些丑陋的现象不是作为现代伦敦城镇最初社会调查的素描和标识地图？难道这些不是最真实地反映了城市的基本韵律？并且又有多少同时代的文明城市不是表现出相似的特点呢？曾经提出有闲阶层经典理论（Theory of the Leisure Class）的美国经济学家、富有幽默感的学者凡勃伦教授，用他新颖和看上去晦涩难懂的方式提出工业企业理论（Theory of Industrial Enterprise），这一理论极其敏锐，因而阅读者非常之少。这一理论中第一次锐利地分析并对比机器进程和商业进程的不同趋向，提出二者正在相互解体，而传统的经济学家迄今为止普遍将二者看做一个和谐的整体。一旦掌握了他的观点，城市研究者会发现该理论适用于那些他详细了解的地方。首先，他详细阐述了伦敦城市的商业财富和东伦敦的工业贫穷两者的对比关系，同样在纽约，他对华尔街和包厘街的奇怪并存进行了研究。但是透过凡勃伦所表现出的明显的悲观情绪（通过这一章节的描述和讨论，我们也同样会相信），通过观察科学和逻辑科学，我们可以发现这样一条牢不可破的线索，它由生活和信念的坚固的线所织就。借物理学家式的直接的论证，他认为，机器进程将不可避免地取得超越商业进程的胜利，尽管是困难的和渐进的，因为从自然界到生命的生理效能链的串联必须击败并且除去所有存在的或可能产生的寄生。

因此，他用自己的方式实事求是地表达并解释了新工业时代从旧技术工业中的诞生，这也是本章的中心议题。

回到上文提出的观点，尽管看上去可能丑陋粗糙且广泛存在的贫民窟，是旧工业时代本质和特征的主要产物，导致贫民窟产生的正是我们的主要经济活动。现在，如果这看上去很夸张，有失公允，那么在现代世界中有哪里能比得上伦敦富裕住宅区的坚固奢侈，或新爱丁堡的宽敞庄严呢？这两个地区都不存在贫民窟吗？如果我们散一小会儿步，或者看看布思先生的伦敦地图，我们就会出乎意料地发现新兴事物，贵族街道就必然不存在贫民窟吗？谁又能想到，在宏大的广场上也有贫民窟呢？

通过最简短地参观都柏林，如此的乐观估计就会被动摇。因为这里满大街都是大厦，比爱丁堡更宏伟，比伦敦更豪华，但是贫民窟已经布满了城市。他们建造了贫困的贫民窟：大多数是一个房间的住所；这些家庭的住所因其宽广的空间和相应的健康保证也吸引了房客的入住。因此，甚至在这些宏伟的住房里，我们也确信不存在持续的城市。但是，现在至少在贝尔格莱夫广场、爱丁堡的夏洛特广场不会有这种丑陋的贫民窟化的现象吧？第一眼看上去可能没有；倘若再看一眼，即使这类精美的新城镇也存在相同的贫民窟情况，就算不是同样的贫民窟，至少也是贫民窟的混血儿。用一个特别的称谓来命名它的话，建议称之为"超级贫民窟"（Super-slum）。

这个粗糙的诨名需要解释和辩护吗？请读者耐心以待，下文将进行解释。

首先，公平地讲，伦敦和爱丁堡这些伟大街道和广场因其建筑质量和独特的形式得到一致认可，是城镇设计师和学生们渴望进行观摩、学习和赞美的对象。这些大教堂式的建筑，其宫殿式的正面由一打或更多房子组合而成，代表着 18 世纪文艺复兴建筑的至高成就；他们的主建筑师，罗伯特·亚当（Robert Adam），跻身于当代三大巨匠之列，与另两位历史学家吉本（Gibbon）和雕刻学家皮拉内西（Piranesi）相比，亚当在工艺和年龄上都不占优势，而是胜在对于过去经典的把握。亚当，同时也代表了建筑传统利用方向的集大成者和制高点；19 世纪英国最好的文艺复兴作品是其首要的代表作。他的作品与法国的同类作品不相上下；他给他的作品赋予了鲜明的个人特色，不仅通过和他的朋友皮拉内西一起对罗马古迹进行了详尽和深入的研究，还在于他对在斯帕拉托城（Spalatro）改造中幸存下来的伟大宫殿——戴克里先宫（Diocletian）进行了独立的重新调查研究。

我们必须钦佩于这些伟大建筑门前所常见的宽敞而比例恰当的花园广场；这同样说明，亚当比任何人更加不可能成为贫民窟建设者，至少说没有这个意图。然而那个时代的环境和精神太过强劲，就算亚当也难以抗拒。让我们到任意一栋建筑的后面去看看。在罗马时代我们最少会看到列柱环绕的庭院；在中世纪会有大修道院式广场、回廊，以及香草园。按照文艺复兴的传统，建筑师应当会建造

119

120

122

121

图 27 夏洛特广场，爱丁堡

123

图 28 爱丁堡贵立区的背面，分布着晒衣场和马厩

真正的宫廷式庭院，或像牛津学院那样的花园。但是在这里，即使是亚当也被允许设计爱丁堡贫民窟随处可见的砌筑粗糙的公寓墙，以及一大片死气沉沉的晒衣场，被简陋的围墙不成比例地分割成四边形、三角形和梯形的迷宫。通过这样的方式，广场因各种各样的目的被废弃和破坏，尽管公开宣称是出于个人洗衣实用主义的需求，但相对于较低的用途而言，确实造成了野蛮和无与伦比的浪费，而即使是用于洗晒衣服现在也很少了。曾经进行过园艺尝试，但是收效甚微。充其量是有一两棵野生或人栽的树木。到目前为止，这些被破坏的花园空间还能够有足够的通风，至少上部楼层如此；但是，在大多数情况下，每栋建筑因与马厩分享空间变得风度无存而备受谴责；因此，在卫生系统建立之前，建筑提供了苍蝇滋生的温床，并间接导致了苍蝇携带疾病的滋生；因而再次上升为贫民窟地区的情况。

124

超级贫民窟的称呼对所有这些来说已经过于恭维了。肮脏、简陋，不是贫民窟还能是什么？而实际情况更糟，因为枯燥至极，这样的花园里没有孩子。当然，可能有一天，居民从他们被隔离的出身地位、从那些可怜的拥有狭窄后院的私人财产思想中清醒过来，再次成为公民时，这些微小的绿地会以低廉的代价方便地整合成一个有价值的花园，花园中有提供给老年人的步道，有提供给孩子们的花径、草地和玩乐场，如果需要的话，可以集中设置一个洗衣房和晒衣场；公寓的后部向外凸出，设置着阳台，遮盖着常春藤，隐藏在树丛中；马厩和车库集中在几个中心。

这些是针对由罗伯特·亚当被迫导致的混乱所进行的改善，但这种贫民窟的改善有一个细节，那就是它只被其中一小部分最为贫困的人们所考虑和实践，它无法公平地获取这些贫穷的富人的财产和权利。公民权利，比如公正，比如卫生（实实在在的，实际上也是贫民窟改造的细节），现在必须履行他们的使命，并且比之伦敦东区，要开始更多地在伦敦西区实施。

125

当傲慢的姐姐们开始逼迫灰姑娘充当女佣时，她们命令她待在炉灶边，然后她们开始对旧房间进行改造，从原本厨房客厅合一的房间里分割出餐厅和休息厅。但是怎么来装饰这两个新房间呢？她们唯一想到的是从原来的厨房和大厅搬来所有的好东西。所以，餐厅里摆放了大橡木桌，还有我们现在称之为餐边柜的大碗柜，以及现在称之为壁炉饰架的古老式雕刻的餐具架，底层安装着柔和的镜子制造出深远的尺度感。为了休息厅夜晚的使用，她们移走祖上流传的陪嫁箱，换上维多利亚梳镜柜。那些过去使用的宽大的甚至雕刻的椅子被替换成精致的小一些的椅子供给家庭和客人使用。打磨的托盘和抛光的容器毫无疑问地被征用了；壁炉架上奇巧方便的物品从今以后变成了没有用处的装饰品；尤其是曾经俘获所有心灵的竖琴。她们使得灰姑娘没有地方放她的锅碗瓢盆和扫帚；然后，出于她们日常所需的服务和舒适考虑，那么桌子、柜子、餐边柜、壁炉架，以及一两把椅子是必不可少的，那些被夺走的原件没有归还，而是换之以最低劣和最便宜的处理品——只有当工匠彼得 · 坎斯（Peter Quince）在他和他的手艺皆消沉的情况下才可能造出。在这样的环境下，灰姑娘尽她所能地辛苦工作——过去这样的灰姑娘数以百计，现在则数以百万计。

逐步，那些骄傲的姐姐们"需要"把房子的整层空间用于进餐和舞会；再后来，因为城镇土地的契约，休息厅必须被放到餐厅的楼上。这就要为灰姑娘，以及必须由她承担的工作和那些可怜的家当另找去处。对于如此肮脏的工作、如此丑陋的用具，更不用说如此卑微的人，任何地方显然都可以，但是即使这样，哪里能找到地方呢？姐姐们找来了泥瓦匠，他们已经失去了在中世纪教堂、礼堂和村舍建设中所具备的同行情谊和熟练技术，因此乐于完全投身于为高尚和富裕阶层的服务，成为他们的"建筑师"。他们灵机一动，指出可以把所有这些粗俗的东西放到地下。诚然，在淳朴的过去，地下被认为只适合做地窖或者地牢；但是现在，现代文明和古老传统相结合，建筑或者其他行业都充满了独创性，他发明了将地窖和地牢合二为一的地下居室。因此，随着日益加剧的社会阶层分异，这种住房演变成为英国贝尔格拉维亚（Belgravia）、新爱丁堡，至英国各个体面地区的标准户型。

虽然在每条街上都有一大批真正的灰姑娘，但是却没出现爱她救她的神仙教母；她只能逃进自己的家。但是她所爱的王子，没有王国、没有土地、也没有家：这对年轻人只能凑合着找地方住：最好是经济公寓的阁楼或者地下室，还必须向她高傲的姐姐支付昂贵的租金。因此，当开始装潢的时候，女人建设家庭的本能本可以有机会恰当地安排家里的物品，但是她已经忘记了——事实上，她从来没有学会——曾经属于她的老厨房的那些家具的古老的美好、真正的艺术和真正的财富。同时，她们也对那些老家具感到厌倦，于是购买她们认为更精细的新的维多利亚式家具，并生下了新的灰姑娘。当她偶尔在周日的下午参观博物馆时，她和她的家人茫然地路过那些老家具，甚至没有注意到其古董之美；或者，她注意到了，但没有片刻的思考——如果这些是她早年间贫穷时喜欢的东西，为什么现在富有了却不再喜欢了呢？这么快？

现在，概括地总结经济和工业的历史，就是普遍的萧条、城镇的丑陋、富人的庸俗艺术和穷人的拙劣品味的记录。贫民窟、半贫民窟、超级贫民窟——这就是城市的演变状况。下、中、上各阶层，劳动者和资本家共同创造并居住的和谐环境。在这些狭窄的、平行的街道中，"上层"和"下层"阶级比他们想象的不重要得多，资本家和他们的政治经济学家、劳工和他们的经济学家，以及他们的妇女们都居住在相同的半脱落的、灰暗的环境中——这就是他们真正的回报。在旧技术思维和生活的限制和习惯下，人们还能有什么前景？这里工人罢工，那里工厂停工，人们只能看到穷困的经济前景；甚至政治前景也不那么明朗。尽管看

126

127

128

起来令人不悦，但我们只能在通过对我们周围世界的研究中继续寻找解决我们社会谜团的方法。

继续回到我们的故事。但是谁还会相信神仙教母或者神仙王子？我们所有的邻居，不管他们住在哪种贫民窟，不管他们在经济或政治上的信仰有多么不同，他们都同样地宣称他们是"现实的"而非"迷人的"。所以，灰姑娘婚后仍和单身时一样继续在地下厨房里忙碌；她改变得越多，越多的事情实际上还和以前一样。然而，灰姑娘和她的姐姐们无视于科学的发展和应用，她们没有发现神仙教母正要来临，甚至已经来了：一年接一年地，她挥动着她神奇的电力魔法棒，预示着新时代的到来，将妇女们从家庭劳动中解脱出来，摆脱所有的污垢和苦差事。她的未来将在具有电气化、节省劳力以及享有卫生保健和艺术特点的新技术家庭度过，就是说，在这样的家庭里她将成为真实的公主，享有确定的财富、有效的服务和足够的休闲，享有优雅和影响力。那时，只要我们愿意，就可以解放灰姑娘们，使她们免于沦为女佣和老太婆。

当然，公主们仍然将有她们自己的问题，但是这不属于本书讨论的范畴。让我们以另一种方式重申她所面临的迫切问题。让我们回顾一下她和她的男人在阴暗的监狱里年复一年地变得憔悴的故事；直到有一天，他打开门，走出来！挂锁已经生锈了，行人们告诉他外面发生的情况，但他却无法相信。所以，对于我们所有的城镇居民（无论贫富）来说，对于巨大的国家和个人资源经济来说，情况都是相同的，烟雾、肮脏和痛苦正在快速形成以及对于巨大的国家和个人资源经济来说，通往烟雾、肮脏和折磨的快速通道现在都完全在我们可触及之处。但是我们对这种环境过于沮丧而没有去进行弥补。不管是贫民窟居民还是百万富翁，我们都是贫民窟的孩子，我们想成为"务实的政治家"却仍然不切实际，我们的"经济学家"却还是不经济的。实际上，正如每个神经科医生都知道的，也正如每年夏日假期所显示的，我们都因为现在的旧技术环境变得多少有些神经衰弱。

我们的童话看上去仍然空洞无物吗？世界文学中再没有比童话故事更能蕴含真理的了。不管在哪里只要人获得了大自然的力量，就会产生魔法。不管在什么时候只要他把理想带到生活，就会产生浪漫。当他两者都失去时，他就会陷于冷酷的境地。当他两者都拥有时，他已经打败了妖怪，赢得了他的新娘和她的王国。再也没有比这更简练的对于生活冒险本质的概括了。这甚至完全适用于现代的困难案例，例如最起码从工作上看还不算坏蛋的经济学家——现代的庸人——的觉醒。他只是被施了魔法，以为不需浪漫就可以赢得魔法，以为不需任何人类的理想就可以使用且不滥用自然的力量。实际上，他所尝试的是处理财富——甚至建立"财富科学"——却没有考虑到公民权！他忘记了，公民权是创造了家庭与城市的人们辛勤工作所赢得和保持的珍宝，这个名词的价值等同于全部财富。另外，除了这些有血有肉的公主还出现了更为公平的理想，因此有了女神和她的庙宇，然后有了雅典卫城，最后出现了大教堂。所有这些都是新技术城市必须恢复和更新的，不再仅是外表的"恢复"，而是作为表达新生活的内在的重建。

随着公民运动的推进，人们将越来越如实地对待政治家，政治家的觉醒也出现了类似的过程。事实上，他一直有童话王子的一些特点；虽然他们仍处于没有掌握这一冒险活动线索的阶段。

现在我们同样可以与旧技术时代和平共处，当它在一个更好的秩序前逐渐消亡的时候；因为它的生命，它的成就，是为即将替代它的新时代所做的必要准备。它的污垢、疾病和无序，相对于它的努力来说只是小的事故和点缀，并且现在即将消除。举例来说，那些灰尘和污垢将不会再被古老的扫帚所扬起，更充分的卫生保健组织将会立刻净化我们的空气，将我们的城市洗得几乎没有细菌，重新沐浴在净化的太阳下；借助于得心应手的家庭用具，将极大地缓和女人们的室内辛劳。

可以说人们还没有关心这一切。但毫无疑问，这是千真万确的。说说一件相关的轶事。当与建筑师一起观看旧爱丁堡商业大街的一座新工人公寓落成时，这些公寓虽然是一般的，但是在卫生和外观方面都比以往有一定进步，一位街坊里的工人拍拍我们其中一个人的肩膀说："可惜你没有多征求工人们的意见！""你指的是建造他们自己的家？""当然，就是！天啊！难道不是他们要走这条街道吗？""你指的是他们的工作效率会提高？""当然！"

这一幕发生在二十多年以前；那时几乎还没有爱丁堡工人们留下的痕迹。他们显著的个性——实际上是他们领导人所具有的突出的理智——他们对于抽象政治的把握（和被把握）使他们的要求远高于向城市改进者或城市规划师提出分享一点地方的利益，规划师们决定着诸如住房和花园，以及街道这些具体的小事情——但是只有思维缓慢具体的德国人真正注意到这些。住房和花园，街道和广场？不，不。甚至于整个城市的分区都过小。"国会议员选区"是真正值得认可的最小地区单元，而只有在选举时，当他们猛烈攻击对手的候选人时才会关注这些。国家与帝国规模的标准被进行着敏锐的讨论；因为在这样的工人群体中过去可以听到——无疑现在仍可听到——合理清晰、敏锐犀利的谈话，就像在俱乐部或委员会，学院或辩论，学会或沙龙中听到的那样。在所有的城市中，可能熟练工匠的意见并不落后于"知识分子们"的；至少在爱丁堡，往往是知识分子更落后。然而经过所有这些高深和严肃的交谈，苏格兰工人就寝在他们的家里——不，是他们的房屋 —— 不，不是房屋。任何字眼都不能向旧式传统的普通英国读者精确传达含义——他们仍然坚持从小形成的想法，即认为家就是单独的房屋，每个家庭拥有自己的一块土地，或至少有个院子，虽然很小——苏格兰城市，包括历史上的爱丁堡、大格拉斯哥、邦尼敦迪，以及为数众多的小城市，都凝聚和表达了"工人阶级公寓"传统所蕴含的内容和风味。这是多么鼓舞人心

132

133

134

图 29   一幢改进的公寓楼（1892 年），罗恩市场（上商业大街），爱丁堡

的名字！这里居住着苏格兰的大多数人：事实上总人口的一半以上居住在拥有一到两个房间的公寓——这是在欧洲或美洲国家，甚至在文明史上都独一无二无的。为了能够了解苏格兰城市规划的具体情况，英国读者必须设想一个模型，室内是一直堆到顶棚的包裹；或者，如果他仍拥有大小足够的后院，有一两个房间的小小陋舍大概是那么个情况，如果还不够，那么围绕一个螺旋式阶梯，按照现代的规制一层一层堆起来，四层，五层，六层。当然旧式公寓更高；实际上特别是在 1688 年革命以后，摩天大楼成为旧爱丁堡的显著特征，正如现在的纽约——对土地价值产生类似的影响，随后难以逃脱高楼以及高楼在其他地区的蔓延。

从工业时代开始，苏格兰是欧洲除了挪威之外最为乡村化的国家。而现在它是最为都市化的国家；探讨它是如何退化的并不是我们现在的任务。

分析历史和现在的不同状况，可以发现——得到最好教育的，在政治上最为进步的英国工人却居住在英国最差的环境中。根据"爱丁堡城市调查"和一些相关的研究，我们可以发现这样的事实：正如现在和最近几年一样，当一些关于住

135

图 30　一座苏格兰工业镇的拓展：公寓街道延伸到郊外　　　　　　(Valentine & Co.)

136

图 31 老公寓楼：考盖特，爱丁堡

房的问题在苏格兰被提出进行讨论时，公寓，甚至公寓的一两个房间的套间，仍不乏各阶级的支持。不仅个人们表示赞成，甚至于地方荣誉感也被唤起了。事实是，我们相当瞧不起那些小砖房；我们仍然钦慕那些用石头堆砌起来的高房子；我们仍然使用着他们历史沿袭的法律上的名称"地产"。最后，整个事情变得形而上学。我们被促使在这些住房中感觉到舒适，建立起某种和谐；其实苏格兰人对于公寓，公寓对于苏格兰人都是一种宿命。因此，根据这些高耸住房的国家命运，易于得出国家经济的判断，并难以否认——"我们负担不起什么更好的了。" 一些人对此给出经济的解释，另外一些人则给出政治的解释：任何一方面都不充分。但是，

138

如果没有这些抽象和哲学的转变，实际上是基础神学伦理尊严的争论，那么这样的命题——爱丁堡的印刷工和泥瓦匠，格拉斯哥的造船工和工程师这些在生产活动中首屈一指的工人，却永远不能首先进行经济消费——将会被恶劣荒谬地实现。

为了找到能够真正建立自己的家园，并能延续新技术风格的工人，我们必须暂时离开苏格兰，来讨论其他国家在住房方面遭到失败的哲学、政治、经济以及其他方面的原因；并从更为朴素的英国工人那里吸取实践中的教训。因为花园村庄和郊区并不都是由像凯德伯里和利弗这样的大资本家建立的。一个比任何工业巨头或者比他们的总和都更伟大的记录已经由工人们创造了。1901 年一群威尔士工匠筹集了 50 英镑的资金（希望来自其他地方的 15 个工匠中的大多数人也能不太困难地这样做）。从这些资金起手，他们求得更多的贷款；并开始工作，建造了一座小屋；本着合作的原则，越来越多的人逐步加入，在一定程度上实现了比以前合作者们更为深入的合作。由此他们的业务得到增长；到第 10 年（1911 年），"房客合伙公司"（Co-partnership Tenants，Ltd）的各个小组几乎完成了 200 万英镑价值的改良住宅。这项倡议的领导人，这粒芥籽的播种者，现为下院议员的亨利·维维安先生，被认为与他的同伴一起证明了这种民主和合作的工业组织形式不久以后就可以与过去更加个人化的形式相媲美，甚至超越它——通过财务标准来衡量，这种形式导致了快速而稳定的房产量增加以及合理的直接红利；再加上它加强了对于社会福利的间接回报，而非损害社会福利。这一运动不仅仅产生了经济上的意义，更重要的是唤醒了公民精神，增强了公民的建设能力和行政能力，这些都曾在旧工业条件下变得沮丧和气馁。这一运动同样显示出，个人"生活中的成功"怎样可以与甚至更为普遍的成功相辅相成。它表示了从旧工业条件向新工业条件的过渡；因为住房正在稳步纳入城市规划的范畴，不仅在空间和舒适度上，而且在品质和美观上，都逐年达到更高标准。

在苏格兰就没有类似的情况吗？格拉斯哥城市外围可以看到辛格伟大的新机器车间，被新公寓楼所围绕，却几乎坐落于农田中。近年来就在爱丁堡城外面，围绕着几个大酿酒公司已经形成一个全新的村庄——但还是公寓楼。在一群总是因为自己高尚抽象的教养而高高在上的人当中，我们如何才能希望得到更好的居住条件呢？我们必须转而依靠引入传教士！令人高兴的是，这些偶尔需要的外国人最近已经随时可以找到。正如从狮子的尸体找到蜂蜜一样，我们可以从战争的核心中获得工业和福利的和平发展。因此，最近数百名鱼雷工人在从伍尔维奇向克莱德迁移的同时，也带去了对公寓条件的不满、厌恶甚至抗拒；因而为这些最坚定、最明智和最成功的罢工领导人——让我们希望他们有一天成为罢工典范——提供的花园村已经正在建设中。通过这种方式，我们亲眼看到，即使在竖直排列的住房旁边，也有可能水平分布着住房，而且有 4 个房间和花园的住房比

139

140

图32 新式公寓村庄：达丁斯顿，邻近爱丁堡

141 　只有两个房间且不带花园的住房具有更大的优势，但是没必要对格拉斯哥市的政治精英们的物质欲望以及对他们高山上的物质财产欲望的沉沦感到完全绝望；而应像罗塞斯市那样，允许所有类似上述情形的出现，那么甚至连爱丁堡的傲慢思维也有可能瓦解。

　　我们仍然对人类历史的戏剧涉及太少吗？演绎至今，我们绕不过去的问题就是，要准备清理即将闭幕的旧工业戏剧的残留碎片，做出结论，并为即将开幕的新剧提供建议。

　　属于旧工业时代的过于个人主义的戏剧正在落幕，该剧被一致认为导致了巨大的社会失败，现在是时候让公民戏剧踏上舞台，来延续已被长期遗忘的理想了。因为当摆脱无家可归的个人主义神话后，我们发现，在雅典卫城和公共集会广场时代，在城市住宅和大教堂时代，原来城市曾是表达每个人生活的满足感和富足

142 感的不可或缺的剧院和舞台。对比于过去的货币工资，今后的基本生活预算首先必须能够真实地符合每个家庭成员的实际需求——首先是妇女的生活。因此，灰姑娘的故事并不单是童话故事，而是确切表达实际情况的哑剧，虽然悄无声息地表达，但是却表达得无比肯定。

　　根据历史的观点，长久以来建筑学被认为只是对建筑物的描绘，就像贝壳化石和珊瑚那样，没有生命。但是作为一门逐步进化的科学，建筑学将伴随着城市暗礁的生长而更新，正如我们看到的，逐渐生长为平原，并进而上升为无数的山峰。从这一综合视角，我们对这些实际生存着的珊瑚仍了解太少，然而他们的存在、他们的基本活动、他们的重要需求实际上已被归纳，并没有被遗忘。首先是

家庭的壁炉，接着是灰姑娘的厨房，然后是重新组织的家庭，这样的序列当然有其内在的必然需求。在旧世界乡野秩序下劳作但富裕的家庭主妇，与新时代极端辛劳而徒劳的社会阶层，被广泛理解为是城市暗礁的不同历史层面；但除此之外我们要指出、推动、预言和恳求的是具备电力的、卫生的和优生的初期家庭秩序！辛劳的女仆和徒劳的瘦弱女士消失了；有活力的优雅妇女们将重新在家庭中出现，她们在厨房中有效率地工作，并在客厅里带动起家庭的气氛。

　　但是这样的家庭不可能立刻由城市规划师来实现，更妄论整个城镇。必须要有从旧技术转向新技术，从男人的货币收入转向妇女的基本生活预算的思想革命。这一直是女人本能的欲望；这一欲望比以往任何时候都更可能实现，借助于科学神仙教母，她的社会权利和义务都将得到认可和赞赏。因此，最后的结果是，为了解决问题和实现公民的任务，我们现在首先需要的是妇女的觉醒。一些这样的人物已经出现了：简·亚当斯，阿伯丁女士，巴内特夫人，梅布尔·阿特金森，等等；但是她们还只是先驱和开拓者；她们的声音仍然远远没有发动起无数的姐妹。尽管妇女们没有承担每一次宗教兴起和每一次文化进步的责任，但她们也深受鼓舞，所以这样的情况将再次发生；她们最近迅速兴起的对政治利益的觉醒和讨论表明了她们对于即将来临的公民权益的渴望。

143

第 7 章

住房建设运动

> 大城市住房的本质和特征是什么？其核心，即历史城镇在工业时代
> 不断衰退；因而出现拥挤的住房恶果，伴随各种权宜之计。
>
> 住房建设运动不断向前发展，从奥克塔维娅 · 希尔（Octavia Hill）
> 到埃比尼泽 · 霍华德（Ebenezer Howard），直到城市规划的初始复兴。

这是一个已经有过长篇累牍，还必将有更多文章的话题。关于住房的论文、地方调查和报告、法律和行政管理文献是没有止境的：然而，尽管已有很多项目、规划和章程，尽管这些宣传文章已有很多，但是我们仍仅处在起步阶段。在短短的一章内，我们显然必须坚持主线，寻求指导思想。那么，首先让我们进行提问——我们现在的住房是什么？它的起源是什么？它的品质和缺陷、它目前的价值是什么？现在的需要是什么？什么样的政策路线正在出台以满足这些需要？

要理解这个混合的演变过程，让我们探究其发展的主要阶段。对这些阶段必须进行相继陈述，尽管它们多多少少有些重叠；尽管在许多城市中它们很大程度上仍在发展。

1. 目前我们工业城镇的核心——不论城镇是经历了从工业时代开始到 18 世纪结束的拓展，还是随着从 19 世纪中叶早期开始的铁路系统得到巨大发展——包含了经历几代人长期继承的房屋，包含了对应于屋主财富和地位有着不同大小和舒适标准的房屋，它们有着不同的构造以及不同的维修情况。它们的卫生方式大体还说得过去；尽管有大量的垃圾堆和自由排污的水井，但是垃圾被用于许多幸存的城市花园，或轻松地运到了附近的农田。但是，因为工业和耕作方法改进带来的财富，富裕阶层在新的地区，往往是"新镇"重新居住，首先是西方街道，后来是郊区别墅。他们原有的住房被多多少少地进行了分割，以容纳不断涌入和增长的工人阶级，对技术工人和非技术工人都一样。对于小型公寓的要求由此得到满足，并且最初租金要大大低于建设新居所需的费用。因此，资金被阻碍投向

住房建设，特别是从对比于工业投资或铁路投机所保障的高回报的角度来看；虽然有点夸张，但有种说法却陈述了一个真理——"兰开夏财运亨通，回报不是百分之几百，而是百分之几千。"尽管内部的维修被抗拒和忽视，然而租金的上升

146

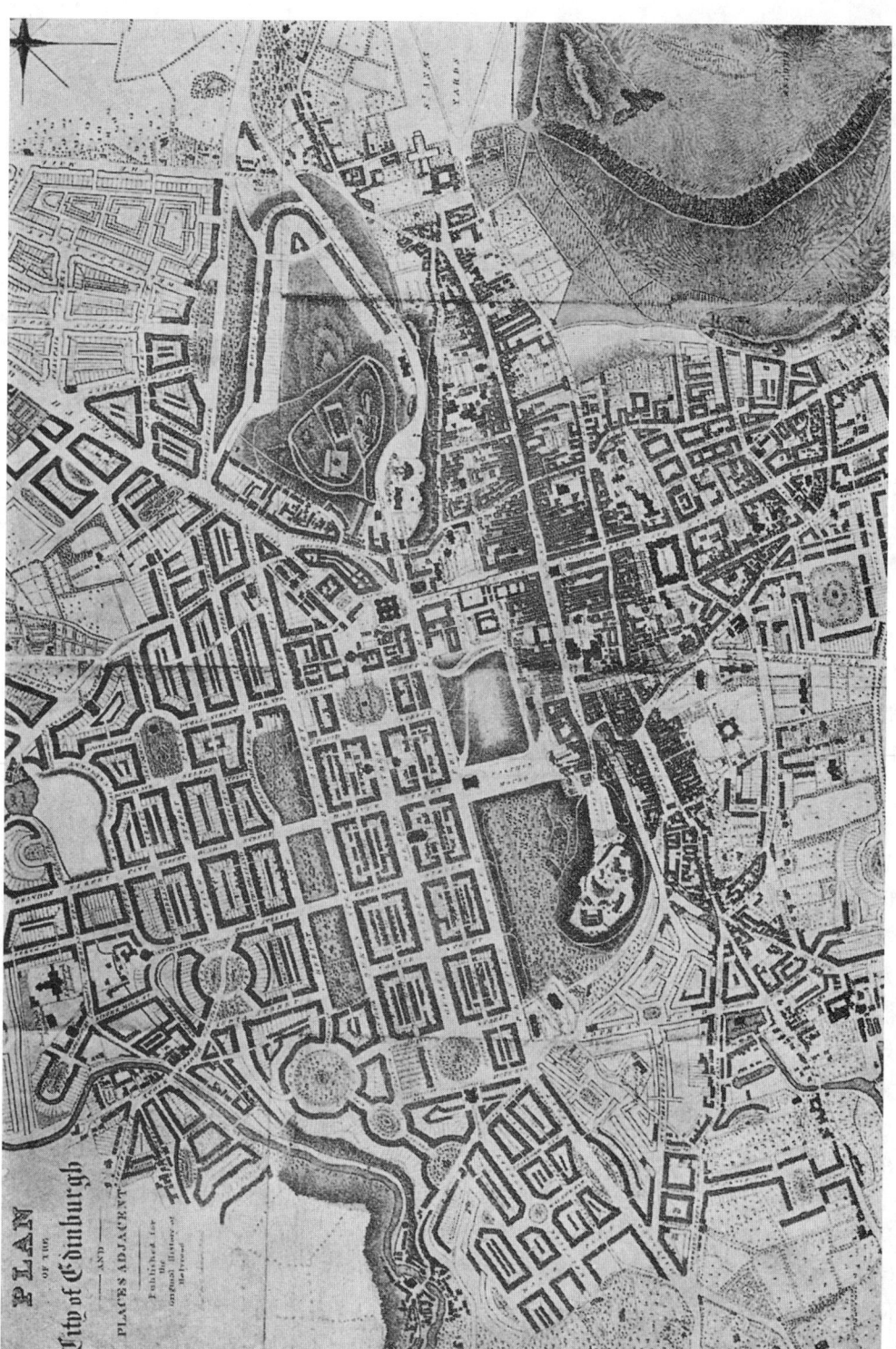

图 33 铁路时代之前的爱丁堡老城和新区规划

被认为是对于保障工业人口增长和涌入的合理回报。因此，人们不得不接受肮脏、拥挤和苛税，他们的可悲处境找不到出路，导致了对于政治的不满，最终导致了宪章运动。这种不满被国外战争所长期拖延，继而又被导向反对蒙昧主义，反对农村土地所有者佣金的明显遗漏；从而安全地引导了城镇地主和工业企业主，使得他们形成了有效保护主义的观点。然而最终，从"生产性投资"得到的高回报开始减少，并且工匠的工资大幅上涨，吸引了大量的持续增长的资金投入建设大规模住房领域；但是住房、设施和舒适程度的标准几乎没有超过工人们从小习惯的水平，而且那些建设者自己也习惯于这样的建设情况，习以为常。这样就出现了不符合卫生常识和法规的——大量住房建设在原来的花园和空场地上，这些花园和空地作为城市的绿肺和游戏空间具有无尽的追忆价值——大量的简陋小屋、背靠背住房、贫民杂院、侧边经济公寓、羊肠小巷和其他的令人厌恶的东西。尽管经过随后几代人的努力，这些住房仍然广泛分布于城市、村镇，甚至村庄的各处。

2. 长期以来（且仍然经常如此），改良措施被用于解决这些住房弊端所带来的各种后果和枝节问题，而不是这些弊端本身，更没有将城镇作为一个整体来解决无序和拥挤问题。虽然低标准的生活条件和由之产生的不良情况大部分与贫民窟休戚相关，但是所有阶级和政党主观地认为这些问题无须通过重建的方式，而可以通过各种方法进行改善，甚至解决。首先当然是监狱的过度拥挤情况；由此导致的可怕后果引起慈善家无尽的愤慨和努力。只要刑罚的准则存在，填满监狱和弱化监狱二者都是无情甚至残暴的。希望通过逐步的努力来减轻监狱的压力，但这一过程如此缓慢，直到现在，未成年人法庭和初犯条例才得以实施。伟大的政治改革，经过激烈和雄辩的争斗以及谨慎的分级，实现了选举权的拓展；然而，甚至迄今为止，大量的配套措施都对实物工资、家庭环境、效率和福利问题熟视无睹，而这些问题自从大革命后就已成为表现政治家和立法者的抽象思维，以及管理者的外部看法和固定思维特征的重要内容。即使在一些地区以改善实物工资作为目标，例如玉米法令的废除，或者收效甚微的禁酒改革，但是那些原有的问题很大程度上还是在政府成员和选民中坚持下来。

即使是简单而局部地回顾改良努力，我们也不会忘记那些慈善家和改革者，比如霍华德和沙夫茨伯里，或者那些形形色色政治家的长期传承，他们投身于那些看起来最为紧急和迫切、最为基本或重要的改良措施。但是我们最好强调一下现在的观点，长期持之以恒地致力于改善住房状况的，是已故的奥克塔维娅·希尔小姐，她被认为是这场改良运动的最佳领导人之一。她致力于住房改善运动，不是作为单独的个人主义者，也不是作为含糊的政治团体，而是在明确的地区和群体，在确定的场院和街道中进行了实践。她收取低廉的租金，诚信地进行维修，支付适度的红利。在广阔和不断蔓延着的市区里，这代表了并仍在代表着传统政治经济学的最佳状态。如果像她这样的实践在两个世纪以前就随着经济体制和理论开始开展的话，我们需要的慈善家和改革者、需要的医院和监狱都会少得多。

3. 然而在实践中，改良措施伟大并富有建设性地开启了一个真正的美好时代，创造了崭新和日益加速提升的城市，实现了城市卫生体系的建设，包括健康医疗官员和督察员、环境卫生委员会、水务信托等，并带来民意的相应提高。于是开始开展对衰败地区和不卫生地区的大清拆，其实际过程往往过于突然和彻底。因为尽管是出于伟大和辉煌的目的，装饰通常随后开展，比如公共建筑和市民中心，这一时期整体上的特点是以业主作为持续的城市支配元素。相应的收益主要产生在几个方面：对清拆的慷慨补偿，相邻地段价值的上升，剩余住房竞争增加导致的租金和资本价值提升；更不用说在重复建设中所产生的收益。要评估自过去半个世纪以来，在整个英国或欧洲的城市中，对于人民和市政当局的交替剥削已经持续到什么程度，还可以发展到什么程度——尽管已通过缓慢和不完全有效的立法努力来检查这些不断放大的丑恶现象，但他们仍然具有威胁性——这只能作为一个问题向统计人员提出。

4. 随着卫生运动的兴起，尽管每走一步和每项条款都受到狭隘、肮脏或险恶想法的限制，但作为其立法的主要成果，住房建设的标准化被纳入"街道建设法规"的建立中。在旧工业时代的鼎盛时期，我们已经在达勒姆（参见第4章）、贝尔法斯特、英格兰中部和兰开斯特、约克巡区或泰恩-威尔-蒂斯看到这类住房；还有整体上低于这一水平的，矗立在苏格兰的经济公寓，以及格拉斯哥、邓迪、利斯，甚至现代爱丁堡的公寓。事实上，在这里值得一提的是，作为遭受不断反复的困难和失败困扰的住房建设运动的非正常实例，在爱丁堡出现了建立拥挤公寓的极端例子，以获取他们管理的最大回报，而法规为此提供了依据！

5. 这些苏格兰标准化拥挤公寓的实例以前只是迈向标准化公寓的发展阶段，但是最近它们获得了伦敦和都柏林的青睐。尽管慈善机构已经建立了皮博迪建筑，在爱尔兰大都市建立了更好的"吉尼斯建筑"。问题并不在于质疑这些建筑不够慷慨，而是必须谴责其在单位土地上最大限度容纳人口的原则。就算对于男性来说，它也只是个半卫生的生存标准；而对于女性来说更是不适合，更不用说儿童。尽管这种营房式公寓的建设对于建筑和土地成本的降低最初是如此诱人；但是人们对于这种土地价值提升所带来的危害已经有了广泛的觉醒：在国内许多城市，还有更多的国外城市（特别要提出来的是科隆），这似乎已经在较大程度上影响了土地利用对于健康和建筑使用需求的回报。

6. 基于更高卫生标准的工人住房建设，比如按照地方法规在街道建设的现代村舍，甚至或多或少具有一些郊区的特点，拥有花园和建筑间的充分间距，因其容纳最低限度的人口，并相应降低单位土地的利用价值，由此显得尤为难得。各处的私营企业已经表明，这样的建设模式能够有所作为；几年之前，里士满（萨里）的市政当局就对奥尔德曼·汤普森和他的同事表示了感谢，它们的建设实例至今仍是其他各区进行参考的最佳范例之一。

151

152

153　　　7. 一种可能已经在前面提到的这个系列工人住房的类型是由乐善好施和卓有远见的雇主建立的，包括欧文建设新拉纳克的突出创举，戈丹在吉兹建设的法密

图 34　工人新村（1893 年），考克斯煤矿工厂，爱丁堡

利斯泰尔（Familistère），以及具有更大规模的由提图斯·索尔特先生在约克郡建设的索尔泰尔，它们都能唤起很多以往的回忆。但是随着铁路时代的来临，这些创举被遗忘了；随后相似的案例非常少，直到最近，卡德伯里先生成功地建设了伯恩维尔，威廉·利弗先生建设了阳光港，因而取得了惊人成就，并因此闻名，虽然鲜有他们的追随者。然而一个突出的例子是切斯特菲尔德附近拥有玫瑰花园的伍德兰兹矿工村的建设。我们可以寄予希望的是，那些在约克郡、法夫和洛锡安（Lothian），以及肯特郡等新开辟的煤田，能够多多少少进行仿效；但是为什么老煤田的工人村就不能同样进行建设呢？近来苏格兰房屋委员会已经带来了过多
154　的对于城市文明的耻辱，而令人满意的案例几乎没有。然而，市民感受的迫切需求涌动着新的浪潮，同时矿工对于实际工资的需求也日益清晰。

　　8. 社会理想主义以实际而又最为无私的形式，要数埃比尼泽·霍华德先生著名的乌托邦最令世人瞩目，我们通常称之为"田园城市"（Garden Cities）。在他的名著中提出了现在正在开启的工业时代——拥有新技术秩序，以电力、卫生、艺术为特征，拥有高效和美丽的城市规划以及相关的农村发展，拥有社会合作和有效愿望的相应提升，这些即为本书所坚持的主要论点。很快他的劳动就产生了直接的成果，田园城市协会成立，大量丰富的出版物出版，这一观点广为人知，广受认可，产生了广泛的影响，这里就无须进行更多表述。在更为深入的讨论城市

图 35　村舍（威廉·利弗先生），阳光港

规划的主题后，我们将在后面的章节中重新回到田园城市协会的工作；但是幸运
的是，我们可以立即参考尤尔特·库尔潘先生所著的，极具可读性并且插图丰
富的《当代田园城市运动》（Garden Cities Movement Up-to-date），来了解这一
运动的发展过程；他曾经担任过田园城市协会的商务秘书和宣传员，这样的经
历给了他完整的资源和培训，使他能够给我们带来提纲挈领的观点，并给我们

155

图 36　女孩们的游乐场地（卡德伯里先生等），伯恩维尔

展示希望的曙光。同时要提及的是由普尔东先生（C. B. Purdom）所著的《田园城》（The Garden City），它不仅对第一座田园城市莱奇沃思，而且对田园城市运动进行了有力的批判性研究，继而研究了因其产生的对于市民和社会不断扩大的影响。

9. 在以合作方式推进田园城市创举的进一步发展中，我们可以再次提出令人钦佩的"合作伙伴关系的房客"制度的例子（参见第 6 章）；最为突出的成功扩展现有城镇的例子，是汉普斯特德花园城郊，与伦敦近在咫尺。通过这一伟大的直观教学，作为具有信服力的重要执行因素，建筑师和城市规划师的社会能力和保障越来越多地得到认可；雷蒙德·昂温先生作为最具建设性的领导人之一的出现，以及国内对于这种乌托邦实践性的逐步认可，给人们带来了不小的鼓励。不管是在汉普斯特德附近，还是更远的地方，我们已经对仅仅简单复制其他建筑师风格的危险倾向提出了强烈抗议；但是，如果要确保设计的地域特色和个性，将

图 37 村舍（朗特瑞先生等），新伊尔斯韦克（New Earswick）

个体案例发挥到最好，就不能太广泛地遵循这种一般性的措施；例如，赖斯利普（Ruislip）。

10. 郊区的发展更待交通设施的相应增长和改进。前面我们可能已经指出过，我们通常认为城镇的拥挤是因为控制道路车辆的失败，同时奇怪地期待着我们的现代化摩托车和机动巴士，而发明者们还在忙着设计 19 世纪的第一代产品。其实原因远远不仅于此。大家都记得的在牵引引擎前拿着红旗的人已经成为发展转变的征兆。市郊铁路的发展，更多的仍然是电车，现在是机动巴士（为什么在不久之前还没有得到更好应用）成为郊区发展的主要条件，比如伯明翰、格拉斯哥，以及其他大城市等。在格拉斯哥，当城市采用最新电车系统而明显最为成功时，展开了一场讨论，很快会使其他城市受益。一方当事人提出利用庞大且不断增长

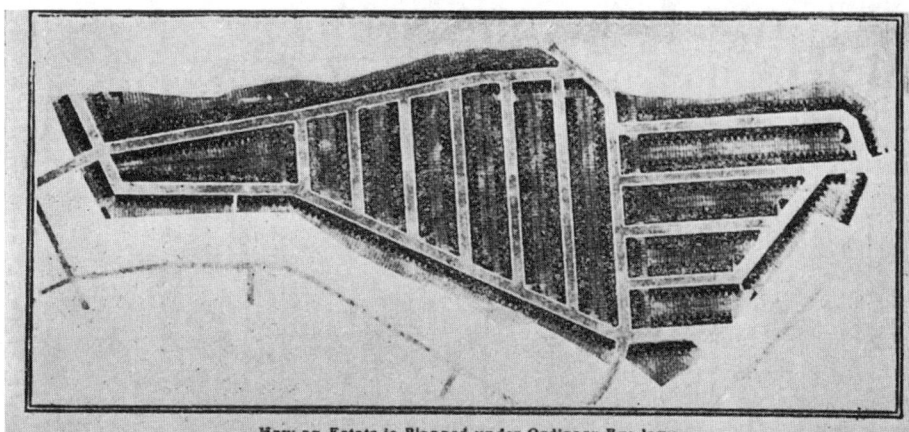

How an Estate is Planned under Ordinary Bye-laws
According to the Bye-laws over forty houses can be placed to the acre.

（a）

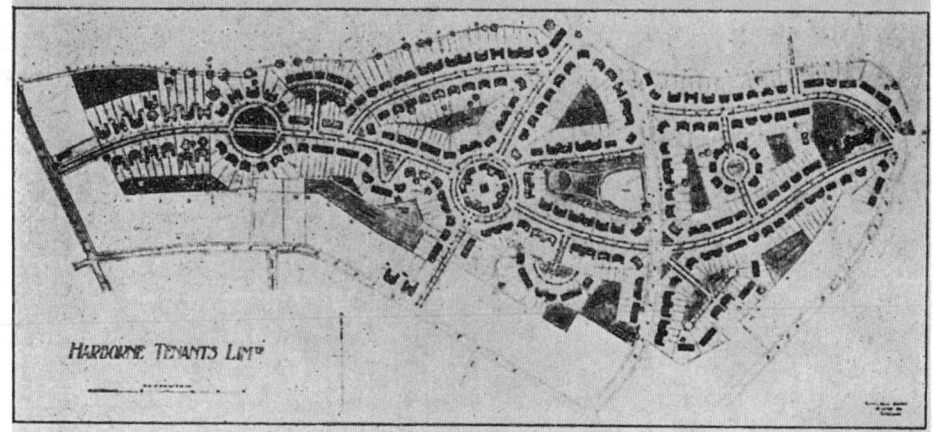

HARBORNE TENANTS LIMD

How the same Estate is Planned under Co-partnership Methods by the Harborne Tenants Ltd.
Showing the spaces, greens, and trees placed in due proportion to the number and position of the houses, which average ten to the acre.

（b）

图 38　哈伯恩村
（a）根据地方法规的规划；（b）房客合伙公司执行的规划

的电车系统来制订市民住房计划，而其他人主张继续使用已有的管理原则，利用电车系统来支持持续的城市扩展，并大量节省电车系统的费用。我们应该公平地研究这些问题，考虑各方的期望，而不是偏颇于某一方——这一点已经强调过了（参见第 6 章）——虽然格拉斯哥住房落后的问题因电车系统效率的提高被提出，并获得了改善，但是它可能还是会受到严重的质疑：是否第一个方法就是实现这一目标的最佳途径。从长远来说，难道不是更快捷和更便宜的交通能够疏解拥挤的城市，从而最为有效地服务于各方利益吗？

159

图 39　爱丁堡铁路：铁路时代无规划增长类型，阻碍了城市规划及其复兴

就此而言，正如在前面几个段落中所说的（参见第 151–157 页——指切口侧所注原书页码。——译者注），我们应该关注雷蒙德·昂温先生的观点"拥挤无益"（Nothing Gained by Overcrowding）。不管是地产所有者还是城市居民，建设者还是工人，各地的城市高官，以及所有政治和社会党派的成员，都应该对这一观点进行阅读、记录和消化。在每一项不断进步的科学都在纠正我们的普遍错误观念时，证明这一浅显常识的最好例子就是：这些简单的计划和它们令人信服的解释没有早一百年出现，并且时至今日还鲜为人知，这真是现代城市的一大灾难。

11. 与此同时，伴随着如上所述的改善住房的六个阶段（需要再次提醒读者的是存在很多的交叉）出现了城市规划的复兴。这对我们来说并非新兴的艺术，因为 18 世纪在伦敦、爱丁堡、都柏林和许多较小的城市也都出现过，实际上城市规划是从铁路时代才开始丧失的。不过，我们还是在欧洲大陆重获其传统；因此，我们将结束关于住房建设发展的简要调查，下面将用一至两章来进行国外的旅行。

160

第8章

旅行及其对市民的意义

　　旅行对于城市和市民有着重要意义。在古代和中世纪时代，旅行者主要包括商人、探险家、朝圣者、修道士、学者和学徒等。后来著名的旅行者有：伊拉斯谟、亚当·斯密、拉斯金和勃朗宁。

　　如何进行旅行？铁路既有优势，又有劣势。本文分析古代的国家、中世纪和文艺复兴时期的意大利所具有的优势；对现代法国巴黎和美国的当代城市发展和城市设计成就进行颂扬；并且提出，城市规划师必须首先熟悉现代德国城市的发展经验。

　　要改变人们的生活习惯，尤其是乡土观念，并不是容易的事情。我们已经围绕着旧技术时代的杰里科（Jericho，约旦城镇，人类最早定居点之一）的围墙转了太长时间；然而它正在坍塌，现在是我们应该自我调整以进行后续庞大重建的时候了。出于这样的目的，让我们去看看，不管是对于国家还是对于个人，什么是教育最重要的因素，也看看其他城市和国家正在做什么。为了公民素质的提高和城市的更新，参考过去和现在的城市发展经验是非常重要的。

　　与我们同一个时代的孩子们惊叹和欣喜于新兴交通形式的出现，包括铁路和蒸汽船，以及汽车和飞行器，自然我们会认为，我们的祖先受到交通方式的限制，旅行的经验会非常少。然而，旅行和商业早在史前就已经出现；古代历史告诉我们，罗马帝国在整个帝国范围内，完整地铺设和维护了道路和交通网络，包括从泰恩河到幼发拉底河以及其外的范围；其上不仅有行进的军团，疾驰的邮差，同时也有长列的商队。在很长一段时间内，地中海成为罗马的内湖，在此之前分别是迦太基、希腊和腓尼基的内湖，贯穿地中海的航线不管在数量上还是在类型上都已经超越今天的船舶航线网络。甚至有一些历史学家认为，当时的货运量和客运量也与现在相当，甚至还要超过；在我们的记忆中，这些长期衰落的国家主要依靠农业的发展，在破碎的梯田和破败的城市上进行重建几乎不可思议。但是当地人破坏了道路；此后直到麦克亚当时代才重新建立了公路系统，甚至在拿破仑时代也没有实现。在中世纪时代旅行就必然较为罕见吗？回顾那些欧洲大陆的贸易路线，就像通过纽伦堡和奥格斯的路线，在很大程度上依赖于海上城市如威尼斯、热那亚、布鲁日和汉堡等的繁荣。朱瑟朗（Jusserand）先生的《旧时代英国徒步旅行生活》（English Wayfaring Life in the Olden Times）对中世纪的英国旅行活动进行了生动的描述；一部很好的历史小说《患难与忠诚》（The Cloister and The Hearth）对变化中的欧洲生活以及通往罗马的路程进行了大量生动的描述。

在乔叟（Chaucer）的作品中，兴高采烈地讲述了去坎特伯雷城的朝圣者的传说，这只不过是每一个国家和所有伟大的民族圣地实际发生情况的艺术缩影。彼得堡、科隆和孔波斯特拉的辉煌远不仅是因为它们是教区源头；而且因为它们代表了民族的需求，大部分甚至是跨越民族的需求。在此之上的当然是大朝圣，基督教徒前往罗马的朝圣；除此之外，更大的是前往耶路撒冷的朝圣——这是最真实的朝圣。正如在穆罕默德的每一个城市可以看到那些到过麦加的人戴着绿色的头巾，在每一个欧洲小镇我们仍可发现古代朝圣者的痕迹：例如，在苏格兰或英格兰对"朝圣者"名称（通常为"Palmer"）的频繁使用。在这两个最大朝圣地永恒的召唤下，朝圣者们克服种种困难，最终安全返回，并产生了深刻的影响，激动了城镇，并用他们的故事、世界的美好与邪恶以及十字军东征等他们所有的见闻撼动了年轻的人们。隐士彼得就是其中典型的代表，他对长期以来正在形成的情绪进行了提炼和广泛传播，发起了"农民十字军"。 164

除了商人、探险家和修道士之外，大学生们也是旅行者的重要组成部分。游学的学者们从每年秋天后开始旅行，回到老家或者行至他处，直到夏天才返回。但是不管是在数量方面还是社会影响方面，这些多样的旅行路线中没有一个，甚至全部加起来也不能与年轻工匠在学徒训练结束后的游历时期相提并论。因为这是教育的重要进程；实际上是教育史上最伟大的民主运动之一，它使教育真正达到了更高的水平，因而每一个民主政体都必须设法进行恢复。这不仅仅是个人出于寻找雇用机会进行的游历，因为掩盖在现代经济学家们"劳动力流动"这一肤浅和委婉说法之下，实际上是需要一个由行业协会组织和指导的教育体系，由之来进行深度的交流和合作；这种游历的作用甚至在它结束之后才能得到验证。当这些年轻人回到家乡，讲述旅途中的各种细节，提到在弗赖堡（Freiburg）、在布赖斯高地区（Breisgau）逗留时，其所在行业的领导人，作为检查机构，会问他在哪里看到了哭泣的撒旦，通过这样的测试，就好像他亲自参观了大教堂，他亲眼看到入口处的伟大雕塑。意大利和德国的艺术交流深入地促进了它们的 165 发展：丢勒在意大利的游历，霍尔拜因在英国的游历，就是工匠游历的突出实例。

文化也在不断地交流和发展。远在被土耳其征服之前，希腊的知识已经开始从君士坦丁堡向外流传，佛罗伦萨的历史突出表明了这一点：伊拉斯谟的高校改革和史创性的旅行教学法只是各地方教学与学习传统的最高体现。歌德的《威廉·迈斯特》（Wilhelm Meister）并非仅仅是年轻人心目中的现代奥德赛：其中关于流浪艺人的一段插曲生动地映射了本·琼森通过霍索恩登的流浪得到的教育; 而莎士比亚, 正如对于《麦克白》(Macbeth) 的评论, 并非不可能更进一步。

只有在遭遇大萧条的时候 (这对于处于上升时期的文艺复兴的学者和绅士来说是悲惨的逆转), 旅行文化才在上层阶级中所限制——并且限制越来越多, 直到形成 "大旅游" 这样的特征词, 这是由一位年轻贵族和他的导师创造的, 并经常对两人的文化和思想都产生不小的结果。贵族们的证据就是引入了英国的伟大画廊; 而导师们的证据是——作为补充的例子, 首先是勤奋好学, 其后是功利实用——这也是伊拉斯谟去意大利担任苏格兰詹姆士四世年幼儿子的导师所产生的影响, 以及亚当·斯密在巴黎担任巴克卢公爵年轻的首席导师时, 与当地的重农主义者和哲学家在一起的经历所产生的影响。

这里需要指出的是德国大学在当代的崛起, 这在所有国家都得到了尊敬和赞誉, 当我们将德国大学的情况和我们国家进行对比时, 其优势毫无疑问地如此突出。其原因很多; 尤其在于——我们的大学生, 不管是在牛津大学或是剑桥大学, 在圣安德鲁斯大学或是爱丁堡大学, 在整个求学生涯中通常只待在一所学校, 而德国的大学生却可以多次到新的学校环境和不同文化的城市中获得丰富的经验和才智的促进。

从那些伟大建筑的画作中, 如他自己所说, 男孩拉斯金得到了他艺术生命的基本准备, 并在后来熟知这些意大利瑰宝建筑; 类似勃朗宁的意大利文化同样也是意大利旅行传统的显著成果。这样的艺术朝圣之旅在很大程度上同样包括巴黎的古典主义——它的罗马大奖, 它的美第奇别墅; 同时恢复了对于古典考古学的兴趣, 并且在英国北方城市留下了如此深刻的印迹; 因为慕尼黑、哥本哈根、爱丁堡具有代表性的新古典建筑都是沿着相同的足迹发展。一般认为, 英国和其他国家的罗马与雅典考古学院主要是为历史需要而保留的; 但是他们同时成为现在城市规划师甚至未来城市设计师的学院, 他们不仅是收集过去的信息, 甚至还提出建议, 产生新的灵感。

纵观所有的国家, 当然是意大利能够给予她的朝圣者最丰厚的奖励, 对此, 所有其他国家的旅行者都一致认可。先不谈那些已经见识过意大利的伟大城市的人, 来看看亨利·德·雷尼尔 (Henri de Regnier) 的笔下的诗句:

> "出发吧! 我的孩子, 你将会看到我所看到的一切,
> 这三座城市至今依然盈满我的心底,
> 古老的佛罗伦萨和罗马城呵!
> 还有那威尼斯在夜最深处的金色中沉沉睡去。
> 她们在我的记忆中轻轻吟唱着,
> 美丽的圣歌与荣耀的私语,
> 我的心, 也因此泛起层层涟漪。"

或者更为通常地说，在卡莱尔所翻译的歌德的著名诗句中：

"不要被钉在原地，束缚于土壤，
鼓起勇气，去冒险和漫步，
不管走到哪里，记住还有思想和双手，
以及坚定的信念，深驻心底。
……
行走世界，
正是如此，它才这般宽广！"

这只是对我们祖先旅行的广阔疆域和积极精神的一点表述，使我们认识到，许多有思想的旅行者，不仅拉斯金，在铁路初始时代都意识到迅速地从一个火车站到达另一个火车站所带来的巨大弊端——失去所有多样的经历，以及沿路绝大部分的美丽景色。近年来，使用自行车和汽车的人们正在一定程度上重新获得这些经历。因此我们可以看到拉斯金貌似疯狂地反对铁路的主要诱因；但是还不完全。只有当那些生动的室外教学出现曙光时，我们才能充分重获简单旅行的古老价值和活力，那时我们的童子军将不再蜷缩在学校教室里或者封闭在学校操场上，而是发展为学校（正如布伦等地的学校）热心提供的广阔漫游。在过去的三十年左右，笔者已经在伦敦和爱丁堡之间用特快列车进行了四至五万英里的旅行，但是具有教育性的仍是一两次用自行车通过北方大道，或在路上进行停留和漫游的旅途。火车习惯，我们可以如此称呼，是现代旅行者的普遍失败，而这种习惯使旅行者退化为运输承包商短途旅行的携带物品，就像被驱赶的畜群，甚至像被关在牢笼里运往市场的家禽。在以前旅行中，你可能会遇到这种认为卢浮宫是个特价交易的好地方的伦敦女士，以及对罗马参观的印象只是"买了黄色手套的有趣的老地方"的美国人，或者仍然在抱怨几年前佛罗伦萨糟糕晚餐的老绅士！除了这些内心空洞的家伙以外，还有太多如飞蛾扑火般扑向大城市的人们，受惑于其光亮，投身于其火焰。

然后，显然我们需要做好出行的准备；这方面的教育能使我们的青年免疫于其不良方面，获益于其优点。毕竟这不是那么困难。终其一生，作家一直致力于激励苏格兰或伦敦的学生根据自己的专业需求去国外的各种大学求学：首先要去巴黎。为什么特别是那里呢？因为在这些最为敏锐、最生气勃勃、最富于思维、最勤奋、最有创造力的大学和城市中，首先自我觉醒，然后得到教育；首先作为专家，但同时也作为总结者，作为一般人，去感受诗歌、戏剧、批判、礼貌交流的伟大艺术，以及社会进步中对所有这些艺术的需求及其地位。然而凌驾于其他原因之上，学生们应该去巴黎——去接受教化——有两个主要原因。首先，全面接触这座大城市中最互助化、最社会化和最有教养的市民，尽管他们也有缺点和

168

169

瑕疵，但总体上是最好的。其次，为了寻求他们的罕见经验，为了直接接触从1870—1871 年残酷岁月中激励形成的，在苦难熔炉中炼就和发展成的，在我们的和平城市和尚未觉悟的土地上所不为人知的持续增长的效率特征，并从中获得推动。正是由于这些特征，那里的工人们稳固地推进了法国辉煌的文艺复兴，可以说消除或减轻了许多败落帝国的弊端，使法国在许多领域中名副其实地恢复了在文明世界的领先地位。这就是巴斯德（Pasteur）、贝尔托洛（Berthelot）、勒克吕兄弟（the brothers Reclus）、拉维斯（Lavisse）、迪克洛（Duclaux）和不计其数的大师和思想家出现的秘密所在。这也是今天法国领先者的秘密所在：拥有一个教育家的群体，不管是在艺术、科学上，在生活指导上，还是在市民精神上，作为一个整体还没有能够与之比肩者。

　　然而正如我们在第 1 章所说的，法国还没有涉及我们基于煤田形成的大城市群的特殊问题，因为他们的工业和思维还主要是旧工业特征的。她主要属于一种较之我们更早和更新两种类型的组合形态；她的农民活动在整个国土上处于支配地位，而她的大都市和几个领先城市在新工业艺术与科学方面是充分先进的。

　　那么我们应该去美国，学习他们庞大和迅速增长的城市吗？是,也不是。说是,是因为美国城市的演进进程不仅是基于巨大规模的财富产生和人口增长，而且是因为城市文明的巨大发展。在基础工业中，钢铁工业尤为显著，美国的产量已经赶上和超越了我们。至于电气和其他向新技术过渡的因素方面，美国也进展较快。在高等教育方面,在过去一代的时间里,她已经迅速发展到老牌欧洲大学的水平;通过公众和私人的慷慨投入，她在很多方面已经超过了那些学校的物质远见和文化野心。但是正如她沮丧地承认的，过去因为受到过多旧时代工业和过于私人化的商业和金融导致的极端经济私有化的影响，她的公民素质遭受了比我们更多的阻止和衰退。然而，令人高兴的是，公民素质正在得到巨大提升，责任感的日益觉醒使她的城市可能位居世界前列。

　　城市发展和城市规划方案，最初从新英格兰传播到加利福尼亚，现在又反向传播——这些规划方案往往规模巨大、雄心勃勃、面面俱到甚至构思宏伟——它们最近的爆发提供了大量令人信服的证据，表明不久以后，欧洲的公民和城市规划师，不论何种国籍，都需要从美国大城市、城镇，甚至乡村中引入城市改造和演变的最好实例和诱因，不管是在物质成就上，还是在道德提升上。

　　以下是大小各异的美国城市规划案例。华盛顿的重建规模相当于甚至超过了欧洲最伟大的首都城市。波士顿有着杰出的公园系统，还有其他无数拥有公园环和自然保护区的例子，给欧洲很大的启发和推动，欧洲城市中只有维也纳足以与之相提并论。芝加哥一眼看上去立即会给我们强大都市和世界展览的整体印象。旧金山的重建至少记录了它曾经失去的机会。

　　这些美国的设计方案，除了令人印象深刻的宏伟，显示出构思的统一之外，有时过于严谨。它有着建筑学的实力和抱负，显示出城市的尊严和国家的伟大。然而，当我们试图从现代个人主义的混乱碰撞中脱离出来时，无论它使我们这代人感到多么庄严和宁静，难道结果不是被我们的后人认为过于冷酷、过于规整，甚至单调吗？从古代埃及到 18 世纪的伦敦，到 19 世纪的巴黎，20 世纪的柏林，难道不是一般的和熟练的城市建筑师的过错导致了如此满足于雄伟的透视图、大体量的房屋外观和规定的比例，而忘记了人们，首先是年轻人所需要的简洁美和优雅美吗？难道没有因此激起反弹吗？难道不是因此产生了灾难性的后果，出现了混乱的细部、幼稚的装饰和成熟的粗俗，并且这种严格的建筑时代一直继承下来，从雄伟的乔治时代之后在维多利亚的伦敦最为明显吗？难道不是这种灾难性的后果不可避免地使建筑师不断地从国家和机构的权威那里获取灵感，而很少考虑邻里的居民利益和家庭的具体特征，很少考虑文化观念及其表现、社会和道德的兴趣所在以及心灵和创造力的提升吗？更为简单和家庭化的美国城市设计有着巨大的吸引力，正如奥姆斯特德为布鲁克莱恩（Brookline）模范自治镇所制定的城市设计。新一代城市设计师，写出优秀的城市报告和其他作品的诺伦（Nolen）、芒福德 · 罗宾逊（Mulford Robinson）等等，正在致力于研究那些适合家庭和邻里生活方式的城市方案，以调和人们对于城市过大的断言。

　　尽管已经有了所有这些伟大国家令人尊敬的理由——意大利的宝库，法国的创举和领导，美国无可比拟的能量和努力，以及演进的承诺，现在我们还是必须带着读者们去德国。因为现代德国的巨大发展，决不仅仅指她已经给巴黎和所有其他大陆首都留下深刻印象的军队，也不仅仅指其令人畏惧到令伦敦全力防备甚至深感困扰的机动部队。本书的观点是，正如从古代中国到近代法国，所有的历史都表明：相较于战争，国家的生存更多地依赖于城市和乡村的和谐发展。德国的力量，甚至是战斗力量这样戏剧性的元素，最终必须依靠城市和乡村发展的方法和质量。现在德国的巨大经济发展已经成为她的重要优势。她迅速利用了我们长时间获得的工业和商业经验，相应地缩短了这一过程，避免了很多旧技术弊端。在我们意识到自己在旧技术阶段中的落后之前，她已经利用更有教养的开放思维和更为全面和专业化的科学文化，在某些工业中完全进入新技术阶段。苯胺有色制品业或是基于詹姆士 · 瓦特和罗德 · 卡尔文理论的科学仪器制造业的丢弃，就是显著的例子。

　　然而从现在的观点来看，更为重要的是，德国城市告诉我们，社会生活的更新较多依赖通过前辈们成熟的生活经验增强年轻人成长的活力——可能其重要性并不亚于机体本身的延续。因为在她现代工业和商业中心的核心价值中，中世纪自由城市的古老精神从来没有消失过，现在又开始迸发出新的生命。这是振奋人心的和具有指导意义的城市发展，迫使我们所有国家的人为了促进自己城市的发展，必须一次又一次地访问德国。尽管过去的一代中，全世界都在向她的大学学

173

174

175

习，我们现在仍是从她的古代实例比从现代城市获益更多——因为虽然非常古老，但是在现代却依然有效。

不得不提到她对现代城市规划师的推动；这从霍斯福尔（Horsfall）的《德国的范例》（Example of Germany）开始都被详细地阐述过，事实上这一课题的每一位后续作者和工作者也都提到过。那么，让我们从对德国的关注中受益，在下一章中去拜访德国的城市。

第9章

在德国的一次城市规划旅行

本次旅行是证明城市规划旅行作用的典型案例。科隆和其他城市的发展为城市政策而非军国主义精神的生存原则提供了例证。

分析德国的建筑特点：优点和缺陷。杜塞尔多夫的建筑和装饰多方面表现了上述特点。

我们不能将最近着手的德国代表性城市规划旅行过分高估为城市重大事件，也不能过分指望它能产生任何直接的效果；但是，我们可以公平地把这次旅行作为城镇公民觉醒的重要迹象和有利证据，作为迈向觉醒的更多助力。在过去的很多年里，一些市政委员会逐渐习惯于去看看国内或国外的邻居城市，关注他们的电车或照明、清洁或健康的经验；整体上产生了有用的结果。除了极少数例外，特别是在 1905 年伯明翰房屋委员会的大陆访问中，我们还尚未进行深入的城市规划调查。这样的朝圣之旅，应该有近百人，主要是城市议员和官员，以及掌握着城市发展和拓展命运的建筑师等一起加入；然后，他们通过全新的印象和相互的接触获得了生动的认识，当返回自己的城市时，他们比以往更为确信的是，必须采用可行的方式有所作为。由伯恩斯（Burns）先生的城市规划法案所有效开创的英国城市调查活动，必然会得到加快发展，产生广泛影响，并形成多样的方法。当然，无法武断地概括 100 个人通过如此迅速的考察经验，通过对于这些正在成长和变化的伟大城市的概览会产生什么想法。但是，仍然产生了一些群体心理的东西，特别是在这种共同目标下和共同的环境中：对于前来学习的城市扩展和发展问题，我们在理念和感情上已经显露出一定的进步；并且这完全脱离于对于周到款待和真诚帮助的自然和一致反应，自从离开伦敦后，我们对德国的主人们已经有了太多大惊小怪尖叫的回应。

那么对于这样一个城市规划者朝圣之旅的概要总结就是，它不仅为前几章的一般论点提供了所需的证明，而且进一步进行了补充和说明。最重要的是，他建议读者，他们可以去做同样的事情。

在最近的一次复活节季里，我们将近 100 人的团队在古老的朝圣城市科隆进行了参观，团队成员几乎来自两个王国的所有地方——从阿伯丁（Aberdeen）到艾尔（Ayr），从纽卡斯尔（Newcastle）到南安普敦（Southampton），从巴斯（Bath）

到罗切斯特（Rochester），来自岛国各处。我们的旅行是由全国住房制度改革委员会组织的，并由已故的奥尔德曼 · 汤普森（Alderman Thompson）主席带领我们——他曾为里士满市市长，因《住房手册》（Handbooks of Housing）而闻名，这是一本名副其实的关于世界住房和城市改善运动及其立法的百科全书。我们的工作领导者，集"牧羊人"和"牧羊犬"工作于一身的，是同一机构的秘书亨利 · 奥尔德里奇，他同时活跃于相应的国际组织中。在我们的成员中，城市的主要官员和一些具有清醒认识和前瞻眼光的政府工作人员占了大约三分之一，城市建筑师、测量师和工程师以及少数卫生医务人员占了大约三分之一，其他每一个人几乎都有住房或城市改善方面的经验，无论是在生意方面，还是在设计或建设方面。田园城市协会得到了很好的代表，活跃和不断成长的"合租房客有限公司"同样也有

179　相当一批人。汉普斯特德花园郊区和其他乡村计划——其中可能会特别注意到令人钦佩的伍德兰兹煤矿村，它对各地的煤矿主和煤矿工人都具有很大的启发——他们的建筑师等人向我们进行了描绘。团队中有各种如雨后春笋般在许多主要城市建立起来的城市规划委员会的主席，有少数著名的建筑师，还有大量的地方建筑协会主席。不能忘了利物浦大学城市规划学科（由利弗先生创立）第一个教授，同时作为法国的唯一代表，奥古斯丁 · 雷伊先生（Augustin Rey），他在几年前以工人住房的新颖和才干设计赢得罗斯柴尔德奖，所有法国人都应因此感到欣慰和受到鼓舞，他不吝赞赏而又能切中要害，彬彬有礼而又直言不讳——因此在我们之中和德国东道主的眼中被认为是权威人士。还有伦敦报纸活跃的记者团队，他们全程记录了我们的朝圣之旅，并且其中的三四位女士使我们此行增色不少。

　　多亏我们领队的良好组织，以及，自诩一下，我们成员的广泛代表性，德国城市给予了我们殷勤的接待——这体现了他们市民的高尚、周到和注重细节，这

180　来自拥有管理技能和真切关心的人们——他们的殷勤是亲切和朴实的，私人和独特的，这种相同的兴趣、思想的交流和相互的欣赏使我们走到一起。受到如此礼貌和有益、毫无保留、有问必答的接待，旅行团获得了最大期望的满意度；而我们每时每刻都以让人无法抗拒的方式受到了这样的款待。我们在抵达科隆，结束从伦敦开始的漫长的黑夜旅程后，我们匆忙掸去身上的尘土，就赶到市政府，在那里的古老礼堂里得到市长的公务接待，并接受了一场充分和精心准备的讲座的熏陶，这场讲座旁征博引，翻译虽然古怪但清晰明了。讲座首先给我们展示了城市从莱茵渡口上的罗马营地开始，经过中世纪和近代的起伏，发展到不可思议的城市扩展的过程——从 1871 年的不到 10 万人口发展到今天的 50 万人口。这样的讲座无疑也在我们的市政厅举办过，所以我们充分了解过去的历史根源和我们最

181　近取得进展和目前状态的地理条件；但是讲座——正如前面所说的，市长既不是古董商，也不是城市的财务主管，他必须分清楚职责所在——很快结束对过去的总结，进入他真正的兴趣所在——他骄傲、荣幸地将科隆的城市规划方案展示在我们眼前，展现了城市的未来。规划不仅用连续生动的色带概括了科隆从旧城扩

展到高耸城垣的蔓延过程，以及自 1881 年搬迁后城市规模增长超过一倍的过程；而且对 20 世纪内预期发展的城市地区和流通干线进行了规划。规划面积将超过当今的柏林，居民规模将达到 250 万！此外，尽管这一庞大地区要通过公园、花园和大尺度的林荫大道来进行比柏林松快得多的布局，但我们还是不禁惊叹于这一英国甚至世界都前所未有的将创造宏伟未来的大胆规划。

　　讲座结束以后，我们开始了科隆的参观之旅；但是并非如所有旅行者预期的那样乘坐出租车，使我们颇感意外的是，乘坐的是成排的配备完善的私人汽车，每一辆都配有一位机敏的司机，有的是汽车主人为我们服务。每一辆车都周到地装饰着两面小红旗，汽车一边插着城市市旗，另一边则插着英国国旗。市长自己就是一位亲切的司机，在市长的示意下，车队给我们带来了城市的荣誉；排着长长的车队，有尊敬的市长在最前面开路，我们度过了整个下午，看到了比绝大多数市民已经看到或能够看到的科隆的更多方面。当然中间也有一些停顿；一次是爬上邻近郊外的大规模宜人的施塔特瓦尔德（Stadtwald）森林公园中的小山，从远处观察城市，看到非凡的大教堂塔尖浮现于烟雾之上；另一次是回到起点乘坐蒸汽船顺流而下欣赏河畔景色。其后车队又带着我们参观了城市的南部地区，最后把我们送回酒店。然而我们仅仅抹去旅行的灰尘后，就着装参加 "Ehrentrank" 公司邀请的晚宴。这实际上这是一个公众晚宴，尽管它的德国名字更为坦白地表明了它的主要业务；在经过相互的祝酒词和不计其数的英文和德文发言，双方都热情洋溢和真情流露，最后我们愉快地结束了科隆旅行的第一天。当然对于这种旅行的作用容易估计过高；因为，在过去关于朝圣者和东道主的故事和现在的演讲中，友好的虚构之词的基本内容仍然是相同的。

　　但是我们也不要低估其作用；因为即使这一百个能够充分代表我们国家的市民，除了过去可能听到别人讲述且无直接认识之外，其中绝大部分对德国知之甚少——因此他们应该认识到德国的力量不仅主要来自军队和舰队，而是来自城市和市民；尽管已经对她的铁拳如雷贯耳，但从此以后也要记住她的热情和友好。从人性角度，我们不应该挪揄我们国家建设无敌舰队的热情或者英语国家对于 "我们不害怕他们" 的确信；但是从纯经济学的角度，这些巨大的商业城市与我们或者其他邻居国家开战损失巨大，收益甚微——他们也知道这一点。尽管有着战胜法国的自然骄傲，但是在一些公开发言中那场战争的缺点优势也会得到认识。事实是——伦敦还没有认识到，甚至我们平静的社团也处于忘记的危险中—— "德国" 不仅意味着 "容克的普鲁士"，这无疑在过去一代的政治中被不断提及，而且也意味着 "人民的德国"（Bürger－Deutschland）。普鲁士，拥有着从高耸的头盔到靴子全副武装的军事贵族，无疑是一个令人畏惧的形象；但是我们不能让这些永远掩盖莱茵、撒克逊和巴伐利亚堡那些勤奋、热爱家庭、善良的人们，也是历史上所有欧洲人最愿意居住和最适宜居住的地方。但是德国也有自己的生存方针——对于生存斗争最佳方法的观点。根据 19 世纪的这个方针，首先他们充分

182

183

184

重视教育的优势，其次把教育实际应用到工业和商业发展中，他们认为这是最为重要的；并且取得了我们已知的成果。但是他们认为城市的效率和福利同样也是最重要的；并且认为集体生存条件对个人的作用远远超过旧政治经济学的认识程度。因此他革新了城市的生活和组织，使得他们在历史上比我们更富有，从而提供了我们学习的新课题。这就是我们城市规划师必须来德国的原因；从而使我们可以转向目前只有纯粹的政治头脑、军事头脑的同胞们，提醒他们，什么才是国家生存斗争中最重要的，目前更多的仍认为是军队和舰队，但是从长远来看，首先应是城市和城市生活。在我们付出代价建设自诩的新技术舰队所取得的优势背后，目前我们在太过旧技术的城市方面仍处于劣势状态；我们是学习他们的重建、他们的设备、他们的卫生、教育和广泛效率的时候了。这当然也最为充分和最好地向我们展示了爱国主义和军国主义。那就是，甚至在最为技术性的军事发展中，军国主义者也应该认识到市民创造力、创新性和组织思维的需求和作用。

我们参观了居策尼希，中世纪市政当局的庆典宫殿；然后开始了从老镇到新区，再到未来城市最外边界的巡游，快速瞥见古怪的，有时是贫民区的旧街区以及更多的广阔和整齐的新街区。当然大部分时候，我们的路线贯穿于现代商业和住宅街区，有着各种不同的非凡建筑。与我们国家相同，这些建筑大都不好，但不好的方式相当不同。我们维多利亚时代的建筑师涉猎各种风格——中世纪、文艺复兴、18 世纪，等等——并对其进行了足够的庸俗化，一般是减弱了原有的风格；而在这里，德国是倾向于对其进行夸大和放大。我们同样过多地使用装饰，因为钱必须展示出来和浪费掉；但是毕竟我们对这样的显摆感到相当羞愧，没有继续坚持，而德国的建筑师及其委托人对于他们的成果很高兴，并在地心引力定律允许的范围里进行极力体现。

在科隆，从大教堂到林荫大道，都受到了巴黎的突出影响。前者的风格是 13 世纪的，而后者，哎呀，太像拿破仑三世和奥斯曼式的风格了。不过近期，德国产生了一种新的有力的影响，正如大教堂附近的商店、商场和商务办公室提醒我们的——一种全新的风格在德国各地发酵并且到处爆发，它更为注重正面和内部。这就是德国式的"新艺术"，奥尔布里希和最近其他建筑师所使用的风格。对于其渊源以及可靠性的赞誉在很大程度上取决于格拉斯哥，他在欧洲大陆建筑方面的首创性和影响力几乎等同于绘画方面。因为没有人在自己的国家里是先知，所以让人惊喜的是，徘徊的苏格兰发现了"麦金托什"，几乎被认为是建筑学的专用术语——不仅在德国，而是从比利时到匈牙利——在英国服装界也同样。我们在一个又一个城市中看到了他的影响——当然同时混杂了其他元素和其他人的特征。甚至是在最为庞大和庄严的新建筑中，像奥尔布里希设计的位于杜塞尔多夫的蒂茨百货商店，也具有奥尔布里希的格拉斯哥咖啡馆独特的严谨垂直度、水平线条、方形装饰以及梦幻和沉静交替的花纹，显然他已处于这一新运动和学派的中心并对之产生了最为鼓舞人心的影响。

但是，对德国作品的另一大影响，在科隆港端口附近的俾斯麦纪念像上显现出来。想象一下，一个严峻的巨人，坐姿犹如埃及君主，但是坐在巍峨和城垛的宝座上，身着完备的中世纪盔甲，警惕地靠在一柄巨大的宝剑上——阴暗、冷酷、具有威胁性，甚至阴险、令人反感，但是具有不可否认的权力感。这是一座明显区别于其他在德国随处可见的具有通常帝国夸张风格的胜利纪念碑，那些纪念碑使艺术爱好者们感到遗憾和羞愧。这座俾斯麦纪念像是普鲁士的象征，他的铁拳伸到南方和平的公民城市，在不久以前这些城市和今天的阿尔萨斯和洛林一样，并不喜欢他的统治。他被精心布置，坚固严厉地坐落在广场上，对面就是市长明亮优雅的、配有花园的别墅公馆——完全象征了帝国主义者的军国主义和官僚体制对德国公民生活和劳动的掌握和控制。无论如何，这是世界已经认识到的观点，实际上太过专有，然而我们同样要注意相反的观点——即市民在其活动中，在自身的利益上以及在思想上都是爱好和平的。

帝国统治的精神在许多近代建筑中都得到体现，例如，尤其是在杜塞尔多夫，这是我们在城里上上下下、里里外外转了几个小时后发现的。这里新建的钢铁托拉斯大厦直接有力地显示了最新最强的经济实力。现代资本主义所有的华丽大厦都清楚显示了骄傲和财富，但是很少像这个建筑一样如此直接展示其力量和成就。大厦的正面横跨三条街道，有着鲜红色的高墙、屋顶上是绿色和金色的瓦片、铅灰色的小尖顶上装饰着镀金线条和船形风向标，与周围灰色或白色的建筑、林荫大道和公共花园中的树木形成鲜明的对比，显得尤为突出。窗户周围的长条竖框及装饰线条从大厦的最上层一直向下延伸到地下室，而巨大的壁柱又从地面上升到檐口，并以奇怪至极的柱顶结束，这是近代德国具有代表性的一种可怕怪诞的类型。由此回想起伯克林（Boecklin）对一些巴塞尔（Basle）同胞公民的无情呈现（如果我们没有弄错的话，他因此受到他们的辱骂，并不得不离开这个城镇），并且想象应用于财富和钢铁巨头的理想化肖像画法的过程。同时想象一下应用在相邻的法律与商务办公地块的相同的装潢过程，他们的主要装饰也是延伸在屋檐之下的大量的面孔，不是可以在任何银行门口看到的一般的装饰性头部，而是一系列生动和具有表现力的格调，具有个性化的强烈表达。这里是骄傲、暴怒，而那里是狡猾、算计、贪婪；这里是阴沉、忧郁，而那里因获得和虚荣、欲望或恶意的忘形露齿而笑。

一些类似的东西可以在伦敦安妮女王大街（Queen Anne's Gate）看到，尽管是通过不那么突兀的英国方式，在那里，一些具有洞察力的、愤愤不平的雕塑家创作了老恶棍面孔，他们是王政复辟时期狂欢的最后幸存者，患有道德和身体的双重疾病，暗自得意于他们纨绔子弟时期的风光。我们现在远离了格拉斯哥和现代伦敦，在那里现在理所当然就没有这样的人——或者这种艺术家吗？这些新建筑违背以前的常规，混合着对现实的强烈批判的自负表达，与周边普通的街道立面形成鲜明对比，就好像来自另外一个世界。他们表达了时代的主导精神——通过实力和劳动、思想和深谋远虑、交易或投机、开拓和课税、征服和赔偿赢得财富，自文艺复兴时期的宫殿之后还没有建筑能够做到这一点。以实用为目的的精神力量被认为已经灭绝了；但事实上仍保留着，正如大教堂作为展示的场所，持续吸引游客进行着古老的朝圣之旅。

我们被自豪地领着参观的每幢新建筑物都传达了更多的证据，这毫不夸张。距离那座钢铁托拉斯大厦不远，我们来到了一座更为惊人的大厦，这次是接近寺庙形状，山墙和列柱已经完成，建筑宽大，没有纵深感，几乎是低矮的，但是，却非常雄伟，几乎由蛮石堆成。实际上，蛮石被用在巨大重型的地面层，以及地下室入口处，巨石的分割形成了上下深邃、黑暗、开放的空间，就像巨大挤压下的颌骨，而这样的挤压一层又一层在水平方向不断重复。门上雕刻的细长减弱的图案，以及金色的刻字被用来装饰低矮、扁平、宽阔的山墙，其实它们对于解释这座伟大的新庙宇宫殿的内涵没有什么作用。这种苦心只能保证行走中的人们能够看到；所以只有一种装饰细节可以进行添加——在宽广、平坦的巨石墙壁上装饰红色和金色的马赛克图案，正如瓦茨（Watts）的"王座上的财富"（Mammon upon his Throne）。银行的董事当然没有对他们的建筑进行过这种审视；它极好地服务了他们的目标，不仅用于使用，还要用于展示：作为一个展示他们的重要性和稳固性的广告，不可能期望更优秀的作品了。然而，如果我们以为我们的德国朋友有点儿缺少幽默感或理解迟钝，那绝对是不公正的。这里举个例子，新建的高等女子学校的门楣是一座细节素雅、效果一般、符合英国品味和习惯的建筑，在门楣上，我们注意到一个小装饰—— 一只猫头鹰的脸上戴着眼镜，歪斜着好像要掉下来。毫无疑问，城市原有的自由精神必须服从于现有的秩序；但是，这不可避免地要以幽默作为代价。事无巨细，德国的市民和艺术家都很有我们通常认为的法国人的坦率性格，具有表里一致的习惯，以及表达观点的勇气。普鲁士也不亚于法国，同样拥有苦涩机智和讽刺灵光的氛围；我们在杜塞尔多夫，海涅的小镇发现更多这样的氛围，直到今天这里还保留了大量的法国激进精神，事实上超过了柏林或威廉皇帝所批准的程度，如果所有的故事都是真实的话。现代德国建筑师的批判对他们的城市规划产生了什么样的影响？可能比我们的大多数同胞或者他们好客的向导知道的都要多，我们将会在下一章中看到。

第 10 章

德国的规划组织及其借鉴意义

德国的火车站提供了说明其组织工作优于其他国家的例证。法兰克福的新港之所以成为城市规划的杰出代表作，在于港口和铁路的联动、工程和商业活动，更首先在于为码头工人系统性地提供拥有花园、公园的住房。对于德国方法进行了评论，并介绍他们最近的进展，卡米洛·西特实现了中世纪城市规划的复兴。德国方法也有其局限性，英国单栋村居式系统的优势（莱奇沃思、汉普斯特德等等）现在已经为德国所认可，并应用于乌尔姆。

分析对于英国城市及一般工业发展的应用。批判伦敦港区规划。最后进行总结。

为了理解德国城市规划最初的特征，我们必须观察那些在周围的环境和生活中，在德国的秩序和法规下非常明显的东西。这里我们不谈普鲁士的军国主义和帝国官僚主义；它们的性质和缺陷都广为人知。但是从国家铁路到火车站的相应发展，不管在战略上还是其他方面，是必要的一步；德国火车站宽敞出入口的空间和安排给我们留下了深刻的印象——然而尤斯顿火车站的平面布局却使我们看到，在整个英国，我们已经抛弃了多少城市设计的要素。德国大城市的车站虽然是最出名的，但现在却不是最好的。例如法兰克福车站，二十年前曾经是世界的奇迹，现在已经被年轻和次要城市新近建造的车站所远远超越——不是在规模上，而是在安排、便利、成比例的经济性和建筑美观方面。威斯巴登（Wiesbaden）车站就是优秀设计的成果。它的售票大厅不仅仅是脱离了我们常见的有着粗糙和炫耀装饰的肮脏丑陋的混杂形象；而且摆脱了乘客和行李的喧闹困惑、慌乱无序，这些我们深感痛苦却又习惯了的现象。车站里正常事务的进行是如此突出却又如此轻松——同时并不缺乏积极的流通——以至于我们和一群热切的建筑师们停顿了一会儿以探究其原因。我们一致认为，这要归功于出色的全面规划和对细节安排的充分研究。入口和出口宽敞，并且相对位置安排合理；大厅保持整洁，没有阻挡视线和通行的木棚；购票和行李托运安排在大厅的两侧，所有行李操作在凹室或耳堂里进行，使大厅主体不受通行干扰，人们具有清楚主动的视线，可以立即作出下一步的安排，这一点至关重要。信息传达和购票的安排特别引起我的注意。一间大凹室用屏风分隔为三小间，清楚地标明"地图"、"时刻表"、"票价"和各自的具体内容，因此乘客被训练自助，从而节省了车站员工的时间。另外，在外部入口处可以发现一套安装在墙上的有狭缝的机器，具有实际的用途——首先提供非乘客普遍需要的月台票；其次提供乘客最常购买的去附近城市的车票，因此大大减轻了售票员的工作。在售票处还设置了更为节省时间和减少麻烦的装置；当某地交通压力过大时，常用售票窗口就会关闭，两边各有一个窗口会打开，分别售卖车站 A 到 K、L 到 Z 的车票，乘客可以毫不困难地进行重新选择。这种时间和劳力的节省以及与公众的互动合作，可能会被那些没有见过这种运作情况的人们认为是不实际的；然而不管是在天生的智慧方面还是在适应能力方面，我们都比不上德国旅行者。因为每面墙上杂乱无章的广告，每个方向的障碍物，每只耳朵里的噪声，我们的眼睛变得如此模糊，我们的神经如此疲惫，我们的脾气如此不友善，以至于我们不得不在混乱中到达火车和目的地，多少处于被折磨的情况，无疑从每一天早晨开始就在生活奋斗中居于劣势。只要我们有一座车站能够由卫生工程师进行德国式的设计，就会很快树立起榜样，得到公众的坚持并因此获益，尽管会造成公司广告的损失。对于立即会有助于城市规划方案和设计师教育的这一实际因素就讲到这里。现在举一个更大的例子。

长期以来英国工程师一直具有优越性，因此不容易认识到在某些方面他应该在这里重新开始接受教育。当然我讲的并不是他的专业工作，机械、电力、土木工程等；尽管私下里说，在这些方面他同样也可以向他年轻的大陆兄弟学习。德国工程师给我们业外人士留下深刻印象是，他并没有只关注迫切的问题，比如车站或港口，而不关注这些工作将对城市产生的影响——比如非常巨大、可怕和规划不合理的爱丁堡车站——相反，他认识到他的工作与使用群体以及其中的工人有关。他尽力去满足市民对健康和住房，甚至对城市娱乐设施的需求，这一点已经长期被忽视和破坏，但现在被认识到是人类幸福和社会发展甚至物质繁荣的不可或缺的因素。关于这种转变的思想态度和由之导致的物质产出，没有比法兰克福新港更好的实例了。这已经在演讲中、在规划方案中、在参观中向我们进行了最为详细和骄傲的展示。在 20 世纪，法兰克福重复了 1780 年格拉斯哥的先例，使河流适应空前发达的商业需要，加深开放时的吃水深度。但值得注意的是：此项工作是如何解决类似河流城市的这一重大问题的。首先，城市取得了港口扩建所需的全部空间，从一开始就明确规划出 1000 多英亩的土地。其中 100 英亩是水面，被布置成一系列的用于煤炭、木材、制造业产品等的小码头，形成近 8 英里的贸易港，决定各种相应的堆场、栈房、仓库和各类工厂；为了服务于这个新区，还新建了 40 英里的铁路线。随着商业和工业的拓展，同样对相应的人口增加进行了考虑，不给投机者留有可乘之机。铺设了超过 25 英里的新路，包括两条林荫长道，其中一条带有花园步道。提供了两种主要户型，大的三居室带一间可居住的厨房，小的两居室带一间厨房，德国房屋跟在英格兰常见的一样，集中建

图 40　法兰克福新港。注重专业化的港口，接入工业区的铁路线；以及港区工人新村，配备花园林荫道、公园和湖泊

成扁平的公寓；但是它还沿袭了英国的例子，在法兰克福首次建设了工人别墅村。在这个新社区中，不仅较宽的街道和林荫大道一样有树，而且还有一座带有儿童游戏场、运动设备和游泳池的公园。最后，为了使人们有机会接触自然，城市森林一直延伸，与新公园相接。

198

　　这里是德国正在进行的当今城市规划的一个完整实例——不再是日复一日的修修补补，而是利用明智的深谋远虑，尝试满足大城市业务发展和人口增长的复杂需求，并在满足现代工业需求的同时不忘记现代人口的需要。因此，场所、工作、人——环境、功能和有机体——不再被孤立地看待，而是作为社会和个人健康生活进程的不同要素。当然，我们并不是说我们的德国兄弟们是完全成功的：对他们，我们也有批判；但是这样的例子确实给我们呈现了很多内容。

　　在铁路系统、内河航运、运河系统和内陆港口的大发展中，当然伴随着相应的人口增长，我们看到土木工程师自然发展成为城市规划师。普鲁士娴熟而富有远见的战争组织方法已经给世界带来很多借鉴，并且在拿破仑时代以后给和平时期的方法带来无可比拟的影响，至少在第二帝国的自诩复苏时期，德国人呈现出许多的相似之处。曾经的自由城市的市民统治因此变得更有组织，整个帝国变得更为统一；并且旧时相当于苏格兰区长（比市长保有更长时间政府职位的行政长官）的市长，已经成为一种管理职业，效率高，但首先是官员。在这个系统中，政策的持续性得到了更多的保证，在大范围内得到了更为稳定的执行，地方的市民传统常常迅速被纳入经济发展、国家进步和帝国强盛的大概念之中。但是，这些专业的市长和城市规划师充分继承优良传统和古老城市精神，就是为了像它在史上伟大时期一样来统治帝国的自由城市吗？在这样的统治下，尽管它是认真、奋发和有能力的，我们还能够期望那些经过历史和古迹证明的艺术、文化、政策有任何可观的复兴吗？这些都是在我们脑海中不断浮现的一些问题。当东道主向我们展示他们完成的作品、未来的规划和项目时，他们普遍的高水平、智慧和远见给我们留下了深刻的印象，这些都证明了他们比我们具有更高的专业培训，有更多的人受过更多教育且更有抱负；但是我们不时也感到一点失望。他们最好的设计并不如它所应该的那么好；它缺少一点自发和创造、发明和自由以及艺术家的气质，因此比不上最近英国展示的一些最好作品。施蒂本（Stuebben）先生是城市规划方面的权威，为科隆和柏林拓展的方向和总体设计作出了巨大的贡献，尽管他所有的优点不容置疑，但是他太像是奥斯曼再生了；在他节制的风格里，他失去了与能够表达生命愉悦的光明和热情的接触。他在科隆的继任者认识到这一点，并尽快对他的详细设计进行了修改以适应更新和更自由的风格。现在有一些微微弯曲的街道逐步取代了直的街道。奥斯曼的星形交叉路口，广阔开敞的广场以及其他华而不实和错误的布局形式正在被抛弃，代之以更为简单、经济，却更美观的街道路口；并且新的地方受到了原有模式的启发。

　　在奥斯曼和施蒂本的影响之后，这里也受到了令人钦佩的维也纳建筑师卡米洛·西特的影响，他强调将中世纪城市作为一个整体进行欣赏，这种浪漫主义的复苏为教堂和城市房屋的设计提供了帮助。自此，我们逐步忘记特定的"哥特式"名称过去被赋予指定的建筑作为一种蔑视和辱骂的表达，它们曾经被认为是混乱和野蛮的。但是，过去当我们更好地学习了那些单独的建筑物，并且钦佩于我们祖先所痛斥的东西时，我们一直形成的印象是，中世纪城市新奇、弯曲、复杂的街道网络仅仅是偶然的增长，大教堂周围狭窄的街道和成群拥挤的建筑物必须被清除，使大教堂的各个立面能够暴露在众目睽睽之下。因此，19 世纪的大教堂修复者和城市改良者致力于这种清除，付出巨大的牺牲和代价，导致了各种形式的老教堂，无论大小，从爱丁堡的圣贾尔斯，到巴黎的圣母院，现在都孤立地坐落在现代的位置——就像科隆，四面包围着现代酒店，有轨电车不受限制地发展，更别提一座大型火车站不合时宜地布置在这里，无法与一些后来的建筑相比拟。但是，当我们英国城市大部分还在愉快地继续着这种行为，消除这种过去的特征，形成孤立的遗迹，使其陷于现在的不协调和转瞬即逝的功利主义丑陋之中时，卡米洛 · 西特值得纪念的著作已经取得了伟大的成就，他使建筑师和艺术爱好者们普遍确信，古代的城市规划者比我们所认为的更加知道他们在做什么，教堂的拥挤并不仅仅是对人口众多、空间狭小城市发展空间迫切需要的让步，而且也是为了营造高耸的崇高形象，提高其艺术效果。因此，实际上，尽管为时已晚，德国的城市正在懊悔于这些过于一扫而光的改善，并且实际上正在就关于重建原有教堂空间最好方式的问题进行协商——比如在科隆进行建筑竞赛。时间的流逝对人们所作所为的报复还能更充分吗？

　　事实上，看起来好像伟大、进步的城市正在为规模较小和发展较慢城市的利益进行着实验，他们日益被认为是模范，但在一些方面也提供了警示，这在上个时代还没有如此显著。科隆和杜塞尔多夫的城市蔓延大规划确实能够满足即将来临的新时代的需要吗？我们冒昧地认为不是。而且，除了建筑学的批判以外，是时候来进行经济学的批判了——这种城市规划尽管有很多优点，但是它不仅带来了城市必须支付的市政支出的增加，也带来了无法预见和不易避免的土地投机的发展；由此引起的地价飞涨使得只有非常富有的人才住得起独立式或半独立式住宅。对于广大的人民来说，在这种情况下最多能做到的是住到更宽阔和通风的街上，正如我们的当地居民所羡慕的那样，邻近林荫大道和公园，但是人民仍旧留恋诸如苏格兰那样的大陆城市所长期忍受的经济公寓的状况，而英国城镇到目前为止已经基本上幸运地摆脱了原有的乏味、困惑和混乱状态。因此，尽管我们钦佩德国城市规划概念的综合性，我们也开始对英国的松散城市布局怀有更多的尊重。巴特西（Battersea）与伦敦相比，在很多方面只是一个贫穷的小地方，但是它提供了明显的例子；正如伯恩斯先生提醒我们的，它虽然只有不到 20 万人口，但是它的独立住宅数量要多于拥有 200 万人口的柏林，在柏林大部分居民租住的是高层经济公寓，为富裕阶层和贫穷阶层提供的不同户型。与低人口密度一致的较温和的地价使工人别墅系统的延续性、甚至其实质性的改善和转型越来越多地成为可能——如果确实还无法与田园城市和汉普斯特德城郊相比的话，至少达到相当接近的水平。然而考虑到由旧住房拥挤居住状况演化而来、靠城市支出维护的、被自由的投机活动提升的高地价，德国城市如何能够使人口密度降低到人们

202

203

204

所共同认可的、持续健康必需的程度呢？在乌尔姆，城市已经觉察到这个问题。明智的市长和城市议会正在购买附近所有可能的土地，并正在郊区成功地开始为工人建立起花园村，其区位与昂温先生在汉普斯特德的杰作基本一致，比我们在德国通常看到的要更接近城市。在科隆和杜塞尔多夫等城市，这种郊区别墅的需要终于被认可，但要在上述情况下进行建设并非易事。

205

在法兰克福和科隆，历史和艺术精神都非常突出，随着我们继续向东行进，发现受其影响更大。纽伦堡和罗滕堡（Rothenburg）为我们本次旅行画上了圆满的句号。事实上在德国，我们认识了两种不可否认的整体上优于其他任何形式的城市类型：一种是大城市，另一种是小城市；两种都基于城市原有的基础和活动；一种体现了世界商业与艺术制造业，另一种体现了家常的乡村特点：简单，但是教育良好而且优雅。这两种城镇为各处的城市规划师提供了他们最为需要的教育，那就是城市规划不是根据由上述内容轻易制定的一般原则就能编制的，也不是在一处学来就能在另一处模仿的——那是奥斯曼主义依据的方式。它是一种地方生活、区域特征、城市精神、独特个性的开发，可以通过多种方式增长和蔓延，改进和发展，可以从其他城市的榜样和教训中得到启迪，然而通常要立足自身基础，采取自己的方式。因此城市规划艺术的更新必须发展为更为高级的艺术，那就是城市设计——一种真正融合所有艺术的艺术，相应需要各种社会科学，即使在最初的调查阶段。那么，摆在我们面前的问题就是，我们要回头重新调查我们现代的城镇和古代的城市，以破译它们的起源和追踪他们的成长，保护它们幸存的纪念物，并继续当地生活中所有重要的东西；然后依据历史基础和相应的对于现状的调查和建设性批评基础，通过我们可能的个人和集体的远见，规划出一个更加美好的未来。

206

我们从德国回家以后，自然会提问——我们将要在这里做些什么？回答并不简单，因为有如此多的答案。向德国学习？当然是！模仿德国？当然不是。学习她所有的规划，学习她指导性的远见，她的公共事业，同时还要学习莱奇沃思和汉普斯特德，学习伍德兰兹和伊尔斯韦克等等，以及他们不断更新的旧村庄，这样我们才能学会如何最好地为我们的人民提供适宜的居住密度，并且提供对孩子、妇女和男人都最为重要的小别墅和花园环境。在苏格兰我们遗忘了这些。城墙环绕和拥挤人口的不良大陆传统，以及随之而来的持久的高地价，仍然沉重地压迫着我们长期遭受战争破坏的土地上，因此，即使在新的工业村——比如距爱丁堡1英里的杜丁斯顿——酿造厂工人的经济公寓已经耸立得像麦芽谷仓一样高。比起我们的关注，工人们对他们自己的健康甚至更为无知和轻率。虽然我们苏格兰每座城市都有医学院，但又有多少人知道楼房的第四层以上是妇女和孩子的不健康形成的明显分层，据我们一位最优秀的爱丁堡妇科医生指出的？为什么？因为当一位妇女一只手提着篮子，另一只手紧紧抱着小宝宝时，她只能惬意地上下一两层，最多三层，四层就是最后的极限了。因此，她身体过度紧张，容易产生各种抱怨；至少她会养成尽量少出门的习惯，当然容易导致一系列的疾病，并且使孩子们从小就变得衰弱。出于同样的原因，由于高且分隔的家庭住房，伦敦富裕阶层不再那么容易请到仆人，迄今为止还是如此。所以从任何方面来看，都应该阻止高层公寓建设。随着我们"健康良知"的发展，以及减少通常货币工资、更多改善实际环境的生活福利的成功，为了推动花园城郊工人别墅的发展，德国或苏格兰城市必须中止高层住房的建设。尽管如此，由于在目前条件下工人家庭无法负担家庭成员所需足够房间的新住房，他们会日益发现现有中产阶级的高层公寓小户型——这些公寓因独立住房或花园郊区别墅被腾空——更容易在他们力所能及的范围之内。因而对这种快速的房产折旧损失起到一定的缓解作用。

　　虽然有人诟病于伯恩斯先生，说他没有在城市规划法案中给予市政府完整和直接的权力，以按照德国的方式立即规划出辽阔的未来空间，并像奥斯曼在原来巴黎所作的那样清除已有的建设空间，但他的谨慎还是应该得到赞扬。我们制订这样宏伟规划的时机还不成熟，我们还不信任这种清除式的改变。首先我们将进行各处郊区的规划，这些将快速深入地对已有的城市产生作用。此外，当我们学会如何更充分地使用建议权时，我们就可以很快取得更大的权力。同时还有什么其他事情可以做吗？很多。近来关于城市规划议案和法令的讨论无疑已经开启了城市史上自制造业和铁路时代之后的大批判时代。1832 年苏格兰和英格兰城镇的"改革法案地图集"（Reform Bill Atlases）非常值得在这里进行磋商。在每一页上，我们实际上还都有小的老式城镇，更像是在中世纪，它数量少而狭窄的街道主要仍由明显的交叉口或由周围的乡村道路会聚形成。但是外围成群的公寓覆盖了广阔的红线范围，有时伸入农田中，在国会的许可下得到了预期的增长。可惜这种先见之明，颇像政治思想，并不是由国会层次形成应用于具体地区：发挥作用的是两个完整时代以前制订的城市规划；通过城市规划，我们已经挽救了多少财富和时间、健康和幸福？不仅仅是在很早以前就开始了城市规划，即使实际上只得到了部分的实现；证据也不仅有爱丁堡新城、巴斯和伦敦的经典案例，也有小城镇的范例；尤为著名的是，巴克斯顿和珀斯北部、南部新区的庄严布局，形成整齐的阶地俯瞰周围壮丽的景色。但是所有这些都属于 18 世纪晚期的宽敞和明亮的时代。随着拿破仑战争，以及生产的扩大和随之产生的生产者的沮丧状态，所有这些对于城市发展有价值的设计都被视而不见或弃之不理。因而，现代城市的主体被迅速地堆在一起，这已经成为我们的诅咒和梦魇；为工人们提供了简陋的成排小屋，或带有贫民窟常见楼梯的营房式的经济公寓；为中产阶级提供了丑陋的成排住房，或令人沮丧但还算过得去的半卫生公寓套房；即使为最富裕的人们提供的也只是人们所能见过的最乏味的大厦和最丑陋的别墅。

　　我们日常城市中，这种大块建筑不是正常的，而是非正常的，有待于和这一持续时代的其他罪恶形式一起被消除掉。因为不管是值得居住城市的传统形式，正如切斯特、纽约和旧爱丁堡的一些中世纪或文艺复兴早期的房屋和古迹；还是我们 18 世纪的住房，比如布卢姆斯堡或新爱丁堡的住房，他们都以各自的方式，比 19 世纪发展的主要住房形式更加令人振奋、更加耐用，可能也更加持久。

实际上，我们最为迫切的需要是加强教育——最为有效的是通过一个城市展览，这有两个方面。首先最易于实现的是，在每一个城市开展地方展览；最重要的是展示城市的区位和起源，辉煌的过去，现在好的方面和不好的方面，以及可能的开放未来。但是除此以外，我们需要一种杰出的展览；一种优于往往意味着包罗万象而又言之无物的国际展览的形式——是一种跨城市的展览，展示那些大城市已经发展成什么情况，他们做得最好的是什么，最重要的是他们希望发展成什么样。在人们不规则和断续的攀登过程中，虽然常常发生倒退和延迟，但是他会不断增强意识，不仅是对于自己个人和家人，他的社会群体和家族，他的部落和国家，而且也对于他的社会载体：城市。他有时仍然又会忘记这些，像最近大部分人那样。但是所有历史通过对生活和艺术的详细文字记录使我们确信，不只是"政治"，还有"文明"是城市最重要的产物。已经有许多关于这类城市展览的创举，其中 1913 年阿尔特（Alt）和新科隆（Neu Cöln）的展览，1914 年都柏林展览特别令人印象深刻；而 1914 年里昂展览的城市相对已经到了一种广泛综合的国际水平。

许多人习惯地认为，城市规划是一种圆规和直尺的艺术，是一种几乎由工程师和建筑师单独为城市议会做的事。但是真正的城市规划，唯一值得拥有的城市规划，是一个社区和一个时代整体文明的产物和精华。从城市的基本因素开始，包括港口和道路、市场和仓库，从城市的实质因素开始，即值得永久传承的家庭住宅，它发展成为城市生活的最高机构——卫城和法庭，修道院和大教堂。今天在我们的时代，我们又开始发展与之相当的东西。实际上，正因为缺乏这些，我们的城市明显存在弊端。导致犯罪和国家耻辱的酗酒行为的心理研究和治疗并不像我们想象的那么简单。对于个人来说——尤其是凯尔特人——酗酒是无数次的神秘主义歪曲。对于社会来说——尤其是苏格兰——它一度被清教徒认为是压抑的报应，而另一度又被功利主义者认为是自然的喜悦和生活的狂喜。从我们最近的情况发展到公众卫生和住房的道路还很漫长，到达田园城市和花园郊区梦想和实现的距离更为漫长。更重要的是下一个步骤，即从城市蔓延规划转向城市发展。但是，这一运动将要在哪里充分开展呢？为什么不能在利物浦？在伯明翰？或者说，在格拉斯哥？哪里有着最为痛楚的需要？克莱德山谷有着壮丽的峡湾和可爱的小岛，是一个令人赞赏的自然区域，直到最近（为什么不再是了呢？）都是地球最美丽的地方。在这里，人口资源达到罕见的程度，缺乏智力、科学、技术人才，缺乏富有建设性和组织能力的人才，缺乏具有艺术和建筑创意的人才，甚至缺乏具有社会感和政治才能的人才：那么，为什么这里的新技术城市不能轻而易举地取代旧技术城市呢？

　　能够挽救我们的不是德国，不是柏林，不是巴黎；也不是莱奇沃思或汉普斯特德；尽管每个城市都能带来自身的教训。这里把格拉斯哥作为住房条件最差的现代城市代表。在作为现代历史决定性进程的工业演化史中，它一次又一次在发明和创新方面领先。现代人，背负着瓦特的蒸汽机，胸前紧握着亚当·斯密的《个人财富》（Wealth of Individuals），本质上——不管在实际上还是在精神上——都是18 世纪格拉斯哥的市民，尽管他现在居住在一个遥远的被称为伯明翰、伯蒙德西或布鲁克林的制造业郊区。他的儿子同样在这里，这时电气正在取代蒸汽，某种更善交际与伦理学正在取代旧的顽固的个人主义。因为他来自牛津、科内尔或夏洛滕堡，他就不是凯尔德或凯尔文年轻的格拉斯哥门徒吗？那么，我们为什么要对这里的第三次运动感到绝望呢？在这次运动中，令整个欧洲为之振奋的艺术独创性，体现在绘画和建筑方面，以及更强大的船舶结构方面，克莱德地区因此仍然宣称领先于所有对手，与已经为现代格拉斯哥赢得最为广泛和光荣名声的城市政治才能相结合。显然这一技术时代卓越的世界领导地位将会成为适合所有这些不断创新的皇冠。非常明确的是，今天的格拉斯哥一方面符合城市和国家衰败的所有情况，另一方面又具有进行恢复的所有资源——这种情况毫无疑问现在无处不在，但是在这里表现出最为极端的形式。让我们开始充分调查这一问题，思考和检验相关政策；很快可能就轮到德国城市规划师穿过莱茵河，来到克莱德河。

213

　　但是，在未来的日子里，因为他们多年的领先和不断进步的思想和努力，我们还不能完全赶超德国城市的发展。那么让我们简单地总结一下我们的主要印象。对那些第一次参观德国城市的人、甚至对那些以前对德国城市有所了解的人来说，他们历史的伟大、典型的个性、城市的自豪感、对现存问题的紧抓不懈，以及最重要的，他们对于扩展未来的充分准备，都给我们留下了无法忘记的深刻印象。在国内，我们的历史学家们专注于过去，商人们专注于现在，空想家们专注于未来，他们都着眼于自己的角度研究发展的世界，彼此相互孤立。然而，看看那些德国的市长和议员，官员和公民，大部分都是集这三种角色于一身——我认为这是本次旅程最好和最需要的教训之一，也是我们回国后最可能富有成果的建议之一。和我们一样，对于历史热爱者来说，历史的记忆和关联不应被忘却，或者在恢复的时候被嘲笑为感情用事，而应作为社会的精神遗产被认识和尊重；古老的地方和古迹，过去的街道和房屋不应以这样那样的、基于便利或卫生的简单借口就被全部清除，而应作为城市的物质遗产核心被清洁和保护。这同时也是一盏精神的明灯，使我们那些"现实家"看到，德国不仅比我们具有更高的教育和健康声望，而且从河边到山林都拥有受到保护和发展的、人人都能享受到的自然美景；并看到，艺术并不是与日常生活无关、"不切实际"或最多因为能够为商品设计提供帮助而勉强在学校里得到供应的东西，而是自身具有有价值社会目标的东西——应用于建筑、雕塑、绘画、音乐会、戏剧和歌剧各方面。对来自比德国城市具有更大人口规模、相应金融更为富裕城市的我们来说，最为有用的经验是看到通过

214

215 　　更多精神元素评估的城市伟大之处，以及为了创造一个具有物质美丽和广泛福利的环境而更多使用的公共财富。

　　此外，这也有益于约翰·布尔（John Bull），他对任何科学都具有坚定的免疫力，并且践行著名的形而上学理论——即不存在理论，即使有也毫无用处——来满足各种商人，那些容易接受社会投机想法，大胆应用和广泛推进各方面科学，日益变得头脑清醒、富有和强大的市议员和生意庞大的人们。

　　我们都已经对行政办公室里的毛奇（Moltke）元帅和安乐椅上的"混混"（Muddlethrough）少校二者在军事事务方面的对比留下深刻印象；对于我们已经充分共同承受的海军警告也是如此。但仍然给我们许多预言家留下一个真正有用的领域，使他们对德国城市的长处和我们自己的缺陷和弱点进行广泛对比。让他们

216 指出，我们已经发展的港口，我们形成的工厂和铁路、贫民区和郊区的城镇，其内部被单纯的个人所有制所分割，或仅仅通过无规划的增长被挤压到一起，然后我们尽可能对之进行缝补和拼凑，结果导致完成时耗费无限的成本和劳动，并缺乏有机统一、足够效用和景色美丽。而在杜塞尔多夫或法兰克福，我们看到了通过巧妙完整地规划新港，专业化的港口、仓库和工厂区、铁路和电力站都配备完整；而且，这些新镇区并没有像我们那样规划和建设单调的街道，而是代之以林荫大道和花园，甚至景观道路一直通向城市森林。我们要如何说服伦敦或其他港区委员会的工程师，要充分关注码头工人的健康和快乐呢？

　　这一问题如此重要，我们将进一步大胆地表述。将德文波特勋爵和他的同仁大约于 1910 年至 1911 年采纳的，目前仍是全世界最浩大的港区规划，历史上最伟大的港口延伸规划——耗资 1400 万英镑的伦敦港区系统拓展，与法兰克福进行比较；并且从那以后我们已经习惯于在城市规划展览中悬挂伦敦港区系统规

217 划，旁边挂上法兰克福的规划，作为目前为止适度建设支出（200 万英镑）的最佳港口和相关城市规划例证。而伦敦港区系统规划则是作为迄今为止不仅规模最大、耗资最多，甚至，我们冒昧地怀疑，相对于支出，基本上工程设计和工业经济都差于其他地区的展示；当然这些是由于居于支配地位的工程师、商人、制造商和金融家的问题。在城市规划展览中展示这一惊人规划的首要目的在于：揭示它完全忽略了港区的人文因素，不仅忽视了布思先生通过大调查形成的伦敦地图，而且出于主要的基础社会、经济以及工程的实际，这些伟大新港的规划仍然需要港口工人的充分发展，他们适当的邻近区域、他们的健康和其他状况对于港口工作效率至关重要，这也将产生经济回报。

　　在某种意义上，应感谢这些小型展览的杰作（更多生动的表现形式正在不断得到发展），人们正在逐步认识到，这些伦敦港区规划将导致港区交通拥挤和土地贫民窟化的持续加剧，以至于将达到旧工业文明中前所未有的程度，这一点现在已经得到了验证；很可能还有那些经常性劳工纠纷的相应加剧，伦敦港区已经

提供了如此多悲惨和昂贵的案例——他们的环境条件和设计、工作和管理对这些 218
案例进行了清晰的解释。相反，在现代条件下重新考虑规划的可能性日益明显，
不仅包括间接的城市和社会方面的，而且包括直接的工业和金融方面的。这种有
效的修订将采用德国的方式，由工程师和城市规划师进行合作，能够同时熟悉当
地的需要和最好的现代解决方案，以及解决问题的必需技能和良好愿望。

从更大的方面来看，问题并不仅限于东伦敦的整体重组。它延伸的范围更
广；其效率和繁荣对伦敦城市和大伦敦都非常重要。而且，这一港区规划对于岛
屿、帝国甚至更远地方的所有海边城市来说是一个核心榜样——现在还是一个坏
榜样，如果进行修订将成为好榜样。即使从港区运作和发展前景的最狭隘观点来
看，也必须对之进行重新思考和调适。因而，田园城市和城市规划协会的这些呼
吁将不再会长时间被港区机构忽视了吗？如果港区机构继续忽视，不久以后更高
的机构当然会更为紧迫地提出同样的问题；另外，理所当然港区工人和城市规划 219
师会提出，伦敦城市议会甚至国会和负责的部长对我们有什么作用？希望这最后
的问题将是不必要的，我们可以转入其他的事情。

关于港区的讨论已经足够了；现在让我们越过这一话题（毫无疑问有时我们
批评了许多港区的董事），转向那些相反类型的表现为健康和快乐的城市。无论
是从大城市像威斯巴登，还是小一些的像洪堡，我们都发现不少全面统一的设计
和城市鲜明特色的实现。令人愉悦的花园和宏伟的游乐场，和缓的长廊以及广阔
的森林驾驶和漫步，都融合成一个美观多样的整体，使得访客流连忘返，吸引他
们再次游览并在所到之处传播美名。形成鲜明对比的是我们可怜的浇灌地区和疗
养胜地，每一个多多少少都有些拙劣和庸俗，从丑陋的火车站、交会的花哨街道
到破坏的滨海或污损的林地，出现得太过频繁。诚然，我们有一些更好的例子；
但是没有一流的例子：在那些近来为了提升我们浇灌地区吸引力而建设的许多林
荫大道中，我们能够找到任何由城市规划师、公园和花园设计师、园艺师与建筑师、
雕刻家和工艺师真诚持续合作的例子吗？诚然，市政和铁路联合法案向我们承诺
了所有这些；所以有关的社团将很快看到一个更加充分的表现。但是这一行动的
开始同时也提出问题：为什么不能走得更远呢？

正如我们所看到的，德国城市规划有着突出的优点，但危险和缺陷也同样明 220
显；这里对其整体印象进行重复和强调作为总结。这是一种城市和社会行动的不
断合作，同时建筑和艺术也共同发挥作用，并发展到一定程度，这是我们英国城
镇所缺乏的，甚至是过去曾经存在的地方所丧失的。我们自己的工艺美术运动坚
持艺术与社会生活的必要联系，艺术来源于社会生活、表达社会生活并完结于社
会生活。然而，德国城市正在有效地开始城市生活和创造性艺术共同的新发展；
现在这同样也是我们自己的机会。我们生活于城市：总体上，我们必须尽可能充
分利用现有的田园城市和田园郊区等所有方面。这里是读者阅读的要点，也将为
他发挥力量提供途径。他知道城镇和城市在行政和实用方面如何取得和正在取得

进步，知道即使在现有的城市游戏规则下所期望和为之努力的更普遍的社会理想。因此，在每个城市中，在城市规划和城市环境改善规划爆发初期的环境中，这些规划有好有坏，各自不同，在相应形成各种类型、各种特质的城市改良协会的同时，各地正在同样为艺术家开放一个新的领域、为社会主义拥护者提供新的受众。我们也许说，他自己的工作已经够忙了：但是像我们这样穿过德国城市的漫游将很快使他确信，对于我们可怜的混乱城镇，在不久的将来必须走增加城市和个人自身效率、真正实现城市回顾和城市预筹的道路。我们有时间来谈梦想和乌托邦；但是持续的时间还不够长吗？在工业和市政发展的现阶段，我们有机会这样说，"我们的美国在这里，或是不知道的什么地方"——我们的乌托邦一定程度上已经在地球上实现了，至少我们的新时代已经开始。齐奥尼克（Zionic）的希望和费边（Fabian）的政策都不能被轻视；但世界上肯定有普罗米修斯努力的地方，同样有大力神劳动的地方，以及所有这些实现本地化的地方。为什么个人不能提供必需的火焰，团体不能提供必需的力量呢？肮脏的马厩，致命的沼泽，不断更新、难以根绝的罪恶很快将被找到。

第 11 章

住房与城市规划的最新进展

乌托邦正在进展之中，介绍近年来在英国、德国等地的发展情况。

首先是雅典，其后为都柏林，大都市得到改善。城市生活和城市领导人得到提升。英国和美国城市取得了建设性进展，但局限持续存在。介绍加拿大和澳大利亚的住房状况。

阐述印度的发展阶段。

国内政治正走向城市改良的方向，相应要求更充分的知识和交流。

乌托邦，尽管有限，但已经在住房和城市规划两方面逐步建立起来：尽管我们不能在这里尝试报告这些伟大的运动，因为这将需要整卷的篇幅（虽然令人愉快，但很快就会过时），然而这些领先方面的进展情况可以再次进行概述。

首先，让我们再一次明确如下认识，正如第 7 章所勾画出来的，伴随着住房 运动，并超越其主要阶段，我们已经进入到一个更大和更全面的城市规划恢复期：因其推动力，我们特别感激德国的示范，其伟大的城市传统、相对落后和缓慢的旧工业发展以及更多的教育——同样在技术、科学、文化方面——已经整体上使其过渡到更高级的新技术工业秩序，比英语世界更为快捷、自然和有效。然而如第 9 章和第 10 章所陈述的，这种热情的欣赏和真诚的接受丝毫没有阻止我们认识到德国城市规划的限制性，也没有阻止我们重视我们自己的村舍家园和田园村庄、郊区的优势，现在轮到德国人对此进行真诚的参观和学习。正是因为在这些国家，他们的村庄生活已经遭受了无数的战争年代和灾难的洗礼，我们发现，无论是从历史还是农村的观点，相对于我们自己，他们对目前英国村庄的复兴和再适应都更为欣赏，因为这是长期和平的世界所能展示的最美丽的景色。实际上，这种重建是英国最重要的新进展，是现在她正呈现给城市文明的最好礼物；对于遭受战争打击的国家，像大多数欧洲大陆国家，如苏格兰和爱尔兰，对于修正新老世界的旧技术混乱都同样具有帮助、鼓励和启发作用。

再次回到田园郊区，这里对伯恩斯法案颁布后前三年的发展情况进行回顾，

224

(*Valentine & Co.*)

图 41 汉普斯特德田园郊区的街道景观

尽管从达到的人口规模来看进展还比较缓慢，但相较于运动的早期，已经足以令人鼓舞。正如田园城市协会 1913 年的报告所总结的，当年 25 项新规划正在制订，覆盖 1500 英亩新发展区域，每英亩最多容纳 12 户住房，因此当年最终能够容纳 9 万人口。现在已制订规划的总面积达到 15000 英亩，计划安置大约 30 万人口。假如通过普通的模式发展，同样的面积可容纳 150 万—300 万人口。这些规划的人口密度各不相同，在莱奇沃思 4500 英亩容纳 3.5 万人口，而在汉普斯特德容纳同样的人口仅需要 700 英亩土地。据估计，这些规划区内目前的总人口已达到 11000，居住在 4500 户住房里，充分建设了 2500 英亩土地。在土地和住宅上大概已经花费了 350 万英镑，合伙社团大约支付了其中的 100 万英镑。去年成立的所有公司都按照法案的要求进行了注册，以获得 3.5% 的政府贷款。

　　虽然，正如我们在前面的章节中（第 6 章）所看到的，无论是苏格兰城镇还是乡村，仍未能提供多少积极的示范，但是住房皇家委员会（1913—1914 年）已经涉及全国的城市和农村；根据这一证据，必然将产生使现代文明震惊的具有强烈震撼力的报告，对此我们毋庸置疑。

　　罗赛斯（Rosyth）[1] 的长期拖延非常令人失望——这与官方的蒙昧主义，以及海军部确立已久的顽固的标准不无关系——在罗赛斯，一个已明显确定了的新城镇建设项目被年复一年地推迟，相应地对相邻城市造成损害，并延缓了本应成为国家伟大范例的确立。幸而，这种拖延状态已经于 1914 年结束，1915 年将确保开始建设。

　　在爱尔兰，上半个时代的农业发展取得了令人瞩目的成绩，表现在住房建设方面，从 1914 年初开始，向大约 4 万或者更多农业劳动者提供了住宅。

　　在德国，田园城市住宅区最近正在发展，大概已有 10 年，因此或可追溯至1912 年。在乌尔姆，大的城市企业在土地购买中进行联合，伴随着城市向着田园郊区延伸的相应调节，并相应排除了土地投机者，使得这一城市正迅速成为最发达的现代化城市之一。在这里，我们可以从作为城市历史中心的大教堂尖顶下开始，往外向每个方向漫步，几乎都可以穿过依然存在的中世纪和文艺复兴时期的美景，然后向前进入现代城市规划的增长地区，不会发现我们所熟悉的多少带有旧技术特征的地带。这样的城市必然会迅速赶超那些较早进行粗放式现代化发展的城市；也为我们那些老式城市的未来，如约克，提出了很好的建议，特别值得借鉴的是先进的电力传输方式，将电力从距离不远的煤矿传出。事实上，在从旧技术工业向新技术文明过渡的过程中，许多这种重要的变化为什么不可能在城市之间发生呢？

　　相似的开端在其他欧洲国家也得到了发展；不仅在法国、意大利、匈牙利和

225

226

227

1　英国港口城市。——译者注

瑞典这些易于接受英国观念和倡议的国家，而且在西班牙的几个大规模地区也得到发展，在那里因为她的殖民帝国失去了最后的省份，使得公众的注意力转向内部发展的需求和可能性，因而工业和重建运动得到了迅速发展。

然而，在所有对城市想象力的呼吁中，令人印象最为深刻的是目前雅典的重新规划，因为它将对这一具有西方文明、文化传统的核心城市和最古老城市进行更新；并且同时这也成为这个国家城市规划发展过程中的重要证据，因为被选择用于这一辉煌工作的规划方案并不来自很希腊式的氛围——由 T·H·莫森（T.H. Mawson）先生制订，他是英国效率最高的园林设计师和作家之一，为了得到这一城市规划的最多机会，他已经准备过加拿大的大城市规划方案以及其他规划。这份特殊规划，在希腊与土耳其和保加利亚的战争后，对于希腊在邻近的东方世界中的地位提升，对于她仍然壮志未酬的号召希腊民族的野心，其广泛影响是非常明显的；但是对于我们西方人，问题是——她还可以像以前一样，再一次教给我们什么吗？首先有一个教训是肯定的。有价值的大都市一直被认为是一项重要的国家或帝国资产；有时也通过远远超越边界和疆土的方式，被认为是种族团结和精神诉求的核心，正如希腊在过去和今天再次出现的情况（当然耶路撒冷的例子更为极端）。

世界上哪个地方可能成为下一个进行如此雄心勃勃发展的城市呢？都柏林不无可能。在那里，拥挤和痛苦最终已被敏锐地感觉到；然而，对于过去大都市的记忆正在一直向着城市的未来更新；并且，通过他们最为深刻有力的方式，在那里展现了仅次于希腊文化的古老文化的传统和骄傲，比身处受罗马文化影响土地上的我们更为直接和深入持续地沿袭了历史文化，但多多少少因野蛮入侵有所消退或转变。

目前都柏林的重新规划最初是在城市展览中由不少热心公益者提出，经阿伯丁伯爵慷慨倡议，作为公开竞争的课题，从一开始就具有与雅典相同的发起动机。有人说，这一巧合多半是无意识的，某种意义上确实是这样；但那就更好了。都柏林作为大都会复兴不仅对爱尔兰有益，甚至对大英帝国的姐妹城市都有益处，因为她们将从都柏林财富和影响力的提升中获得商业和文化双方面的收益：它将发起对爱尔兰人的呼吁，穿越美国和大英帝国；因此，尽管激烈的反对党还没有认识到，但是它将会重新建立起已经中断太久的整个英语世界和盎格鲁－凯尔特世界的相互连接，以及被海洋分割的盖尔人的同源关系。

从都柏林的道路转向我们国内的城市，可以发现重要的希望要素。城市和郡议会中正在形成改善的态度。老议员们在进步或退休；而新议员们尽管还不够成熟和口齿伶俐，但是对于公共和城市的利益、对于人民的状况、对于人民改善住房的需求更为清醒。同时也有迹象表明，出于自身的目的，议员们将很快使大量的工人阶级选民在这些问题中受益；他们甚至提出一个增长货币工资的新

228

229

230

办法，对鼓励和充分发挥劳动力起到了特别的作用。在过去的很多年里，伦敦和全国居于领先地位的直辖市的城市议会，一直在潜移默化地受到日益增多的这种议员的影响。有效的地方和城市领导甚至在一代人以前就开始出现了。因此，尽管存在对张伯伦（Chamberlain）先生或罗斯伯里（Rosebery）勋爵的政治生涯的不同评价，但是对于前者作为一位伟大和富有建设性的伯明翰市市长的欣赏，对于后者在担任伦敦市议会首任主席期间成绩的赞扬，获得了各方的一致认同。但是我们这一时代最为显著和有效的城市成就（我们相信不仅迄今为止，而且将成为未来的典型）是由一位勤奋、刻苦的巴特西（Battersea）工程师创造的，他毕生负责把大伦敦行政区取得的地方经验上升为普遍意义上的城市法律，支配了许多城市的发展。伯恩斯先生的1910年住房和城市规划法令，以及他在初始阶段的谨慎管理，最终使得这些运动的有效进展和相应的公共利益都达到了新的水平。市政当局因此得到了激发与觉醒。通过在每一个市政委员会建立城市规划委员会，一个新的庞大的实用领域正在向富有建设性的思想和努力开启；尽管这些成员和工作人员很大程度上还只是担任学徒，但是往往以后他们将利用一种新的综合艺术，迅速推进他们的工作，实施许多承诺要素。实际上，无论是在探究方面还是在努力方面，一种新的精神正在我们的城市中广泛流传。

　　我们在这里无法恰到好处地列举，并且范例选择也可能会招致不满：这里仅仅举例说明我们的城市正如何进入一个建设性的阶段也就足够了——（1）利物浦的环形道路系统；（2）大城市规划，从最初成功的哈伯恩（Harborne）田园郊区延伸到伯明翰市政界限；并且，最伟大的是，（3）为协调整个大伦敦不断增长的错综复杂的迷宫所付出的巨大努力。为此伯恩斯先生已经带领大量的地方权威，与伦敦市议会一起，对城市规划和需要的道路，包括放射形和圆形的，共同进行了协调。被长期推迟的最为浩大的伦敦城市计划因而得以进入准备阶段，并且将在新市政厅准备接收之前进行广泛拟稿。一些相关的问题相继产生，比如一方面需要开放空间，另一方面又需要发展铁路。令人鼓舞的是，1913年经过四个月的斗争，北接铁路的一个引申线路的方案被拒绝，因为此方案穿过汉普斯特德田园郊区，轻率且具广泛破坏性，而且将对北部和西部伦敦的一些最优区域产生更为严重的破坏。铁路的发展无疑是重要的；但是那些无知领导者和冷酷工程师对城市规划一无所知，忽略城市甚至他们自身重要利益的时代已经结束了。铁路系统不再凌驾于大众之上，甚至颇受铁路利益支配的议会里也是如此。这对于那些仍依赖汽车驾驶的美国姐妹城市来说，必然是一个福音！

　　正如我们已经认识到的，美国的城市正在积极进入城市发展的新时代；从抽象和贫瘠的政治学向具体和建设性的城市学的转折也已经非常清晰地开始了。美国城市规划已经谱写了一个拥挤的篇章，随后将是小城镇甚至是村庄改善的

231

232

篇章；并且在相应的农村发展中，现在已经在很多方面被确认的国家资源保护将达到高潮。对于奥姆斯特德等伟大的设计师们以及他们最好的学生们，对于他们这个时代的同辈人和竞争对手，以及对于给了他们工作范畴与方法的城市发展委员会和城市改造基金来说，即使在像现在的一般梗概中，忽略热诚的感激欣赏都是不可原谅的；这不仅体现在他们的实际工作中，而且体现在对于旧世界的教育性影响上。从奥姆斯特德手下的大波士顿地区珍宝，迷人的布鲁克林田园郊区，到华盛顿城市更新的不朽辉煌，我们总是乐于进行充分的考虑并重新制订规划，同样的还有伯纳姆先生对芝加哥的宏伟总体的规划，以及约翰·诺伦先生构思巧妙的"小城市重新规划"。无论大小，自然保护区、城市公园和环状公园、绿化道路和林荫大道、园林和儿童游乐场都应该进行表现。

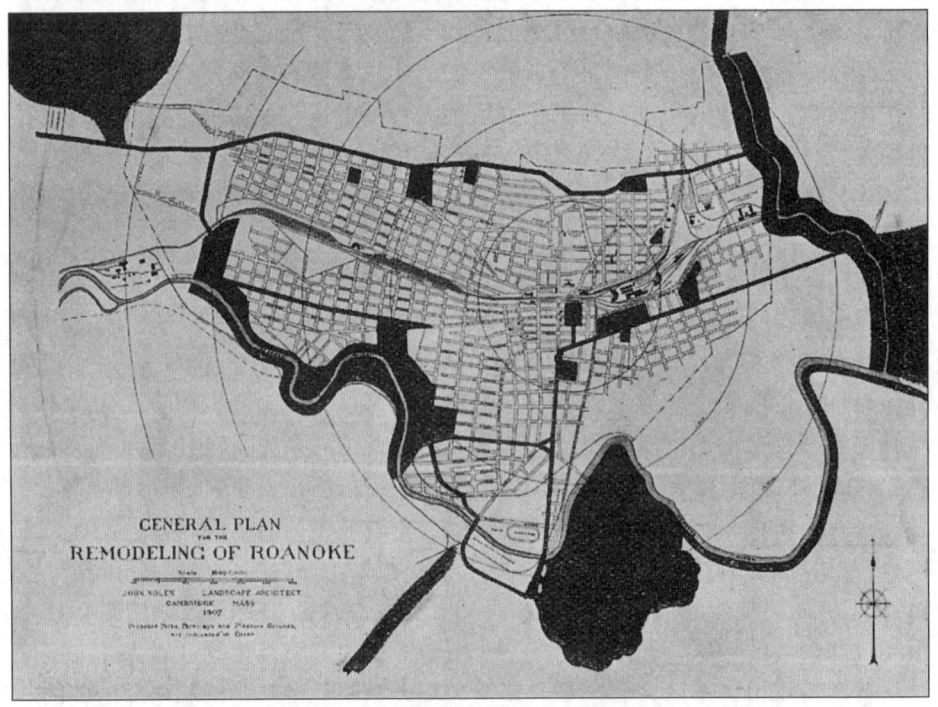

图42　罗阿诺克：美国一座小型城市的公园和绿化道路环

选择城市辉煌的案例会有些尴尬，因为我们不仅要考虑伟大而古老的世界城市，如波士顿、纽约等，还要考虑地区首府，如奥尔巴尼；甚至小城镇也在规划最好的"城市中心"。在如此紧凑的章节中，光勉强列举大致梗概都要容纳不下了，更勿论其他。总之，这里我们放弃尝试列举案例：在整个章节中，我们所需要的是详细解释"美国城市案例"；希望某位欧洲的城市研究者或城市规划师在不久之后能够提供。

本着完全友好而非胸襟狭窄的精神，我们将利用一点篇幅来讨论美国发展中仍存在不足的方面。不管是市政大厅还是城市中心，公园还是绿化道路，尽管这些无疑是美丽的、被渴望的、必要的甚至紧迫的，但都不会减少人们对高效提供住房的迫切需求和渴望；因为在美国城市，正如在工业化的英国一样，大部分住房还处于过于旧技术的水平。各种社会改良团体似乎很容易忘记这一点，如果我们也是如此，那完全是过分乐观了。但是既然这里已经不可能对美国城镇的特质进行公正评判，那就需要留给美国作家来完成描述其存在缺陷的任务了。斯特德先生对芝加哥进行了善意的批评；但是他没有能够充分深入研究芝加哥城市住房和规划的缺陷，这些缺陷将立即导致社会弊病的产生，并导致恶性循环，正如欧洲大城市一样。虽然发展的乐观主义已经在美国长期盛行，并且不可否认与旧世界太常见的悲观论调相比，对加快物质发展和个人能量发挥具有重大价值，但是同时它也有灾难性的一面，即它使公众无视于我们在前面的章节中所坚持的仍然过于旧技术化的发展，这里能够坦率地提出这一点也就足够了。这种长期的乐观主义已经产生了大量的被生物学家称为"孤立生存"的情况——这种孤立来源于老法国，并且比其政治革命的狂热更为持久；也来源于老英国，并且从卡莱尔和拉斯金时期之后带有对于"我们无与伦比的物质进展"的沾沾自喜情绪，比正统的政治经济学更为持久。

235

关于美国的住房建设问题，这里可以说的很少，最好可能就是提供两三个参考文献。首先是一些开拓性的工作和作品，包括住房改革者如埃尔金·古尔德博士和劳伦斯·维勒先生的作品，以简·亚当斯为其中翘楚的定居工作者的作品，以及慈善事业组织者如迪瓦恩博士等的作品。其次是后来迅速发展的城市调查文学，类似于布思先生的伦敦调查和马尔的曼彻斯特调查，但是具有适当的地方自主性，并基于介于布思的详细与马尔的简洁之间的更为方便和可行的尺度。

236

一些最近的住房建设会议论文，如 1913 年辛辛那提会议，也可以进行参考；最后，作为一个优秀并且具有决定性和建设性意义的类型，我们引用芝加哥城市俱乐部乔治·E·胡克（George E. Hooker）先生关于"田园城市"的论文，它是最早和最有效对公众意见进行引导的论文之一，市民和舆论对此达成了最佳的统一。谈到在这一方面,我们会想起查尔斯·弗格森先生的高校激进主义（University Militant），维克托·布兰福德先生《解读和预测》（Interpretations and Forecasts）一书中的"美国城市进展"章节中，对城市进展的阶段进行了生动的描述，坚信城市的发展理念将从旧技术时代的"大城市"发展到新兴的新技术时代的"美丽城市"、"更美好城市"和"最佳城市"。

尽管在纽约、芝加哥甚至波士顿居住期间，以及在匹兹堡、圣路易斯、费城或华盛顿访问期间，我们对美国居住状况的乐观期望已被动摇、下降到英国水平，但是当我们转向加拿大时，希望自然会得到更新。当然，在这些

新的加拿大城市中——有的从他们自己，有的从他们无与伦比的关于土地和
航运的广告文学中，我们已听说他们如此多的发展情况，不仅仅在帝国中心，
甚至在那些大量青壮年向大城市外迁的最为偏远的山谷和峡谷——我们必须
寻找真正舒适和繁荣的工作家园。繁荣的农庄的确能够大量看到，其中所传
递的是，从英国劳工到加拿大自耕农的提升是一项最伟大的社会成就之一，
因为长期以来英国自耕农和苏格兰佃农的破坏似乎是无法修复的。那么，就
不奇怪这个令人羡慕的前景向我们工作的世界传递了新的希望，并且每年春
季仅从港区中每周就带走成千上万的工人们。但是，自耕农的田产、福利和
地位仍然无法实现会产生什么样的后果？当然，他们绝大部分进入城市生活；
但是他们将在什么水平的城市、根据什么样的发展规划生活？旧技术时代的
遗留仍然太多；住房被极度地压缩，达到了危险的程度——首先被新殖民主
义"艰苦一点"的意愿所压缩，这一意愿训练人们接受（并维持）辛劳和卫
生不完善的条件。其次，被昂贵的建设所压缩，这不仅仅是因为上涨的工资，
而往往是由于与其他用途竞争导致的高价建设资本。再者，被土地和地皮投
机的传染性狂热所压缩，过去在欧洲，最严重时它似乎甚至超过了精神、道
德和社会疾病的强度，但现在我们正在勤勉地推动和利用无数的加拿大高股
息支付公司。正如对美国那样，我们可以把从住房角度对加拿大城市的批判
留给别人；这里援引国会议员亨利·维维安的报告，最为特别的是他将工人、
建筑商和政治家不同经历的视角进行了完全综合，有关他的合作契约成就我
们已经提及（参见第6章）。那么，他的报告表达了什么？精炼地说，是不
是他们的典型产品、趋势和旧技术演变路线在本质上与我们自己的城市（第6
章）不相一致——比如在太多地方保留了对贫民窟的肯定，而其他地方基本上
采用了与我们相反的道路？

澳大利亚，因其偏远、可怕的沙漠、封建性的财富和畜牧主义，并没有吸引
众多的殖民者，即使是它的黄金诱惑与其他地方的优势相比也相形见绌；因此它
的城镇劳动力状况相对于其他新地区上升更快，而那些地区的拥挤情况更为持续
和严重。然而，空前的成功和强大的澳大利亚工党已经在多大程度上将政治野心
和建设机遇转向现实生活，并得到住房工作者和城市规划师的认可呢？是我们忽
视了他们的情况；还是正如国内绝大部分的同行一样，他们仍然在玩古老的政党
"出局入局"的政治游戏，游戏中到处都是大律师和金融家，但这些真正的专家
充其量却只是担任了偶尔得分的业余选手？1914年英国协会对澳大利亚的访问将
城市规划列为其经济规划的突出特色，并且一位重要的城市规划组织者和他的一
位专业同行戴维奇先生一起为这次访问积极安排了一些领先的城市，从以上事实
可以看出，住房和城市规划有希望很快在澳大利亚城市中进入新的发展时代，并
且作为阿德莱德的荣誉和名声所在，城市公园和建筑区域的空间组合布局可能在
整个联邦和更远的区域被作为范例得到恢复，虽然还无法满足堪培拉的要求，但

对于新华盛顿来说已经具有深远意义了。悉尼的自然美景将再次得到保护和发展；其他城市也是如此。

　　在距离相当的南非城市，因偏远导致认识不足，情况可能与澳大利亚大致相似。但印度的情况大为不同，无法根据距离进行明确估计。以印度帝国的方式，新德里也许只是发展成一个更大的堪培拉；但是这种区域性首都的问题也同时出现了。孟买因其港区系统的扩展，需要进行新的人口增长计划：加尔各答的权威们目前正在研究 500 万人口总数以及由此获得的改良税资本（能够用于奖励研究以及其他用途的方式）的最好使用效用；并且理查兹先生应加尔各答改良基金的要求编写了《加尔各答及其毗连区：城市状况、改进和规划》（The Conditions, Improvement and Town Planning of the City of Calcutta and contiguous Area）报告，形成了一项服务于这一宏大城市发展、具有实用性和启发性、缓解拥挤问题的规划。马德拉斯（今称金奈——译者注）也产生了研究城市状况的明显兴趣。而近来，兰彻斯特先生给一些诸侯首领城市赋予了富有生气的建设冲动，表现为对印度建筑、手工艺和生活方式的明智的尊重和保护。

　　如果不过分考虑帝国政治，这里我们应当指出，城市规划从来都是帝国政策的组成部分。但是，这并非一直局限于国家统治者权力和政绩的体现，整体上从罗马帝国到现代巴黎或柏林、目前从怀特霍尔街道到新德里都得到体现。所有城市的人民同样会越来越多地直接提问："我们会到哪里，什么时候去？"在国内我们看到答案正在浮现，其中住房——新技术住房而非旧技术住房——作为重要内容。但是，这涉及更为深远的广泛文明化的新技术秩序，对于城市和乡村都一样，伴随更好的农业和民用工程发展；更进一步，达到卫生条件更好，技术更为精细、机械、电子和制造业，商业和金融秩序，教育和文化，管理和发展更好的城市文明。要是这种广义的社会进化概念——即通过发展、转型或替换现有的工业主义、运输和商业发展方式，相应进行科学和教育、金融和政府的发展和转变，实现社会秩序从旧技术到新技术的转变——也广泛适用于印度帝国将会怎样呢？我们将进一步对此问题进行概要说明。我们的印度帝国开始时作为一个商业公司，公司的董事和职员自然演变为政府，工厂保卫自然演变为军队，所以他们转变为帝国政府和军队在原则上非常自然，尽管现在成为灾难性的。这种中立和非商业的前景具有明显的优势。不过，随着时间的进展，这种简单的政府结构以及传统的公务员制度和常备军已越来越多地得到补充。特别是通过教育机构，更多是通过技术指导。因而铁路和道路工程师、森林管理员，甚至园丁、地质测量师等，最终包括政治家都得到了教育和指导，开始实质性地对古老的过去进行恢复。农业取得了相应的发展，不仅能够与爱尔兰的重建相提并论，而且在人口和面积上正在接近 12 个爱尔兰的数量；教育同时得到更新，在路线上不同于填鸭式、伪古典主义和伪功利主义交融的官僚主义，并且令人愉快的是，原有的教育路线的支

240

241

242

配地位正在不断弱化。所有这些建设性的变革必然会带来福利的提高，不管是在城市还是乡村；在改善的家庭、村庄和城镇中，在提升的城市中，到处都得到体现。

这就是东方和西方可以进行更深入和更充分合作的领域，比所有英国东印度公司具有更丰富的相互服务，比前文所述的地区和城市福利，甚至帝国统一更具建设性，因此对繁荣与和平具有更大更强的作用。

总之，在所有的自治区和帝国，正如在美国和英国，城市的进步在各个方面正在开始发生；然而，尽管这其中住房建设运动至关重要，但它又只是广泛发展的一部分。广泛发展才是我们所坚持的核心主题，尽管混杂着不同的地区因素和不同的机械、军事和货币因素，但都是从目前显著的旧技术文明发展向更高级的新技术阶段，以出色的工业和艺术、土工和卫生的改进以及乡村和城市的改善为特征；并涉及相应的社会和个人的理想与实践的提升。

回到我们自己的国家。尽管与前几年相比住房和城市规划的进展令人鼓舞，但是考虑需要达到的城市和人口目标，进展速度还需要大大加快。令人满意的是，许多规划已经提交到地方政府委员会，并且更多的规划正在准备之中；尽管如此，尽管这些工作表明了上升的曲线，但进一步的加速仍是必要的。因此，借助一些成功的范例如爱尔兰农村住房，以及一些必要的教训如都柏林最近实现的住房状况，住房和城市规划运动开始越来越多地吸引了议会的关注。因此，这些相关问题的相应措施日趋成熟，并在每一个政党中唤起积极的社会意识。反对党成员（明显更为年轻的成员）1914年提出房屋条例草案，对此政府相应作出承诺，并非着重于批评的细节内容，而是致力于在不久以后全面解决问题，这就是证据。这里，我们无须考虑各大政党之间的巨大差异，也不仅仅是着眼于他们所达成的具体的一致措施，而是要从广泛和普遍地概括工业和社会经济由低向高的转变开始，继续下面的讨论。因此，在用对我们尚未达到的发展的描绘结束这一章之后，我们最好将下面的篇幅用于这一运动的教育资源的考虑，特别是城市规划和城市展览；并且最重要的是，概述社会调查和民意测验的持续进展，这是每一个社区都必须做的。因为如果在治疗之前缺乏全面和有效的诊断，那么在不久的将来，所有的市政努力和议会立法都会像过去一样，缺少明智的传统性、逐步的开放性以及重要的社会性和生命力。只有我们获得必要的城市与地区的知识和洞察力以及实用的技能支持，我们的城市才能真正开始新的进步，城市文明才能确保得到新的提升。

第12章

城市规划与城市展览

起源时期、中世纪、文艺复兴时期和工业时代的展览会。最重要也是最富有创新而且成果丰硕，起源于伦敦并兴盛于巴黎的城市展览会。城市展览会的发展及德国城市实例。

1910年伦敦城镇规划展览会的回顾和评价。城市的发展和城镇规划展览会的兴起，它的历史情况和发展目标。根特城市规划展览会概要。

首先讨论一下通常意义上的展览会。在中世纪，每一个手工业行会都有自己的展览会，用以展示由技艺娴熟的工匠制作出来的货真价实的"杰作"。在文艺复兴时期，似乎有这样一个短暂的阶段，很多种类的艺术都发展到了崭新且精美绝伦的程度。绘画展除了简单的商业目的以外，同样也在长期追求自我表现和对技巧的掌握。不久，随着非同寻常的工业时代的到来，开始出现综合性展览会，最早可以追溯到1793年的巴黎。第一个关于举办用以展示工业进步的国际展览会的提议是一代人（约30年）以后的事情。值得注意的是，提议恰好来自发现多尔多涅（Dordogne）大型山洞里那些早期工具和遗迹的人，赖尔（Lyell）[1]和差不多同时代的人研究证实那个山洞是一个巨大的人类遗迹。鲍彻·德佩尔特斯（Boucher de Perthes）是真正的历史学者，他不仅仅是一个古文物研究者和收藏家，更是一个关心人类如何积极支配自身所处环境的富有思想的探究者。他对所收集的器具中表现的所有改进在遥远的过去，或者在他所处的同样了不起的不断进步的当代可能体现的意义颇感兴趣。事实上他已经实现了一个真正的、重要的和持续的人类壮举——"我要歌颂的工具和人类"。但是，充斥着变梦成真的狂热和希望的工业化时代，只是在二十年或更久以后才到来。这期间，在铁路、电报方面取得了令人印象深刻的进步，加上诸如蒸汽机、多轴纺织机和织布机等人们相对比较熟悉的成就，完全改写了世界奇迹。规模宏大的1851年国际博览会应运而生，为之而建的伦敦水晶宫不仅作为物质进步的象征，也是作为处于巅峰时期的古代技术规则精神高峰的纪念碑而保留至今，并在最近的毁灭危险中得以保全而免受损坏。此后，我们英国的作品尽管具有明显的优越基础，却在太多方面与那些处

1　查尔斯·赖尔爵士（1797—1875年），英国地质学家。——译者注

于早期新技术阶段的民众和城市拉开差距。因此，巴黎博览会在余下的半个世纪里日益呈现优势，并于 1900 年达到巅峰。这种优势得到了如同工业博物馆所采用的信息分类和比较方法的不小帮助，在社会学和社会改良方面至今仍然具有广泛影响力的社会经济学家弗雷德里克·勒普莱（Frederic Le Play）于 1856 年和 1867 年引入这种方法。随着 1870—1871 年之后道德和社会的进步，以及 1809 年（原文如此——译者注）之后德国在艺术、技术和科学生产力方面的积累，并以自己的方式不断超越，这些方法的卓越地位才得以确认。综合性的博览会继续在许多国家举办，特别是在美国，如在建筑上令人印象深刻的旨在唤起屡创奇迹的"城市美化"概念的 1892 年芝加哥博览会。此外，还有为纪念巴拿马运河开通而在旧金山举办的雄心勃勃的"巴拿马博览会"。

回顾最主要的巴黎系列博览会（1878，1889，1900 年），我们现在也许会问，什么是每一届展览会最重要和内容最丰富的陈列品，也是真正吸引人的地方？首先，似乎是特罗加德罗宫（Trocadero Palace），接下来的世界奇迹是埃菲尔铁塔，因为到那时为止还没有摩天大楼。名列第三的想必是宏伟的国际大街（Rue des Nations），其空前的融合就像各国在国际和谐大家庭中的自我展现一样。毕竟，每次展览会其最高成就以及最具有持久影响力的还是对规模不断增长的"巴黎城展览馆"（Pavilion of the City of Paris）的印象。因为这里高度组织了所有大型现代城市，这些城市开始日益了解自身的共同生活，并且采用各种生动形象的方法面向并且通过它的人民努力表达和强化这种认识。由此，我们还可以在勒普莱 1867 年创立的社会经济和工业福利（Social Economy and Industrial Welfare）这一新领域取得不断进步。于是，我们迎来了城市展览会这一新的类型，自此以后它注定要取代那些迄今为止只为竞争或增加财富目的而展示技术应用和细节、产品甚至杰作，却没有按照社会福利和城市功能目的进行有机组合的旧式展览会。然而，法国城市过分集聚且作为财富来源，因而依然存在致命顾虑，与此同时，德国的城市却正经历着前所未有的扩张进程。因此自 1900 年以来，这种富有创造性的城市展览会的理念在莱茵河以北地区得到充分发展和表现。德累斯顿、慕尼黑、柏林、莱比锡、杜塞尔多夫和其他城市都举办了各自的城市展览会，这些展览会通常既有益，又有趣，既有本地化的，又有比较性的，或者兼而有之，通常都取得更为普遍的成功。

诚然，1913 年莱比锡举办的大型"建筑贸易展览会"因作为百年奋斗的见证而得到了外部的及帝国的资助，但是同年举办的简约精致的"新旧科隆"展览会不但通过自己的努力举办了六个月，而且在一个关注"艺术与工艺"、名为"工业联盟"的协会帮助下增加了更多内容后，于 1914 年又举办了一次。这里我们或许注意到，在新成立的开明的贸易展览部委员会的主办下，1913 年的根特博览会摆脱了那些与过去展览会形式密切相关的旧技术束缚，并且大获成功。这种成功得到了广泛的国际认同，获得了空前的欣赏和称赞，以至于卢浮宫发出邀请要在画廊内展出其建筑布局以及漂亮陈列。遵循这样的路线，展览会的改革正在变得完善，代之以前那种仅仅个体的组合以及鱼目混珠，我们逐渐形成了城市生活影响结合了艺术和工艺的建筑，并相应消除个体影响及其重要性这样的观念。

　　尽管过去许多年来一直强调有必要在英国都市举办城市展览会，但是无论是巴黎博览会的榜样作用，还是英国本土团体和个人努力都没能使展览会实质性启动，直到英国本土田园城市和城市规划运动才使这种必要性得到广泛认识。德国的事例被认同，对美国城市改良运动的兴趣被唤醒，最重要的，对伯恩斯先生城市规划议案的广泛讨论，以及它成功成为法案的过程使得这场运动显得具体和紧迫。诚然，自从 1904 年创立以来，社会学协会一直讨论举办城市和城镇规划展览会，并把这种想法向建筑、地理以及统计等其他协会推介的可行性。1907 年社会学协会向 "城市规划行业大会"（Guild-hall Town Planning Conference）的陈述，确实导致在大会会员间成立了一个 "城市调查委员会" 的组织，随后很快在其内部成立了 "一个城市委员会，旨在促进城市的调查和研究，以及城市学研究"，其 "首要任务是促成城市展览会"。这些努力所获得的成功尽管货真价实，但主要是通过迂回取得的，并且来自比纯粹社会学会员贡献更大的重要的建筑学会员的帮助，因为前者的城市学创立不久，还缺少自亚里士多德以来作为一门学科的应有地位。此外，对于历史悠久且行之有效的社会调查活动的一般选择也是个困扰。一方面，哲学从抽象角度思考 "社会" 这一范畴，或其大多数的 "社会" 概念不太具体；另一方面，对于人类学数据的讨论有时非常必要，但与社会相关的数据因过于粗糙而根本不能达到城市学的要求。然而，1910 年，伦敦的展览会运动卓有成效地开始。英国皇家建筑师学会与皇家艺术院展开合作，一流的建筑师、城市规划师以及活跃的社团参加进来，同时得到来自欧洲大陆和美国热情友好的帮助。因而在伯恩斯先生的活跃积极的主持下，组织了一个大型且富有启发性的展览，举办了一次参众广泛的会议，其全部成果不仅仅是一本通俗易懂且图文并茂的文集，还在于此后公众舆论和公众关注的显著提升，这要归功于在一个特别的 "优秀出版社" 的帮助下展览会本身所取得的实际效果，以及讨论的价值。

　　关于 1910 年伦敦城市规划展览会的主要意义和经验，作者可以在这里向社会学协会简要报告。这份报告对于大量同时代的城市规划的评价至今依然有效，其务实建议也取得丰硕成果。

　　这次展览会将作为社会进步的历史事件和里程碑为人们所铭记。即使只是一个开端，它仍表现出既超越传统政治又超越当代社会学的伟大进步，思维模式更为直接和现实，相应的行为模式更加直接和实际。在这里我们结束了关于 "个人与国家" 的争论，也不关心党派、选举、投票和他们的需求。我们已经超越了实证主义者、社会主义者或其他抽象的学院派社会学关于 "社会" 及其 "成员" 的

251

252

253

含糊不清的讨论，因为我们已经给予城市与市民以明确的概念，而这些正是学院派们所缺乏的。因而联合政府以及个人力量找到了眼前的突破口，社会不再是一个遥远和间接的行为，而是一个广阔明确的可以观察和行动的领域，风趣地说，测量员的地图、地貌模型以及建筑师的设计图甚至比语言或写作表达更为生动，解释更加明确。

随着城市的扩张和复兴，以及市民生活范围的扩大，相应作为公民教育机构的城市规划展览及其协会出现了。他们开始把广阔大地上的城市和居民从长久麻木中唤醒，为依然是半形而上学的社会科学带来新的具体研究对象，以及新的研究和发现的可能，并正在向媒体并通过媒体向所有党派的政治家，以及所有阵营中的妇女发出呼吁。每一个富有责任意识和勤于思考的公民应当参观和研究这样的展览，当然不是不加批判的。田园郊区和田园乡村的规划设计确实应当受到毫无保留的欢迎，显然对各种专项规划和研究也是同样欢迎的，例如建筑物的照明、房屋的采光等促进健康方面的规划研究。关于大城市尤其是巴黎、柏林、芝加哥等城市的各种开发改造设计更开放地接受评判。因为在或灰暗古板，或庸俗花哨的设计的表象下，出现了一个重要倾向。所有这些城市都是过分强调帝王和君主统治的城市类型，不管是模仿路易十四或者拿破仑一世的巴黎，还是模仿华盛顿的宏伟设计，都是大同小异，既无原创，也不现代。奥斯曼和拿破仑三世的有战略意义的林荫大道，柏林夸张的街道景观和阅兵场，未做一点本质改变就在芝加哥的改建计划中再现。到目前为止，我们可以把田园郊区称作"民主城市"，但这些新兴城市却不可以，不管是否出于善意，或是否以共和的名义设计，它们全都有变成新的"专制城市"的危险，因为尽管它们都有宏伟的公共建筑，却远不是一个真正的雅典卫城。伟大的城市不是指把政府宫殿放在放射状林荫大道的起点和顶点加以炫耀，真正的城市，无论大小，无论具有哪种建筑或规划风格，应该是像卢森堡，像佛罗伦萨，是市民的城市，市民在自己的市政厅实行自我管理，表达他们管理自身生活的精神理想，就像在古老的雅典卫城或中世纪的大教堂里一样。我们无法感受到曾作出这些伟大规划的设计师们是否已经找到新的模式来表现那些生活中永远都在追求的理想。

现阶段的城市规划方案倾向于片面，至少考虑的方面太少。一是全部围绕交通，二是围绕工业发展。有的规划方案围绕健康家庭的适当需要，通过提供公园和庭院，甚至偶尔会考虑游乐场，来满足市民生活的基本需求。但是这些规划过多地充斥着华而不实的皇家艺术，从过去衰落的"恺撒式帝国"到今天的代表城市，其格调几乎没有改变。它们有效地将夸张和简约混杂在一起，出于对物质利益的过于偏爱，这些规划戏剧般地呈现与那些很久以前几乎全部由教堂和修道院组成的西班牙城市和西班牙美洲城市完全相反的一面。

有何良策可以避免这种夸张甚至片面呢？这显然有待于我们尚处初始阶段的城市研究的进步。我们需要对每个城市的发展和起源、历史和现状做系统的调查。

这种调查不仅仅针对具体的建筑物，也要针对城市生活和它的制度，因为建好的城市只是它们的外壳而已。由此启发我们对爱丁堡这样一个最典型城市之一进行不完全调查，特别是要在随后的展览会中以更加全面的形式进行调整时，也要对其他英国及欧洲大陆的大小城市进行调查。社会调查领域广泛，需要各种学科的专家参与合作。一方面，这种调查应当由科学团体来组织，最好是社会学团体，其次毫无疑问是学院或大学，但是只要有可能，调查就应当由居民自己来完成，市政府代表和官员予以协助，博物馆或图书馆提供用房。我们已经完成地质勘探，并正在开始关于农业发展和森林的调查，然而更为紧迫和重要的是城市调查。这是举办城镇规划展览的素材和起点，这种展览很快会变成城市生活的一部分，人们将像现在习惯画展一样去接受它。

256

展览会的主办者和研究者都会感觉到，姑且不论其价值和意义如何，展览会急剧增多的收藏品，种类太混杂且不完整，需要作出前述更有条理的努力。随着"瞭望塔"多年来的努力，从"爱丁堡调查"开始，对展品进行筛选并不断调整，因此比以前任何其他地方要更多地展示了一个城市的基本状况和历史发展阶段，并以此来判断今日城市的优点和缺点。展示城市的历史和现状，同样是为了揭示城市未来发展中存在的问题并找出对策。因而这次展览试图提出一个重要建议，甚至是今后规模更小但具有更加典型和系统性特征的展览会的核心内容。因此，在一个代表城市规划实践和城市社会学研究的小型委员会的帮助下，次年冬天在克罗斯比大厅（Crosby Hall，伦敦）举办了新的"城镇规划展览"，作为主席的伯恩斯先生强烈呼吁开展大学层次的城市规划和城市学教育，并建议在伦敦大区和其他城市巡回举办展览会。

257

这次新展览会的理念不再是简单地搜寻和接纳所涌现的当代优秀作品，虽然这很重要。它涉及有序的布局，以展示对城市发展具有启迪意义的住房设计选型和城镇规划方案，进而在城市的外观差异及其在历史、现实和可能这些城市演变的研究方面做进一步工作。在这伟大进程中，城市建筑只是正在变化着的外观，它的设计无非只是记录而已，更确切地说是复制品。因此这次新的展览一方面大大缩小了规模，而另一方面又大大增加了复杂程度。从筹办开始，它延续了爱丁堡展览业已奠定基础的社会学及城市学调查，其中的一些方法和结论早几年已经以论文形式提交给社会学协会等机构，并自在伦敦大学开始临时设置"城市实验室"的时候开始，已经实施了一段时间。

258

这次展览接着受到了爱丁堡同业公会（Corporation of Edinburgh）的邀请，苏格兰皇家艺术学院的宏大画廊被准许用于同业公会的此项目的。彭特兰勋爵、苏格兰大臣以及普罗沃斯特（Provost）勋爵揭幕并分别致辞。展览取得了远远超过预期的成功。在三周时间里共有包括夜班工人和午前学习班在内的 17000 人参观了展览。接着展览应邀作为爱尔兰妇女健康学会组织的综合展览的一部分在都柏林展出。在爱丁堡同业公会的支持下，展览此后又前往贝尔法斯特，作为卫生协会会议的配合展览。在同样开创和资助了这些展览的总督及阿伯丁伯爵夫人的积极关注下，在都柏林的爱尔兰圣三一大学（Trinity College），与"公众健康学会会议"联合举办了一个更小规模的展览会。这次展览的目的在于启动对都柏林及一些爱尔兰小城镇的调查，并展示可供改进的样品。爱尔兰住房和城镇规划协会在展览期间组建，并从此进入一个活跃的职业生涯。与此同时，爱尔兰国家博物馆第一次在大型公众藏品中，开设城市与城镇规划部门。

随着进一步发展，展览会构成"城市展览会"的重要基础，这是为配合首届"国际城市联合会"而于1913年举办的根特国际展览会的一大特色。"国际城市联合会"的会员来自许多城市，从阿伯丁到布加勒斯特，从斯德哥尔摩到那不勒斯，甚至从旧金山到加尔各答，他们对城市规划及城市生活和管理的内容均感兴趣。

眼下我们可以以1913年根特展览会那种更加成熟（虽然还很不完整）的方式详细解释城市规划展览的方案和目标，并向城市议会成员以及随后成批参观者原原本本地阐明这些内容。

请读者把这个大型的国际展览想象为一个历史悠久的城市以不同的方式自我表达和自我肯定的一种渴望。首先，根特一直以来作为省级首府以及比利时佛兰德语种群的地区首府，它不同于作为华隆人和法语地区文化首府的布鲁塞尔；其次，作为一直以来的世界城市（world-city）——因为在中世纪以及文艺复兴初期，根特大大领先于伦敦和巴黎，就像查理五世那句著名的豪言壮语——"我可以把巴黎的一切放在根特里"——仍然使人回想起一个难以置信的文明。对城市社会学家必须（或至少是被允许）组织的城市大会而言（据称是世界上第一个国际性大会），根特是一个理所当然的合适场所。大会期间举办了城镇规划展览，"城市学和公民"暑期学校开学典礼，以及各种或新兴或古老的城市节日活动。这项运动没有把展览会仅仅渲染成一种城市或地区的爱国主义。在国家层面，它代表了后利奥波德政体，决意净化国家和城市生活以避免受到以前君主统治的缺陷和恶习的影响；在国际层面，身处列强之中，物质和军事偏弱，一种视比利时如宾夕法尼亚州一样具有巨大影响和重要性不断增强的强烈意识，赋予它对所有周边国家均具有吸引力的优势——一种源于他们各自的猜忌而任何一个国家都不可能具有的吸引力。

情形就是如此——对城市学及城镇规划推崇备至，最终形成统一完整的"城镇规划展览"。

目前，城镇规划运动的缺点是人们仅仅或主要地考虑郊区，以及充其量只从建筑方面考虑。但是，尽管出现一些值得赞美但相对很少的田园郊区以及个别市中心的改善，对工业时代家庭生活和家庭条件的必要改善却是滞后的（或将要延迟），直至目前在几乎各地尚处于萌芽状态的大规模城市运动在世界范围内力量逐渐增强，理解更加透彻，目标更加明确。

现在导致城市运动滞后和困难的因素从长远来看将转变成城市运动的力量源泉和引人之处。因为现在历史学家还局限在图书馆、博物馆或者大学里，总之还停留在过去。建筑工人和建筑师身处活生生的现实中，但目前还是单枪匹马。思想家经常成为梦想家，忙于想象未来，只是这样的未来对他人来说离现实目标过于遥远。但是城市大会和城镇规划展览，代表了对所有三种类型的人及其理念的应用。这三种类型很少相遇，彼此排斥，但这一活动的目的不仅仅是让他们中的少数精英分子聚拢在一起并和谐共处。因此，每当我们前一个展览会闭幕，此后的两三个星期，每一个大城市都会一直笼罩在要求以此方式加以显著改进的城市氛围中。当城市历史爱好者的瑰宝展现在公众面前时，他们对现状如梦方醒，同时也认可以此作为开放的未来。至今全神贯注于现状的现实主义者同样也开始更多关注城市历史渊源及其对后继者的责任。最重要的是，展览会帮助每个城市中一些优秀的思想家将历史遗产（对那些以保护传统为最高尚事业的人而言）与历史重负（对反叛传统以激进革命为荣的人而言）加以区分。这因而有助于帮助双方探索社会政策。总之，我们举办的像爱丁堡和切尔西那样的老城镇展览，保存古老建筑并将其更新以充分加以利用，是一个开始和象征。

262

展览有时甚至也以这样的方式迎合了"乌托邦式思想家"及"妙想家"，因为展览提倡将一部分人的理想主义和另一部分人善于创造的活力运用到现实需要中去，这也激发了不甘落后的"实干家"的责任和机会。

在每个城市，城镇规划展览或多或少影响到对舆论的引导，并产生实际效果。有时这种推动是扩散性的，例如在爱丁堡，就取得了多重的但却不易加以个别区分的效果。有时我们可以指出其取得的直接明确效果，就像在都柏林。例如国家博物馆城镇规划展览部的成立，爱尔兰城镇规划协会的组建，以及随着都柏林的改建，1914 年举办的迄今在英语国家规模最大的城市展览，这次展会开展了都柏林城市总体规划的竞赛，增添了住房建设和大都市发展等内容。

263

在这些初步的说明之后，自然该回到如在根特举办的这样的展览会本身。我们还是首先将这次展会定位为，是自 1900 年巴黎博览会以来举办过的最深思熟虑和最生机勃勃的，以及城市特征最为显著的国际展览会。首先，无论就其本身，还是就它在过去不只一代人时间里持续发挥的对其他城市的引导作用而言，"巴黎城市展"值得参观。其次，必须提及它的"公共广场"，或者说是根特、安特卫普、列日（比利时）和布鲁塞尔分别建造的四个华贵典型的城市宫殿前的"四个主要的城市广场"。在某种程度上，每个都是自己城市的历史博物馆和当代展览馆，以及对未来的启示。但是每个都按照自己的方式来安排或者没有安排，尽管总体效果富有艺术历史价值，甚至具有各种实践和社会意义，但是任何一般的历史和科学方法都无法将四者统一起来。因而对它们的研究显得很困难，更不可能对它们进行细致的比较。事实上，当建筑物和一般概念意义上的大楼成为主要

264 和值得推崇的象征，以表现城市生活和品位回归的时候，缺乏细节上的和谐也证明了城市的退步。然而这正体现了我们城市规划展览的作用。这占据了布鲁塞尔宫旁边的一大片展廊，并延伸通向德国展区。它不但从许多城市带来了展览，更是从众多不同视角加以巧妙组织——地理学家的和历史学家的，统计学家的以及社会学家的。因为这个展览开了一个先河，一个迄今为止最清楚明确的城市比较研究的先河；每个城市都像与其所处环境密切关联的生命体一样展示其优势和不足。一个城市如同生命体一样，会反作用于其所处的环境，并循环往复。它可能超越自己的局限性，有时在经济方面，有时在教育方面，或先在思想方面，后在行为方面。因此城市的特征和外表以及相应的城市的地位和影响力因时代而不同，直到再一次随着环境的变化或时间的推移，发生外在的、内在的或兼而有之的改变。有时取得显著进步，有时表现为另一种更多的停滞和腐朽、贫穷和疾病、堕落和犯罪。所有这些都为战争及和平所产生的相应不同的结果和反应所修正，时而衰退时而复兴。

265 　　这样的历史调查中不能忽视城市规划。虽然在每个城市，我们拜访市议员、市镇工程师以及激进的改革家，我们或许有时就像他一样对此项工作感到畏惧。然而，当他再次回顾，并且只要看到田园郊区或者中心区改善的展廊，他会认识到这些典型案例安排自然，清晰有益。他会对所感兴趣的田园郊区和中心区改善之间的是如何关联的，以及它们是怎样相互补充和相互借鉴的问题进行重新认识。每个田园郊区不仅仅只是为了逃避纯工业时代令人厌恶的肮脏或者纯商业时代的冷漠，以寻求健康的个人生活和愉快的家庭生活，这些田园郊区正在共同发展，不久就会形成一个不断扩大的环带，将来发展成一个健康的城市。中心区改善也是如此，在得到正确管理时，它们会保留城市历史的优秀传统，清除腐败及不幸之源。在有些城市，通常是一些历史悠久且影响力大的城市（首当其冲是罗马和巴黎），中心区的改建往往过于粗暴且代价昂贵，不分良莠一并驱逐。其他城市——数量众多难以一一提及——简单地维持着传统，因循守旧，对古代的和现代的不幸麻木不仁，阻碍了过去和将来实现美好生活的希望。

266 　　我们以许多城市作为例证，不是如此简单出于历史兴趣和解读，而是为了指导实践。关于城市研究能够观察和解释以及能够预见和建议的任何事物，积极的市民很快就会学会设计和应用。但"实践出真知"，医科学生必须去临床和解剖室学习，才能真正了解人体结构的功能；城市研究同样如此，他必须深入到城市中工作，才能够调查得更加清楚。在医疗和公共卫生工作中，最好是先诊断后治疗，而不是像当今许多自称"务实的人"那样，在做任何名副其实的诊断之前，就用大肆宣传的万能药来治疗。对待城市也是如此，党派政治家的竞争万能药大大延误了城市社会学家的调查和诊断工作。

　　我们提出的"城市调查"是城市展览会的主要特征和宗旨。这种调查必须包括现在的和历史的各个方面，地理的和经济的、人类学的和历史的、人口统计学的和优生学的，诸如此类。最重要的，它试图将所有这些研究融合在一起，用社会学术语来表述，如"城市学"。这一最年轻的科学分支，虽然至今只是不断伸展的知识大树上不为人关注的幼芽，不久就有可能被认为是最有成果的学科。社会学家往往还没有认识到它的合法性和重要性，其自身由于太抽象，或者由于缺少城市的概念而仅仅涉及人类学或人种学问题。这些关注人类事物的非常普通的思想家过一段时间会发现，在他长久关注的个人和国家两个极端之间还有家庭，但是这里的城市显然被塑造成不仅主导中心区域，甚至支配国家的个体（它可能更加强大）。就我们现今所见而言，我们对城市的观察、思考和争论，以及我们的新兴理论——一句话，城市科学是社会科学复兴最为重要的部分。但是当这新的或重建的科学逐渐变得清晰，其研究成果开始易于理解，就像我们的展览会上多多少少已经出现的那样的时候，它就开始向市民们求助，这种求助不仅仅面向各处富有思想的个人，而且是面向数以千计的市民。值得一提的是，这些数以千计的市民绝大多数属于那些迄今为止并不占据市议会席位的阶层。对城市学的支持似乎更加来自熟练的男女工人，教师和艺术家，以及年轻人而非守成的或年长的人。对市政当局以及更大的国家机构中相当普遍的墨守成规冷漠无情的人而言，这种新酝酿的思想由于不能以投票来评估，也不能以确定的程序来表达，因而看起来缺乏实践价值。但是那些在许多方面正在崭露头角或将要崭露头角的地方政治家，必须尽快将这深刻变化的选民加以组织和宣传。

267

市民已经接触到一个又一个科学，如见证了工程学的许多分支，其中最新的是电学；见证了具有不少分支学科的公共健康。教育同样如此，从幼儿园到专科大学及综合性大学各种层次的教育越来越多地修正着市民的观点。经济和法律，这些更加古老的学科正在变化和发展当中。尽管老生常谈，住房也结合城市规划，正在发生着改变。眼下，城市被作为一个整体来重新审视，懂得城市规划的人就像从飞机上一样观察城镇全貌。我们的所有活动——工业和商业，卫生和教育，法律和政治、文化，以及此处未提及的——就像城市生活的众多外表和概貌一样，彼此之间相互关联。为了让我们的生活更加健康有效，长期沉迷于毫不相干的个人活动是不够的，我们需要像协调管弦乐队中的乐器或者戏剧中的演员一样，将之完美地融合。我们寄希望于战场上的士兵、工厂里的工人和管理者、生意上的助手和合作伙伴。在城市规划清楚展示的巨大城市舞台上，城市充满着各种类型的详细功能，却依然远远不能满足我们在集体效率方面的需要，我们是否缺少配合以及协调机构？现在时机已经成熟，地点就在每一个城市。每个城市需要自己的城市调查和展览，以及城市研究和实验。城市管理机构具备所有这些方面的基础，并且日益增强，甚至是有意识增强，前面所提到的四处城市宫殿就是例证。局部的意识向外扩散并强化，也扩展到城市与城市之间的比较。因而，事实上出现了城市科学的研究方法：城市应当逐个调查，科学比较，如同城市建筑学那样，一座座大教堂，一种种风格进行调查比较。

268

269

因此，我们的城市和城镇规划展览（尽管每个方面存在不足，它的工作人员对此不足的认识并不比苛刻的参观者少）大胆地提出这一城市科学的主旋律。调查是描述性的——"政策符号"（Politography）的片段，但也在努力采用解释性方法，以试图成为一门真正的"政策科学"（Politology）。从特别意义上的经济学到一般意义上的社会学，我们试图给出社会科学中城市概念的基本轮廓。就它对城市的进步，对重生的城市、郊区或市中心的实践意义和应用而言，启示就挂在墙上。现在是到了简要给出这些城市画廊布局的时候了，因为根特展览会比先前举办的较小且覆盖面较窄的展览更有可能加以完整清晰地描述。

为了充分展示城市过去、现在和未来的景象，每个城市将都需要自己的画廊，甚至需要相当于前面提到的比利时展览会上提到的四座宫殿一样更大规模的场所。

现在只是小小的开始。电影早已在为我们指明道路。城市的文献图书馆及博物馆缺乏我们需要的一些建议，我们的展览会在进行过程中收集了这些建议。我们用来布置地图和规划图、正面图和透视图、图画和模型的展廊，会延伸一公里长，需要的时候也会有选择地压缩。展品陈列不是一个轻松的事情，因为我们不仅仅要展示城市规划，还要符合城市科学的导向，部分地方甚至要煞费苦心，因此要求在有用素材丰富和贫乏的交织包围中尽可能选择清楚和例证性的类型。我们的描述从此以后也许要紧随着相关的规划（图43）。

首先，要使我们的参观者强烈地感觉到主题丰富且复杂。因此我们的大堂要像私人书房或走道那样，悬挂一些新旧混合的东西，如建筑或城市图画，规划和景色，每件富有趣味，但与主人的心思没有任何明显的关系或联想。从这主题旨意混乱的开场白开始，参观者将在相关的规划中注意到，我们无须作更多的研究就可以以正确的方法进入"现代城市管理"展廊，就像城市长老们的方式一样。其实，这无非是进行了一点点系统的组织，主要依字母顺序排列而已。对务实的人来说，就这勉强过得去的教育的通常选择是什么呢？迄今为止，教育家倾向于选择在古典城市的室内，建筑师通常也是如此。于是此时，雅典和罗马因拥有既辉煌又庄严的实例而成为首选城市，接下来是那些其历史和文明长期受古希腊和古罗马影响的那些城市，例如君士坦丁堡。这些城市也同样增添了巴比伦、耶路撒冷及其他历史上富有特色和影响力的城市的烙印。

不仅富有学者气质的学生和建筑师，而且包括长期在好和坏的判断上受人支配的公众，很容易从这古典长廊步入下一个致力于"城镇复兴"的展廊。最初的历史性建筑以及后发展和衰落时期的巅峰杰作可以作为例证。它包括教育和生活

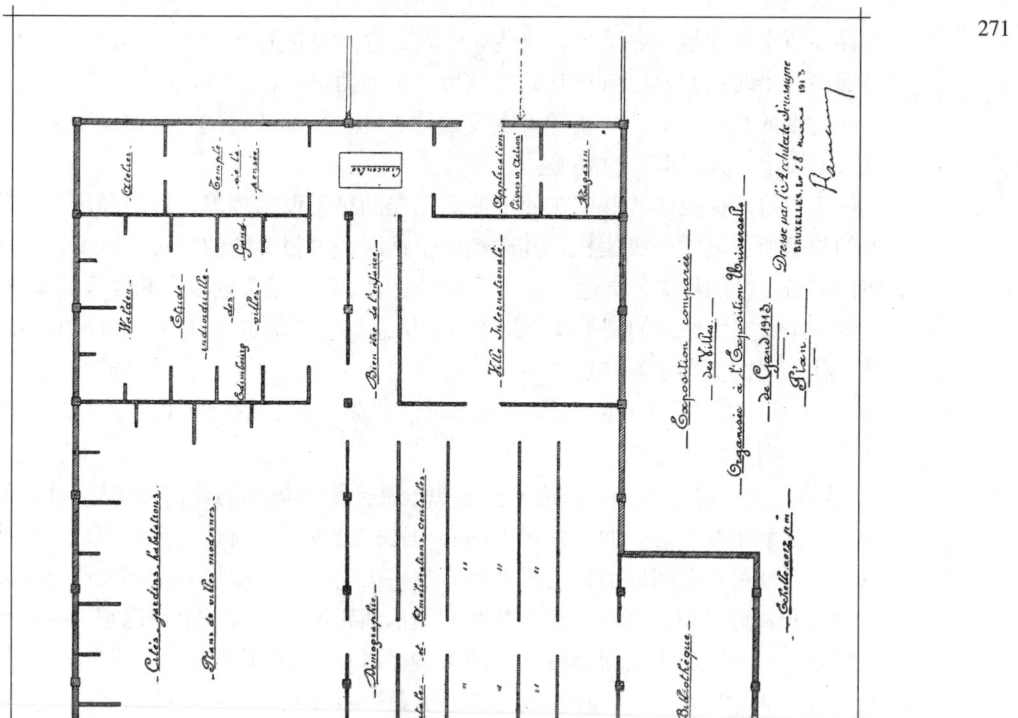

271

图 43 1913 年根特城镇规划展览馆平面图

系统的导向，尤其通过一直延续到现在的建筑来表达。

在这些复兴城市中间，少数城市经历战争和脆弱的和平所带来的无数危险，在生存斗争中顽强地幸存下来。这些城市就是今日欧洲各国的大首都，与之相伴的是那些各个时期明显地效仿它们的城市，例如西班牙语美洲地区（主要效仿文艺复兴时期的马德里）及华盛顿（主要效仿 18 世纪末的巴黎）。自此，出现了一个更大的展示"大都市"的展廊。

这里不得不提及这些城市在处于遥遥领先的日子里的辉煌。首先经历了因几代人的战争所引发的中央集权，其次经历了铁路和电报系统的增长，以及行政和经济向增长地区的集中，更近一些和更加完全的，经历了帝国权力和要求的强化，这在每一个欧洲大城市的例子越来越多。帝国思想怎样决定今日柏林的城市规划，就像一代人之前奥斯曼对待巴黎一样，这样的例子随处可见，从罗马或维也纳到华盛顿，可以列出一份长长的名单，如今以帝王大道（Kingsway）和白厅（Whitehall）为证的伦敦则更为显著。

但是当所有这些大首都表达霸权思想，甚至强调极端的首都满足感的时候，另外一个过程正在进行，而特大城市的心理还完全没有认清这一点。两代或三代人以前，以及更少时间以前，主要大都市独一无二地完全由当时全部文明条件下所有设备和资源组织起来的。这在某些方面依然正确。只有一个卢浮宫，一个大英博物馆，一个史密森尼博物馆（美国），就像每一个大国只有一个战争部一样。然而，现今战争也在分离，在发散。工业更是一直在确定自身的战略要点，虽然金融业可能还在暂时犹豫是否紧跟其后。文化永远拒绝完全的集中，罗马教皇的绝对权威也不可能重来。例如随着中世纪各处大学的出现，连巴黎这样的城市在文化上的主导地位也面临争议，今天，巴黎至上或牛津至上思想在他们各自国家也同样如此，蒙彼利埃（法国南部城市）重建的大学，以及利物浦（英国英格兰西部港口城市）新建的大学日益证明这一点。

简而言之，每一个重要城市都寻求自我完善。它不再安心于处于地方性次等地位。它通过采用各种手段，不断增加决心，来寻求在自身内部发展文明，而不仅仅是汲取外来文明。因而，在如同 17 世纪和 18 世纪早期一样从爱丁堡吸取思想的同时，格拉斯哥不是简单地满足于从自身特有的活动中去获得生命力。在那个世纪末，格拉斯哥诞生了可与早期产业工人詹姆斯·瓦特媲美的特有经济学思想家亚当·斯密，从而为世界打上实用主义哲学和实践的烙印。虽然直到 19 世纪中期以后格拉斯哥才从伦敦皇家艺术学院或位于爱丁堡的较小一些的苏格兰皇家艺术学院学习艺术，但他对最杰出的法国油画的领悟以及与最杰出的荷兰油画的接触，大大丰富了其自身创作源泉，以致一个单纯的"格拉斯哥学院成员"身份，成为比伦敦和爱丁堡学会会员身份加在一起还要好的向世界画廊的推荐信。同样的，在最近的约 15 年（半代人时间）里，大不列颠最重要的和最先进的大学，不是剑桥大学、伦敦大学，甚至不是曼彻斯特大学，而是利物浦大学。

在所有更为充分的城市觉醒中，超过这样追求全面发展的例子自然很少。这里可以引用一个至今很少有人认识到的事例。在根特展览会上，展出了用来说明加的夫（威尔士之主要海港）发展的一个模型（图 44）。加的夫从伦敦依然认为的一个纯粹南威尔士（South Wales）煤田的出口中心，被精心设计成一个地区性大都市，实际上是作为不列颠群岛（British Isles）的第四大全国性大都市，以及一个决心成为甚至比爱丁堡或都柏林更加完整的城市。这一雄心通过建设远远超过英国其他任何一个城市的市中心体现出来。事实上，在某些方面进行了更加综合性（虽然不是一样宏伟或精细）的规划，如同每个城镇规划师所熟知的南锡（Nancy，法国东北部一城市——译者注）那样，波兰奥古斯塔斯国王（King Augustus）像洛林公爵（Duke of Lorraine）一样尽其所能把它建成南部首都。

这样一来，大体上在大城市的画廊中，都直截了当地包括了中心区改善的内容，没有一个大都市例外。

这些典型的发展变化均在展览会展廊的墙上一个城市接着一个城市地得到反映。展示建筑师和城市规划师是如何面临和解决城市生活所普遍存在的不同问题也是必要的。例如火车站，从起初典型的肮脏混乱的地方到后来良好规则设计的德意志中心，透明华丽的巴黎奥尔良码头（Gare d' Orleans）以及圣路易斯（St. Louis，美国中部城市）和纽约的巨大成就。这里我们将伦敦粗糙的码头设计与法兰克福令人赞美的设计相比较，并以此类推经济世界的其他要素。从幼儿园到大学的教育也是如此。做这样的比较很显然需要我们拥有像银幕一样多的画廊，然而即便是开始已经很重要，每次展览都取得一些进步。

如果主要的观点已经表达清楚，事例已经足够了。13 世纪大教堂的建设者认为巴黎圣母院（Notre Dame）本身——当他们视之为将是完美的成就和首创（1200 年的"巴黎博览会"）——不是当做不可企及的奇迹，而是当做此后将可以用新的世界级作品超越的东西，这甚至对更小的教区和城市来说也是一样。因此市民和城市设计者再一次思考和行动起来。即使是最小的城市，没有哪个部分的城市生活一定是褊狭、次要、低劣和无关紧要的。今天，随着知识积聚和科学萌发，明天，随着想象力和复兴艺术的觉醒，城市新的伟大时代即将到来。我们的田园郊区、中心区改善仅仅是个开始。因而在根特，大的市内住宅、城市钟楼、教堂自然成为一个不断扩大的螺旋的中心，其中往日的国际和城市展览会成为观光景点和风景，这些有助于文明进步，一种存在于它自身古老的文献上的城市意识的文明。

尽管由于地方分权因而准备应付中等城市和地区的觉醒与发展，激发每一个大都市尽力做到名副其实的世界城市的概念并没有穷尽。它甚至在发展，以见诸

276

277

278

276

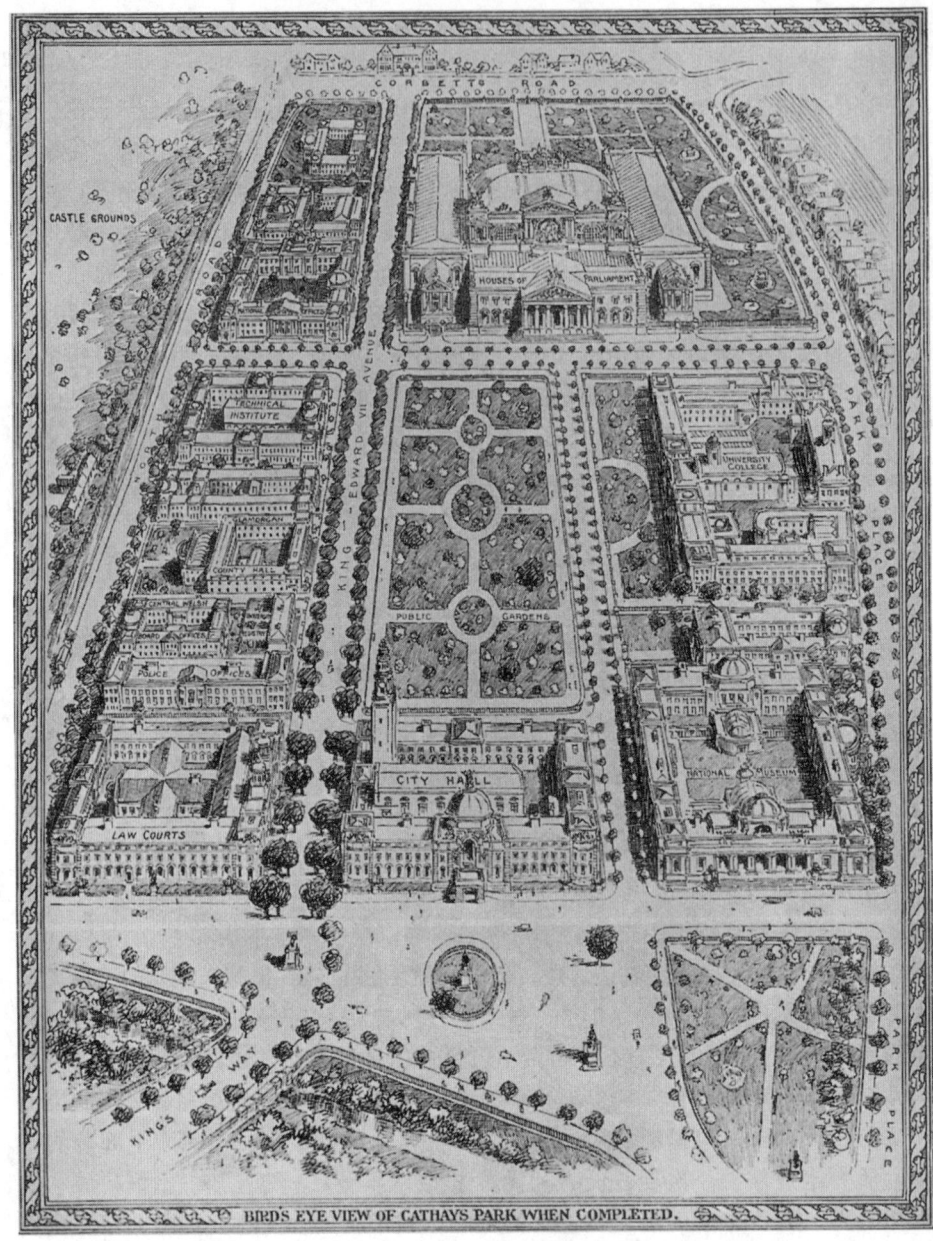

图 44 加的夫：先进的市民中心

于安徒生先生（Signor Andersen，恰好是居住在罗马的斯堪的纳维亚侨民）设计的"国际城"（Ville Internationale）计划为例，它完全就像一个超级大都市，欧洲文明或者说世界文明集聚其中并达到顶点。这样一个城市的位置被巧妙地留待决定，但不可否认其对世界城市这一概念所具有巨大刺激性价值。这种创意不"只是乌托邦",因拥有国际法庭而影响力不断增长的海牙已经对此加以证明。作为建筑师、诗人和哲学家的加拉（François Garas）对"思想神殿"（Temple de la Pensée）的创意与此类似。

迄今为止，我们行走在城市研究的一条至今非常权威的主线，但是否没有感觉到这一系列，从古罗马到新罗马，几乎没有把市民当做个体的人来考虑，并忽视了与其相似的城市所具有的太多个性？在邻近中心展廊的地方，通过对种族人类学的介绍，这一问题开始得到部分回答。这一学科为条顿（Teutonic）及盎格鲁 – 撒克逊（Anglo-Saxon）历史学家们始终热衷，并且现在为各方面广泛效仿，从泛斯拉夫（Pan-Slavonic）到泛凯尔特（Pan-Keltic）。紧接其后，我们自然看到人口统计学，接着是关于新生的优生学运动的图示，以及近期儿童福利展览会的一个精选品。因此，历史渊源、现实情况及未来发展皆应纳入考虑之中，并以民众生活以及他们的家庭为目的。

尽管仍存在细节上的局限和不足，但我们的城市研究对多数人来说可以说是大体完整的。因为这里，从当前占优势的大都市的观点来看，我们已经具备了那些对城市研究似乎真正重要的东西。小城镇研究的必要性是什么？在柏林，君主和城市建筑师在规划城市，休斯敦·斯图尔特·张伯伦先生（Houston Stewart Chamberlain）伟大工程的版本已经获得通过，帝国伦敦的帝王大道上已经出现了另一个拥有殖民地的白厅。那么在考虑"大城市以外的地方"的时候需要什么？类似于其他大国，很少有参观者对自己国家的小城市感兴趣，对居民较少的城镇更是如此。可以回顾一下德国是怎样嘲笑克拉温科（Krähwinkel）[1]，英国是怎样嘲笑小佩德灵顿（Little Pedlington）[2]的。

然而，在城市研究中，小耶路撒冷被认为比古巴比伦更为伟大，雅典在许多方面甚至超越伟大的罗马自身。"质量并非像数量一样易于量化"这一观点不可能被长久排斥于城市学之外。展览所做的解释会使那些对此观点不是太熟悉或志趣不投的人耳目一新，并且会再一次从展览会的入口大堂出发。试想一下，我们不是随着人流自城市事务的展廊或者大城市的展廊开始，而是跟随我们的孩子。有趣的是，猎人和牧羊、矿工和樵夫、农夫和渔夫故事都是以简单自然的情形开始。同样我们进入"地理学"的专题展廊，不是把它当做纯粹的地名词典，而是作为产生和证明丰富的地理决定论原理的地方。这个概念与人类居留地有关，这些居留地从小到大，起初决定于人们所处的直接环境，虽然后来扩充成越来越大的城镇和城市，但仍深深地，即使是隐约地，保留着他们最初地域性的特性和行为、精神和类型。有时他们可能超越原始局限性，但有时他

---

1 一个充满市侩味的小城。——译者注

2 一个充满了庸医、黑话、欺骗与自私的村庄。——译者注

279

280

们也许夸大往日的不足。因此，地方特性和历史——被近来历史学家有时形容成天意，有时说成是偶然，还有时描写成种族的因素——实际上具有区域性和主导型。因而出现了一个用来接触和进一步研究城市科学的基本模型，如同地理学家和社会学家开始认识的那样，一个充满好奇的模型。此外，从这个展览我们可以像各地的学者们正在做的那样，怀着对新生事物的兴趣回到古典城市展区。更进一步，从这里随着展廊进入豁然开朗的"中世纪城镇及城市"展区，那里展出他们普遍不同于古典世界，完全为当地和区域环境所调整影响的发展和历史。

现在我们可以从这中世纪展廊穿过，重游文艺复兴展区，在那里观察文艺复兴是怎样清除和取代中世纪的过去。不过从那里起，让我们耐心回头认识目前安排中最不为人知晓的，但却是极为重要的"战争"展廊（参见第 2 章）。改革和复兴的战争，破坏了中世纪城市，毁灭了小国，所有这些来自处于更有利地位的城市——因而升格为大（战争）首都，以前我们根据其基本的起源和历史来认识这些城市，但后来却与这些因素无关。这一历史学家并非不了解，但从未充分加以强调的见解，在这里得到详细阐述和加强，直到我们整个历史观发生改变。它改变了我们对大都市的看法，并且当然随之大大改变我们对当前大都市文明的认识。

再次回到展示战争及其后果的展廊。它进一步揭示了所有这些 16—18 世纪的战争是如何为即将到来的工业时代及其间各式各样的革命来训练精神沮丧、生活贫穷和满怀怨恨的大众的。于是我们进入"工业城市"展廊，新艳的灯光照亮城市的幽暗。关于早期技术工业，在更前面的章节里已有进一步详述。在更加宽敞明亮的"田园郊区、乡村和城镇"展廊，我们紧扣关于田园城市的充满希望的承诺，这些内容虽然至今主要面向未来，却是可以顺利实现的。

然而，为了确保这样的乌托邦理想的实现，我们必须了解我们的战场。因此接下来的展厅是"城镇和城市调查"。这里开始展示对教育、科学和行为有价值的成果。对大小城镇的比较显然是富有成效的，最小的城镇也许会对最大的城市有所启发。例如泰河与泰晤士河间的比较，以及斯康（Scone）[1]与威斯敏斯特、珀斯（Perth）与伦敦之间的比较。于是，对爱丁堡或切尔西，巴黎或根特这些历史城市的研究可能产生新的成果，可以被欣然充分接受。甚至最小和最朦胧的很久以前几乎被遗忘的城镇，比方说，艾塞克斯（Essex）[2]的萨福隆瓦尔登（Saffron Walden），或者一些更小的城镇，如法夫郡（Fifeshire）[3]的戴萨特（Dysart）或拉构（Largo），或许首先是那些低地国家的许多类似城镇，或者一些小而新的制造

281

282

283

1　东苏格兰的一个行政区。——译者注
2　英国英格兰东南部的郡。——译者注
3　英国苏格兰原郡名。——译者注

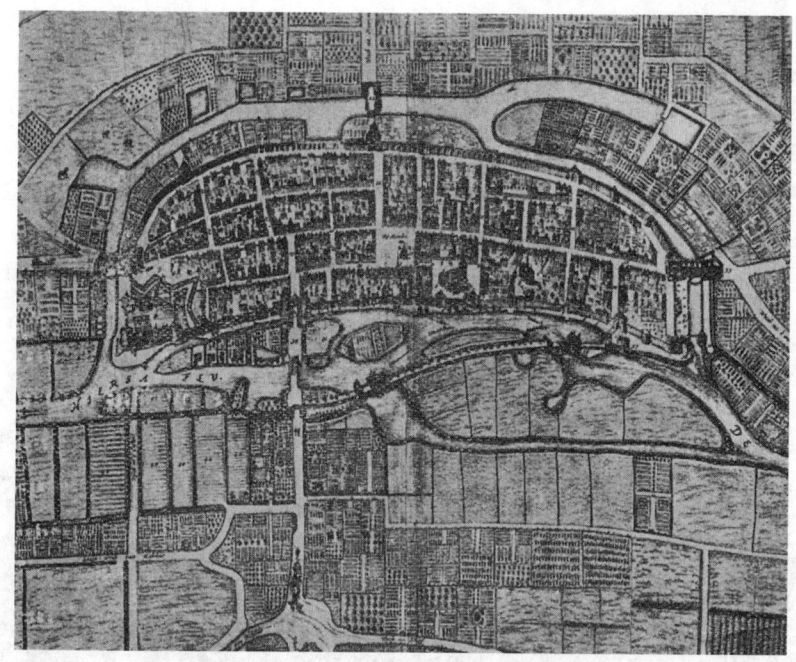

图 45 17 世纪早期未受战火洗礼的荷兰小镇高柯（Goch）。注意仍然保留的中世纪城墙、内城花园以及宽敞的外围花园（更加简化）

业乡村，例如在德国或美国的，每一个城镇都可以在塑造历史性世界方面散发出一些前所未有和意想不到的光芒，认识到这一点，着实令人惊奇。地质学者和探勘者了解怎样进行地域性调查以及很详细精微的探究也许是必要的，全部自然科

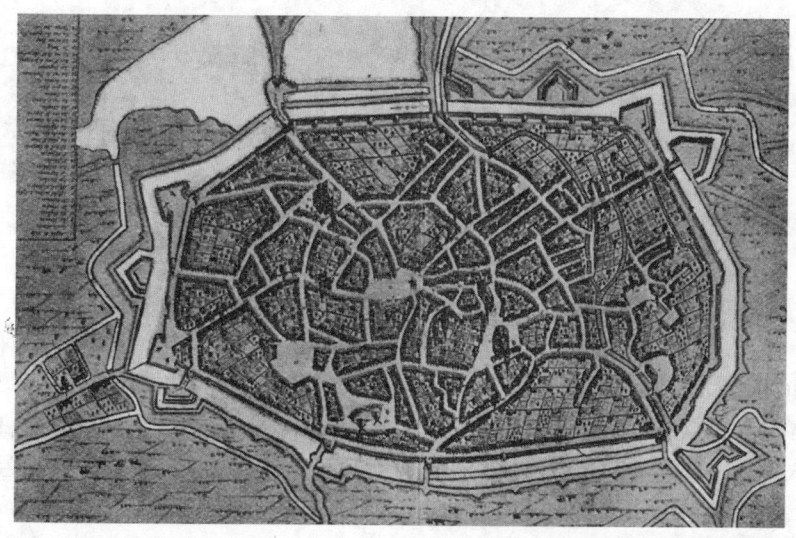

图 46 芒斯（Mons）：因 17 世纪战争而成为必需的现代堡垒要塞的开始，没有外围花园

284 学，以及公众健康和医药领域同样如此。因而城市研究和调查——不仅仅就今天的城镇规划而言，而且适用于昨日和明天——不久以后应当像现今每一个文明国家的地理调查一样，作为一门科学分支而被不折不扣地加以认可和信任。

美国的城市调查也已经提及，并得到应有的评价。至于城市理论和社会学解释，尽管博大精深，看起来却很少像应有的那样多产，并且毫无疑问很快会变成

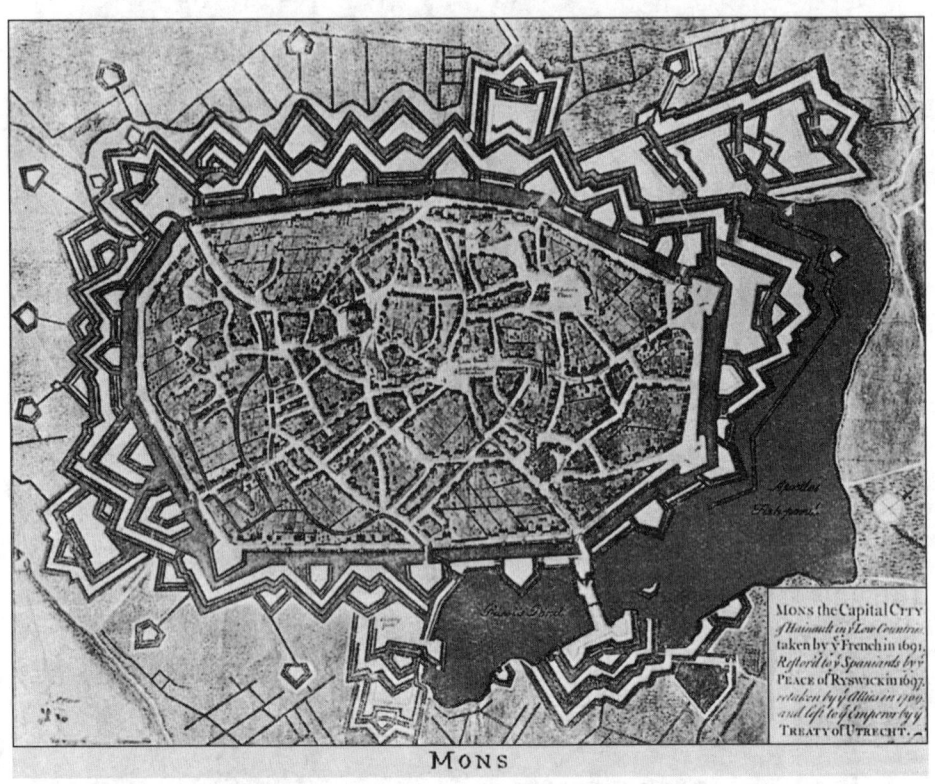

图47　18世纪防卫完善的芒斯

285 现实。鉴于对美国城市现状鲜明和不断增长的热情，以及美国来自欧洲所有地区和城市不同层次不同阶段的错综复杂的文化基础和社会形态，对其社会起源的解释和对当代因素的阐明比对欧洲任何地方都更加困难，即使是它最庞大最热火朝天的大都市。因此，甚至就当代美国调查者而言，调查更多类似城市，其意义在于了解哪些城市进步或衰败的历史脚步得以更加清楚地记录和保存，哪些城市类型很少变化，哪些城市现存条件很少改变。通过所有这些调查，我们的主要观点

图 48　另一个荷兰小镇格饶勒（Grolla），17 世纪有着科学防御的代表。在高柯镇十分明显的市民利益、花园等，已无踪可寻（取而代之的是现代利益，主要是党派间的战争，城镇的边缘形态充分地表达出这一点）

逐渐清晰起来，对地区和产业、地点、职业以及大众进行重新观察和解释，对这些方法的运用远远超越了当今拙劣的种族主义、经验主义者的人口统计学或者尚未发展成熟的优生学。这些断言在这里并不能得到充分的证明，他们必须留给展览会自身去解释。

就实践问题而言这里只说一句话，这也是我们最初的命题，那就是调查和分析必须先于解决。在这个展览中，我们仍然处于提出和启动调查的阶段，我们应当还没有为之提出太过明确的保证。

尽管如此，当一个参观者留心来到调查展廊较远一边，他会看到一个"城市调查"的图表，这些图表一些清楚，另一些尚未完成，表达尚在考虑之中的原则和理论。它的对面是一个绘图室和工作间，里面有正在准备的草图和即将完成并悬挂的图画。展廊的最后一部分（虽然尚未完工，但比其他部分更为重要，对绝大多数参观者而言兴趣很小）包括以下一些内容：在研究这一边，是一些关于新生的城市科学的概略说明；另一边是针对我们敢于冒险从事实践之时的少许建议。两者之间摆放着古代样式的城市十字架模型，以象征城市理想主义的回归及社会成就的和谐统一。它的后面同样是"瞭望塔"的一个大致模型，一种结合初始城

286

287 市观察和实验，致力于对思想和行为、科学和实践、社会和道德的相互关系的努力，以及 "城市调查是为了城市服务" 的口号和实践，每个城市都需要的公共机构类型（确实尚处于初期）。这样我们的展廊给出了 "城市中心" 概念的轮廓，虽然在许多方面 "城市中心" 还处于萌芽阶段，多数情况下过于被视作为纯粹纪念性建筑物的堆砌，但在这里我们将之理解为通过社会行为促进社会科学交流，实现思想和行为之间必要交融的场所。我们整个城市展览及城镇规划展览现在最终正被看成是引导进入城市设计。

从这最后（缘于其全面及统一）的风景看，我们头脑中可以对三个并列的展廊进行回顾——（a）古典城市和大都市展廊；（b）种族、人口和儿童福利展廊；（c）地理及历史起源、调查和发展展廊。迄今为止，必要及可能的城市科学基本概念是有道理的，这一点原则上不可否认。我们能否同样回顾历史上的城市活动、目前的需要和将来的可能性，以发现我们自身有价值的城市活动？社会感受和理由充分的设计是否可以在由所有工业和艺术组成的重新编写的管弦乐曲中找到表

288 达，回想甚至超越雅典卫城或古代教堂？简而言之，城市热情是怎样被发展、引导和应用于一直隐含于大众之中的必要的城市建造艺术？这在过去历史发展的最高阶段，达到了我们不得不又要重新获得的境界，取得了我们不得还要去努力赶上的成就。

在根特，坚持城市传统而很少超越，以一种地方性的城市生活再一次自我肯定，根特展览因而在其年度的嘉年华上特别展示了出自一个种族和地区的农民、手工匠和艺术家初级和高级的各式各样的产品。如同她的 "开花期"（Floralies）周期性确认一样，其主要的园艺产业的花和果，伴随着其一直具有的文化气息，得到社会学意义上的表达和生机勃勃的展示。在这个城市和地区进行的对过去和现在城市的调查和解读也超出至今世界上所有其他地方，并达到最高水平，这不仅归功于一个令人钦佩的历史学家流派如弗雷德里克（Frédéricq）、皮雷纳[1]等人的劳动，而且归功于在全世界有影响力和吸引力的文学作品，如从罗登巴赫（Rodenbach）的《布鲁日的幽灵》（Bruges-la-Morte）中的历史性的个人伤感，到日益被世界认可为真正第一流的世界歌手之一的埃米尔·费尔哈伦（Emile Verhaeren）的《伸展的城市》（Les Villes Tentaculaires）中立刻变成的现代但丁式的激情。

那么，如果这里正在出现关于城市生活和城市发展的新的预言的话，有什么

289 奇怪的呢？它远不是一个短暂的露天集市，这样的国际展览会拥有许多协会。在我们的城市展览会以及相关的一流国际城市大会上，通过接触根特市民，我们受到的鼓舞不只是一点点，而是对未来充满了希望。当根特市民用那响亮的铃铛向

1　Henri Pirenne，1862—1935 年，比利时历史学家。——译者注

我们发出广泛欢迎的铃声时，我们再次感受到了很久以前一样的城市荣耀和好客世界。在经历了数个世纪的衰落后，根特挥动着它的城市旗帜，再一次在同辈人的世界盛会中首当其冲，去进行比很久以前它的斗士领导的更有价值的改革运动。

接下来，关于我们展览会的总体规划，以及根特城市发展远景的内容还有很多，更令人振奋的是对城市调查的鼓励立即取得成功。由于采用我们的总体规划，根特的古文物研究者、建筑师和工程师竞相提供关于旧城和新城的有价值的材料。根特展厅内容丰富，充斥着规划和远景，一个具有历史意义的巨大城市中心模型，用令人难忘的规模装饰着我们最大的展厅。还有更好的事情，我们要求在展览会结束后，将所有根特的展品归于一处，作为永久的城市博物馆，这一持续呼吁被美术学会主席，在展览会期间，从始到终作为我们友好和乐于助人的城市主人的布吕热曼（Bruggeman）先生所采纳，于是为之找到一个极好的场所。　290

考虑到我们的巡回募捐以及城市宣传活动，下一个目标是访问纽约，这项计划其实已作安排。但是我们那儿的代理人听从了一两个正在访问根特的尊敬的同胞，特别是在建筑法和类似实际问题方面的法律权威的忠告。当然，我们的展览会在必要的展品方面远非完整，作标记和编制目录的工作也尚在进行中。展览会总会有批评者，他们在每个展廊都是会受到欢迎的，甚至经常可以为展览的改进提供很有价值的帮助。我们从不会认为展会是完全没有意义的，就其他专业性活动的思维而言，前述所有努力或许是关于城市学和城市发展的具体展示。田园城市或城郊，城市历史或地理，调查或理想，无人响应，或者比没有响应更糟。例如我们关于战争之影响的展廊，采用了主要是当代的（图45—图48）的系列图表，反映城市防御工事自中世纪以来，经过文艺复兴时期的发展，以及到目前现代贫民窟与林荫大道的反差，仔细跟踪所有这些战争对城市经济和人口造成的影响。展示给参观者的所有这些，总不会使我们所极力主张的宗旨不被理解吧。但　291
是被城墙包围着的小城镇太多了，其他展廊同样如此。于是，对于我们的纽约代理人以"不切实际"为由放弃我们的展览一点都不奇怪！但现在正好有一个以当代为主题，且与上文介绍过的1910年皇家艺术学院展览大体相同的城镇规划展览，正在美国各主要城市巡回展出，并立即引起了广泛而实际的兴趣。他们自己一定不可避免地感受到，展览也受到与这里一样的批评以及同样深奥的市民质询。由此一定会面临艰难的取舍，如果不利用城市与城镇规划展览的重要活动（假设它当时是可利用的），那么就要更多重复它的思维活动，重新开始它遵循的整个调查路线，运用更完整的专业、更丰富详尽的分析细节，并且相应毫无疑问是更为雄心勃勃的，通过比较和综合加以解决。为了有助于这门新的、最复杂的、无一例外涵盖其他学科的科学的发展，美国是如此需要举办一场城市展览来理解、包容和解释"住房和规划运动"。理所应当城市设计能够如此，也只有这样为之做好准备。

讨论的下一个目标是关于参加重要的"城市生活展"（Exposition de la Vie Urbaine），这是里昂市于1914年主办的，也许是关于已然使用的现代城市生活重要设备和原理最为综合的展览会，大量的城市作为贡献者正式参加了这次展览。把城市与城镇规划展览会作为一个英国国家展览而加以利用的建议曾经向官方高层提出，但财政部不认为其在财政上切实可行。当罗赛斯的迟滞这个非常重要的事例出现的时候，城镇规划的问题，尽管它在地方政府部门再怎么重要，却至今尚未为其他大臣所认识。

我们下一个有教育意义的不幸发生在爱丁堡。规划师们都不能再明白了，那儿一再成为城镇规划的真正焦点，特别是在13世纪和18世纪处于最佳状态，在19世纪陷入衰落，现在那儿又正在许多方面显露出与她的传统、地位和可能性相适应的，与城市学发展新潮流相吻合的形形色色的迹象和活动。由居民代表广泛签署的申请递交给举办展览的公司，用于反映进步的新颖综合的设计也在为之准备之中，前景都很好。但是其间一位可敬的爱国有加的官员同时设计了一个小小的冬季花园，显然那是一个非常需要而且毫无疑问将来是一个用途广泛的展览场所。不管怎样，展览场址的选择是接受了公开评判的，最终确定在这个花园里。在议会里对立双方展开辩论，然后又扩展到新闻界，并且很快漫延到一场生活在爱丁堡的所有善良市民——他们除了成为唯美主义者外别无他求——参加的全面混战。支持或反对选址的信件经常整版地出现在每天的晨报和晚报上，并持续数月。公众的注意力被激发到狂热程度，没有哪一个关于爱尔兰问题的讨论，没有哪一项关于现今时政的缺点和优点的话题，能够有望达到如此之程度，因而，如果需要关于对城镇规划问题兴趣着迷，并且波及全社会的例证的话，这里就是一个。就像处于其他历史危机时一样，罗斯伯里（Rosebery）勋爵最终进行了干预，一切平静下来。计划发起人最终被迫作出让步，但是是有保留条件的让步。据说，在提出的无数种可供选择方案中，至少有两个正在做进一步的详细设计，为最终的胜出作艰苦和前途未卜的努力。但是在就一个观点的所有令人钦佩的热衷当中，关于城市学和城市设计的总体问题，如果不是更为紧迫的话，就差点从公众的视线中消失。这些问题几乎被展览发起人成功地提出，并且他们起初自然希望提出的问题引起重视。并非不友善，但现在出现分歧的镇议会并没有感觉到在这样一个暴风骤雨季节，再继续积极举办一个展览会是合适的，所有的关注转向其他不同的事务以求解脱。与此同时，在对举办场所选址首先没有达成一致意见情况下，为准备必要的或理想的改进所花费的时间、带来的烦恼以及付出的开支，加上几年，甚至常常很多年，有时是无限期的延误所造成的公用事业的损失，这种道德上的容忍，不仅将要为城市展览，而且要为全面城镇规划实施付出代价，甚至一而再、再而三。这不仅对爱丁堡而言，对其他更多城市也如此。

不过，展览再次回到都柏林，仍然是受到了1914年夏季城市展览的发起人的邀请。这是一次比里昂展览会规模更大并且花费更少的展览会，但远远胜过至今在大英帝国或美国举办的任何类似的展览。鉴于都柏林住房供给的特殊紧急，以及受到近来政治改革影响的大都市重建的发展，再次巡回展览，对于城市学研究的未来而言，总体上是一个鼓舞人心的征兆，因为这些城市认识到了需要和可能。都柏林的这种意识更强，因为这涉及随着城市更完善的发展和更宽广的扩散，开始于三年前的调查工作的延续，还涉及前面已经提到过的（参见第262-263 页——指切口侧所注原书页码。——译者注）都柏林城市规划竞赛。随着这些工作的进行，一家城市学院（School of Civics）已经进行探索性的及不可谓不成功的开始，其在教育学和城市学两个方面的努力，已经证明富有启发意义，甚至成果丰硕。

第 13 章

城市规划教育及建立城市学的必要性

　　舆论就这些议题的关注处于全面提升的过程当中，对城市规划师的技术教育也相应开始，城市规划学院正在创建。城市规划协会作为一个有组织专业机构的新近成立，一定会进一步推动规划教育的发展。对城市规划教育性质和范围的讨论因而全面开始。

　　如果说城市规划是为了迎合城市生活的需要，是为了帮助城市发展，并促进城市进步，那么它必须确切地了解和理解这个城市。为了减轻城市弊病，城市规划需要在治疗开始之前进行诊断。为了表达其最高目标，城市规划必须欣赏和分享这些目标。因此城市规划和城市学必须共同前进。无论在一般情况或特殊情况下，也无论在古老城市或现代城市，舆论都反对将它们二者割裂。

　　对公众关于更好的住房和田园郊区的综合教育尽管进行得缓慢艰难，但在范例准备就绪并采用直接观察和实验这种最简易自然的方式之后，现在进行得很快。通过示范，每一个参与合作的业主，每一个新田园城市或郊区的居住者，正在帮助进行这项活动。协会担当活跃的宣传员，他们现在周期性举办展览和会议并取得成功，在大城市和小城市均是如此。例如，1914 年皇家学院的维多利亚联合会（Victoria League），该协会由切尔滕纳姆测绘者协会举办，再如利物浦城市规划学院，以及在奥尔德里奇（Aldridge）先生和国家住房与城市规划委员会孜孜不倦努力下，于格拉斯哥及其他地方创立的那些学院。新闻界和政治家们最终也变得关注起来。我们一直在讨论的整个相关活动正在结束其初期和偶然的起步时期，进入了新阶段，城市改造和重组占据了公众注意力和政策方面最主要位置的阶段。正如已经看到的，都柏林就是一个明显的例子，这个城市似乎结束了其在我们国家政治生活中漫长的超级活跃时期，过渡到新的更加和谐的阶段，在城市学方面做出了全面努力。这里不仅仅指立即见效的城市改造，而是从各方面因素考虑更加全面的城市发展，如自然因素和经济因素，理想因素和文化因素，所有这些因素不断融合，并在建筑上达到统一。

　　如果这是显而易见的时代潮流，相应就会出现教育问题，这些问题有特殊和一般两种类型。首先，从事城市规划的建筑师和城市官员迫切需要的技术准备问

题；其次，对他们进行进一步社会教育问题，这也是市民以及其在地方政府与中 297
央政府中的代表面临的问题。总而言之一句话，在城市规划以及城市学中，教育
内容是什么？

在德国，对城市规划师的技术教育进行了一段时间，但是这个国家技术教育
的有效开展却源自威廉 · 利弗爵士在利物浦大学创立的主席基金，以及他作为
礼物供其使用的一座宽敞大楼。在阿谢德（Adshead）教授积极指导下，在赖利
（Reilly）教授、阿伯克龙比（Abercrombie）先生、莫森（Mawson）先生和其他同
事大力协助下，富有意义的城市规划学院成立了，这是一个长于思想和教育的学
院，《城市规划评论》（Town Planning Review）作为他的喉舌，已经具有广泛效用
和影响。在伯明翰大学，卡德伯里先生设立了一个正好由雷蒙德 · 昂温（Raymond
Unwin）先生担任的讲师职位。与此同时，在伦敦，诸如在兰彻斯特（Lanchester）
先生的主要倡导和支持下建立的优秀的面向社会的建筑工作室，以及汉普斯特德
（Hampstead）适时举办的城市规划暑期学校，公众对城市规划的关注日益增长，
除此之外，大学的建筑学院也建立了必要的部门。对于这一作为唤醒民众的新学
科的认同因而得到实事求是地确认，自此以后，在每个大的教育中心里只剩下资
金和组织的事情了。

城市规划师们自身也日益感受到建立组织机构的需要，经过大约一年有效
的精心策划之后，组织机构成立了，所以作为一个正规和有组织的职业，城市 298
规划的建立也许以 1914 年城市规划学院的成立为起点。建筑（并且是传统的）
界的成员及相关从业人员自身分为两类，一种人直接把城市规划当做一门建筑
艺术，另一种人从事规划的行政和立法管理。一种人对另一种人的工作了解越
多越好，没有技术上的理解，管理者可能更容易阻碍大于帮助。无论对哪一种人，
城市规划教育必须防止坠入过于肤浅的技术教条，这一直是建筑学教育的弊病。
怎样才能保证这一点呢？唯一的办法是，城市规划教育与一个至关重要的开端
相结合，即深入城市的生活和工作，一句话，通过城市学研究。建筑学通常直
接声称是对各种艺术的整合，现在城市规划沿用这一声称，认为自己是对建筑
的整合。倘若如此，就难免要更进一步声称，城市学是对城市规划的整合和教育。

对居民和议员，对被选举人和他的支持者，对大臣和他的官员，同样如此，
甚至更加直接和明显。

迄今为止，上述观点几乎不会产生激烈争议。摆在我们面前的教育问题是双
重的，既不能仅仅是技术性的城市规划，也不能简单地视之为建筑学院的门面粉 299
饰。城市学也不仅仅是对市民、公务员和统治者进行模糊的说教。我们需要为城
市规划和城市学共同建立教育设施，提供教育机会，并在所有方面尽可能充分。
但是眼下，务实的人或许会说，事实上也这样说："理论上是应该这样，无可置疑。
但是到目前为止，当我们几乎还没有办法建立起对城市规划这门技术的需求时，
为什么还要引入城市学来增加我们的困难？为什么现在不将之搁置，到时自然

会水到渠成。"

　　似乎很有道理。然而对此可以给出两个答案，一个是长期、全面和广泛的，另一个是简短、直接和特殊的。第一个答案或许看起来是理论上的，但的确来源于最古老和广泛的关于无数城市的兴起和衰落的历史经历。这个答案传统上归于一位远古作家，他身处所有城市中最具有历史性和深刻影响力的城市之一，一个靠近三个大陆交界处的城市，因此处于观察美索不达米亚、埃及以及地中海等城市的中心位置。他和他的同胞因而特别熟悉这些文明社会和帝国的景象，每一个都比以前的更加宏伟和强大，然而每一个也逐个失败和衰落。事实上，这一切是如此习以为常，以至于他们的社会思想家经常能够对这种变化进行分析，对这样的衰败进行预测，并比以往更加清晰明显。这些思想家在今天被作为"先知"（prophets）为人铭记，以至于"先知"一词的预言意义以绝对优势超越了它更为朴素的劝告含义。作者包罗万象的归纳以及他的民族其他很多无价的社会学文献通过运用传统的方法得以幸存。其大意是，除非是理想建造了住房以及城市，否则建造它们只是无效劳动。纵观历史，在住房建设和城市规划上也同样如此。在城市建成后，我们的作者没有忘记市民们，没有忘记他们的统治者，以及政治家们的优缺点，也没有忘记他自己是城市的建造者，更是一个规划师，如今，他更是自己城市最令人难以忘怀的国王。无疑在同样回顾包括进攻和防御两个方面的长期军事阅历，以及城市和地区管理之后，他进行了进一步总结，即除非理想维持着城市，否则无论警察、军队、勇士和守卫们再怎么守护城市都是徒劳的。

　　或许有人说，这很好，甚至在每个星期天（礼拜天）会说十分恰当。但我们现在处于一个科学的年代，当代教授们应该很少引用这些观念。他们真的不会去仔细审视古代神学营地了吗？确实不会，因为它已经太古老了。每一个继往开来的科学在形成之初都经历过奋斗，然后基本形成其影响地位，如文艺复兴时期的天文学，上个世纪（19世纪）的地质学和生物学。现在正是轮到城市学开展这一讨论的时候。并非颠覆传统和成熟的概念，而是城市学和社会学必须认真彻底地坚持讨论，正如地心说天文学、非进化论的地质学和生物学都经历了认真彻底的讨论一样，我们那些宗教的和世俗的朋友都承认过去在讨论中曾受到这些初步科学的影响。其实我们的科学同盟心理学家们已经开始了这样的坚持，特别是社会心理学家，他们是我们真正的侦察员和先锋队。这些人已经发现，许多精神上的体验、道德观的改变，或者用他们的术语来说，即个体理想的觉醒，以及群体理想的概念和运用，这些在神学上一直被视为独一无二和极其神圣，在每周中特定一天被仪式化，甚至被反复灌输的东西（令人遗憾，然而显然无法避免，一周中其余六天仍然是旧技术文明统治的），并没有简单结束或解决。相反，无论是对个体或群体来说，个体体验现在仍被视为基本上是潜伏的心理，而集体狂热和变革，则在全社会中实践着，这贯穿于一周中全部的七天。心理学家们这种观察

个体和群体的方法，我们正学着用来观察城市，观察现在的和将来的城市，以及 302
很久以前大卫国王（King David）统治的那些城市（指耶路撒冷等）。因此，城市
学最为重要的一个理论诞生了。通过精神变革、社会理想主义和个人理想主义的
方法，及其在城市发展和公民个体方面的表达和运用，我们现有的旧技术城市和
地区是可以改造的。这样，城市和区域的理想就可以不断地实现，古老城市的成
就可以被更新和超越。否则，一切皆为空谈。如果缺少这种变化，专业的神学院
和哲学学院，从事研究和发明的专门试验室，或者各地新成立的城市规划和建筑
设计学院，必定全部都无所作为，只不过是传统的大学和教育系统的进一步扩大
而已，最近一位尖锐的美国批评家形容其为"一个资助良好的精神真空的产物"。
然而，随着"大学斗士"的觉醒和成长，就像同一作者所指出的，作为积极的教
育理想，由于城市复兴运动（Civic Revivance）的支持和要求，伴随着建设性的思
想和富有生机的教育，长期支离破碎的城市在社会生活和产业活力方面的融合再
次出现。

　　什么是西方文明中最重要的价值观？近来很多作家，特别是普鲁士学院的作
家，强调种族和异教徒的血统、激进的贵族精神和征服异族 [或者像那些持同样 303
观点的哲学家，或多或少遮遮掩掩地用黑格尔的"国家"（Hegelian "State"）来
伪装自己] 的重要性。自从勒普莱以来，我们不断学会更加公正对待军事占领
和地区因素的重要意义。但是，当这些基本原则被正视的时候，所有那些关于
血统和地区在很早以前就被定为至高无上的文明的论调无疑地会显得更为合理。
然而，由于我们在个体和地区上受益不同，我们的价值观也许在细节上有所不
同。古代以色列的首次精神统一，以及后来对宗教信仰的神圣热情和人性渴求
（这是宗教优势的根本），由于超越了我们西方理想主义的影响，因而在其存续
期间是合理的。当我们科学神话作者们复活圣彼得对要旨的想象，并把它运用
到他没能够梦见到的土地和人民时，这一点依然成立。因此在我们重振大学教
育并恢复其功能时，会更加重视对希腊文、希腊艺术创作的力量和魅力的理性
研究和掌握。无论是受到来自上层的国家的影响，或是来自下层的彻底变革带
来的重建，罗马最盛时期的团结、正义与和平给予社会组织每次新的努力以灵感。
在过去有耶路撒冷、雅典和罗马，在今天，不断前进的美国人、德国人、盎格鲁 -
撒克逊人，尽力高举着火炬。当天才的人们时不时地从这些古老城市和我们文 304
明的发源地得到启发，重新点燃我们经常熄灭的火炬时，我们除了做"古代野
蛮人"，还能是什么人？"在深邃的历史长河里，有一种声音清晰地传来。"[1]那
些没有看到或感受到我们受益于历史的人，是否是那些在笼罩着畸形发展的工
业区的旧技术产业烟云下反应迟钝的大多数人？或是沉湎于"城市"赌台上闪

1　拉尔夫·沃尔多·爱默生（1803—1882 年），生于波士顿，美国思想家、文学家。爱默生是确立
　美国文化精神的代表人物，被称为"美国的孔子"、"美国文明之父"。——译者注

亮的便士和骰子点数的人们？或是在"大都市"的政治或战争的漩涡里正在发晕的人们？或是正在聆听所有这些回声的人们？如果不是因奢华而沉湎，或因痛苦而寒心发狂，他们还会这么安于不假思索的循规蹈矩或闷闷不乐的顺从？我们断定，对于旧技术城市大体上处于新野蛮人时代这一观点，任何人只要做片刻的认真思考，就不会有不同的看法。根据这样的观点，社会批评家长期以来对危机严重性的判断就得到了解释。虽然他们之间的观点可能在很大程度上不太一致，例如卡莱尔和阿诺德 [1]，戈比诺 [2] 和马克思，拉斯金和克鲁泡特金，梅瑞狄斯（Meredith）[3] 和哈罗（Hello），尼采和托尔斯泰，但他们对旧技术城市的评价区别不大。

于是，阐明建设城市和维护城市的理念是城市学作为历史学和科学的首要问题。对它们进行解释，是城市学作为哲学的任务，一个城市接着一个城市地赋予这些理念以新的活力，是城市学的追求、任务和刚刚显露的艺术，由此我们的"政治"将恢复其古老和生机勃勃的城市意义。这些从我们旧技术阴暗的过去闪现出的光芒不过是反射自很久以前的古代集体理想主义。然而我们的"宗教"和"古典"之类的教化图谋已经证明并且还在证明毫无效用。当他们过于简单地寻求从外部把这些神圣的仪式作为权威强加给我们，或者甚至期望我们从内心严格地遵从它们的时候，必定如此。只有当集体理想主义在我们自身中间重新被唤醒，我们现代城镇才能够重新进化成名副其实的城市。在以往的发展成果与激发我们为之奋斗的理想之间没有本质的不协调，毕竟，城市的兴衰像花开花落一样会不断地继续下去。

那么，社会生活的这种进步会怎样受到影响？这正是问题所在。旧技术时代的经济学家们尽职尽责地详细阐述了劳动力分工的概念，并且早就认识到促进劳动力的更有效组织是当务之急。事实上从正面看，保守党和辉格党，自由主义者和激进分子，帝国主义者和社会主义者，金融家和慈善家，工团主义者甚至是无政府主义者，每个都轮流向公众发出了自己的声音。相应地从负面来看，由于在探求社会复兴奥秘方面的失败，每个又都失去了公众的兴趣。教堂和国家，住宅和学院，商业和慈善事业，官僚机构和强制，劳动力和革命，每个都作了尝试，每个都是失败，并且继续失败。在这期间，尽管我们有在郊区的努力，有中心区的重新规划，但贫民窟和超级贫民窟仍旧不断增加并两极分化，最终走向停滞和灾难。

那么，现在难道不是城市学取得发言机会的时候吗？我们还不能贸然进入政治上的众多可能程序，只要能承认城市学在本书极力主张的重建努力中具有一些

1　Matthew Arnold，1822—1888 年，英国诗人和评论家。——译者注

2　Arthur de Gobineau，法国贵族。——译者注

3　Edward Robert Bulwer-Lytton 的笔名 G.Meredith，1826—1909 年，诗人。——译者注

效用和价值就足够了。通过城市中居民与规划师，建筑者与园丁，劳动者与工匠，以及艺术家和工程师之间的不断地融合，争取城市家庭生活的改良，以及城市儿童的应有未来。其他人将遵循这个集体理想主义原理，最终找到可以与古代理论相媲美的表达。

关于城市教育的全面争论是长期的，但是反对城市教育迫切性的非主流和特别的论点或许是短暂的。需求在增长，并表现在许多方面。每次城市调查包含了进一步的城市研究。但是可以提出一个更为迫切的建议。如同我们在上文所见，城市规划师将他们自己组织为一项职业，建立了一个如同建筑师和工程师协会的新协会，目的在于像它们一样为其接班人提供教育，而且也坦率承认终于醒悟到为自身寻找更全面广泛的知识之路的职责。因此，他们一致认为，除了以大城市作为参考样本和参考文献，拥有充足的专业人员和完整的学术研究，他们别无目标。完整性的要求包含什么？显然，第一位的，在知识和方法允许的范围内，尽可能全面收集所有那些与城市规划具有直接和技术关系的东西。但是，除了各种层次的城市发展和生活的物质表现，以及与历史上也曾同样多面临的最简单的工程和住房以及建筑学问题外，这门复兴艺术的本质问题是什么？

节约能源和时间，改善通信、产业和家庭条件，所有这些都是显而易见的，公共卫生和娱乐休闲也是如此。但是规划师怎能忽视那些不是立即显而易见的生活要素和城市功能？解决健康问题是卫生学者的事情，对于其他事情不应当同样如此吗？

虽然总是怀着最好的愿望工作，由于缺少远见，城市规划师在每个时代都会犯新的错误。长期以来，中世纪的城墙被认为使得城市人口集聚，虽然建造城墙仅仅用于防御。但是不仅如此，如同我们城市展览会中的"战争"展廊展现的，连历史学家都认识到，16 世纪和 17 世纪发展的规模宏大的城市规划筑城运动导致了城市弊病的增加，现代的环形林荫大道只不过是表面的缓解而已。奥斯曼以牺牲花园和工作区为代价，开辟新的贯穿巴黎的城内林荫大道，自然是有意识地在战略上保证内城为它的帝国统治者的大炮和重骑兵所控制。但是，公平地说，皇帝和营造司以及他们的民众一点都没有想到，在那个时代引起盲目崇拜，不仅巴黎和巴黎省，相应地，全世界也竞相模仿的，沿着这些林荫大道排列的崭新宏伟的建筑景观，会很快产生怎样的社会和经济影响。

起初看上去一切完美，一派繁荣。拿破仑和奥斯曼梦想、规划和奋斗的每件事物都结出硕果，而且超过了最好的预期。空前需求熟练工以及非熟练工，人口不断流入和增长，就业岗位稳定。租金和价值的上涨使地主发财，缴纳的越来越多的税收满足了不断增长的城市预算，这些钱花在新的公共工程，或者用于增加收入稳定的公职人员，在这两种消费的同时，国家也在愉快地发展着。财富迅速地转化成大楼和合同，通常还有更多进入土地买卖及金融渠道，产生的这些利润

307

308

309

慷慨地用于各种新增奢侈品的消费，食物和葡萄酒，仆人和马车，服装、珠宝和艺术品。因此巴黎对法国人和外国人同样具有一种不断增长的吸引力，促进了商店、旅馆、咖啡店、剧院和音乐厅的进一步增加。城市规划师以前从未取得如此成功。于是难怪别的城市开始效仿奥斯曼辉煌的、无可比拟的范例。

然而，这座巨型城市的所有发展与1870—1871年的大灾难[1]有什么样的关联，它是怎样逐步导致和经历巴黎公社（Commune），甚至是怎样帮助促成了可悲的动乱和残酷镇压的结局，这一点很少受到历史谴责，也依然远未吸取教训。

回到更为日常的后果上来，谈一谈其在公共卫生方面存在的问题。医生们指出，用充满灰尘的林荫大道和通风不良的天井来大规模替代花园和游憩处是怎样地影响孩子们和母亲们的身体健康，以及使得酗酒、肺结核和其他弊病在男人中蔓延的。经济学家指出，昂贵的新房是如何提高房租，降低了其他方面的家庭预算，并且在多方面增加社会的不满和不稳定因素。更为严重的是，房间狭窄的标准化小公寓是如何强行限制了巴黎的家庭，以及随后限制了法国的实力和发展。

这些无非是法国所有学派的社会批评家对奥斯曼及其防御工事的众多控诉中最简单明显的事例。对于柏林这样一个非常戏剧性的巴黎征服者和模仿者，相应的批评也已开始。城市规划学生一定不要忘记在它雄伟的街景背后，那些被巧妙地包装，从林荫大道上看不到的无数工人阶级庭院。最近的一幅城市规划海报（无须说明，发表自一个比帝国学院更加年轻的学院）对于他们完美的内部秩序所作的简单评论如此地令人感到不安，以至于令人敬畏的警察局局长冯·雅戈（von Jagow）迅速地让它销声匿迹了。然而，海报只是简单地重现了悲伤的日常景象，一群孩子凄凉地站在一个写着"禁止游戏"的布告下，海报只是以简单的注脚来表达其革命呼吁："柏林60万孩子"。

巴黎和柏林绝对不是仅有的正在抑制竞争力的帝国大都市，但这已足以阐述清楚我们现在的观点。在城市规划过程中，即使是不怎么重要的事项，每项错误，不管是有意或无意，很快就会在城市生活中体现出来。

何谓城市的停滞或衰退？如爱丁堡或邓迪的停滞以及都柏林的衰退。城市规划师可以采用何种方法进行有效干预？在多数情况下，假设他期望在贸然进行处理之前，与城市学家共同研究各个个案的具体情况及其原因。随着了解的深入，城市的许多弊病已经明确，难道他不能更谨慎地设计一些改进措施来加以缓解？在对这项深奥的城市保健学未得要领的情况下，我们怎敢停滞研究而期望不会更多地降低能力，或者可能失去能力。

因此，不仅在伦敦，而且对每个大城市来说，普遍需要的城市规划师的参考书室和图书馆难道不应当拥有基本的城市文献，以及大量的规划和技术报告？只

1　指1870—1871年法国同普鲁士之间爆发战争，法国战败，被迫割让阿尔萨斯和洛林。——译者注

有坐下来思考这个问题的人才会理解像城市与城市规划展览这样双重但却一致的综合目标，如同其名称所隐含的那样。

　　幸好，城市规划师的责任心越强，其视野就更为开阔。昂温先生著名的《城镇规划》（Town Planning）[1]为城市调查奉献了一个章节。利物浦城市规划学院在全面研究自身所在城市，并将其与其他城市进行比较的时候，显然承受了日常技术问题的极大压力。在德国和美国，迫切需要同样深入的研究，以至于只要哪一个术语在社会学和城市学中未曾听说，每一个认真的城市规划师就把它发明出来。

312

　　于是，不久之后，拥有自己的调查平台和博物馆，以及绘图室和商务办公室的城市学院必定成为每座城市的常见机构，城市图书馆快速增长并得以广泛利用，所有这些构成了城市思想和行动的名副其实的动力源泉。

　　自从这个预言得到证实以来，它也随着对都柏林城市展览及都柏林城市学院的强烈期盼而得以巩固，活跃和富有公德的"城市协会"（Institute of Civics）倡导这项工作，并给予持续资助，如果可能的话，它将在未来数年里实施一个大体相同的计划。

1　在 1909 年，昂温和表兄弟帕克（Barry Parker）就第一个田园城市莱奇沃思的建设实践合著了题
　　为《实践中的城镇规划》（Town Planning In Practice）的专著，对"田园城市"建设的实践过程作
　　了全面的总结。这本书无形中影响了早期现代城市规划对自身过程的认同。昂温是影响了整个 20
　　世纪上半叶的规划师，是田园城市理论实践运动的先锋领导人。——译者注

第 14 章

城市研究

怎样才能最好地开展城市研究？作者通过个人尝试，提供城市学研究众多方法的实例。爱丁堡瞭望塔中必要的城市观察平台、博物馆、研究室以及实验室等初期轮廓。

我们看到在所有国家，许多人正在注意处理公民权利的实际工作。从古典或中世纪城市的黄金时代开始，的确从来没有像现在这样如此充满兴趣和善意。因而又回到老问题，并且越来越频繁，就是怎样才能最好地开展城市研究？怎样把我们中间零星分散的城市研究人员迅速地组织起来，就研究方法达成共识，从而达到观察井然有序，比较成果丰硕，归纳依据充足？该是关注科学进步对社会世界影响的社会学家们为这些不断增长的调查和无尽的知识天地制订规则的时候了。

作者没有最终成形的答案，因为他自身的调查远未达到总结的程度，并且因为不想犯官僚主义错误，他没有强加于人的俗套方法，也不能抄袭别人的方法，最好还是从他自己的研究经历谈起。关于城市研究的问题在他的头脑中酝酿了三十年或更长时间。确实，首先作为一个云游四方的学生，他的个人生活主要致力奉献在不知疲倦和锲而不舍的努力中，以探求城市变革的秘密，找出发现这些秘密的方法。无疑他有多方面的兴趣和经历。他本是一个厌恶城市生活的自然爱好者，纵然在年轻的时候因浪漫主义者和道德主义者，以及画家和诗人的抗议而得以强化，却迟早无法抵御城市生活所施加的文化和实际的诱惑。他在许多学院里研究经济学、统计学、历史和社会哲学，虽然对每门课都一度着迷，但却很快感觉不足。这就需要走出图书馆和课堂，回到直接的调查活动。因而，古典的、中世纪的和文艺复兴时期的历史文化名城，以及他们所有历史珍宝——博物馆、美术馆、建筑和名胜古迹——需要得到优先关注，并提供城市思想的行为模式。

其次，现今科学理论增强了期待，动能学说、进化学说理论、心理学偶尔取得的新进展、为充满生机的教育所作的努力以及伦理学的重建，每一个都被他看做是为破解城市错综复杂现象提供最可靠的线索。地理学家和历史学家，经济学家和美学家，政治家和哲学家都被他作为榜样，并从中学到很多东西，却从不满足。

因此他有时是个乐观主义者，有时却又是个悲观主义者。

再者，出于将上述知识加以综合协调并使自己的认识更为稳定的需要，他又学习孔德（Comte）[1]社会学宏大的先验综合概述（prosynthetic sketch），或者斯宾塞（Spencer）[2]强调的其最为重要的进化论成就，以及历史上的各种乌托邦思想。但是所有这些其含义过于抽象，并且至今缺少在对城市的解释和促进方面的具体应用，在对城市复杂活动的评价方面显现不足。因此尽管这些思潮充满魅力，但是以 1878 年、1889 年和 1900 年的巴黎博览会，或者处于巅峰的 1915 年旧金山博览会为代表的所有我们称之为国际或地区博览会的大型当代工业博物馆，还仅仅局限于根据其新旧技术水平，分时期和阶段对他们那个时代的物质和艺术产品进行丰富展示。

在此之后，欧洲和美国工业活动的喧嚣熔炉一度甚至超越了曾经控制和剥削他们的那些大城市，而当然成为世界的中心。偶尔有时进化论的秘密似乎更接近回归自然。我们求教于雷克吕思（Reclus）[3]的地理综合观，勒普莱和迪莫林（Demolins）对普罗大众充满关怀的基本职业说，以及人类学家的工业和社会萌芽说。由此，借助家庭单元和家庭预算，我们又再次回到了现代生活，甚至回到了统计处理时代，直至布思和朗特里研究贫困以及高尔顿（Galton）[4]和优生学家们研究优生学，如此等等。就这样，知识积累了，然而处理这些知识的困难也增加了，因为对大众生活的任何方面或任何要素的忽略都会给我们带来立论粗浅的责备，我们也曾这样指责过政治经济学家。

一个人要努力使自己的思想逐渐明晰起米，最好的方法就是尽力与他人交流思想，事实上教授会应当主要归功和感谢这一点在他们取得教授职位的过程中所发挥的作用。几乎每个教师都会体会到一个类似的经验，社会学和城市学的调查者会最勇敢地参与到对研究成果的宣传。因为在这个领域，没有什么既定的权威来干涉，也没有什么定式需要打破，或许没有哪个领域更能如此真实体现"民众因无知而消亡"，即使我们贡献再小，也会有所作用。而且这样的教导，促进了观察，甚至增加了对观察的需求。如此渐渐零星涌现了互相帮助和相互促进的团体，如同思想和社会运动史上经常出现的那样，或许再次成为取得更多进步的先决条件。

316

317

---

1 Auguste Comte，1798—1857 年，法国哲学家，社会学创始人之一；其实证主义哲学试图详细说明社会进化的规律，并创立一种可用于社会重建的真正的社会科学。——译者注

2 Herbert Spencer，1820—1903 年，英国哲学家和社会学家；寻求将物竞天择的理论应用于人类社会，从而创建了社会达尔文主义，并创造了"适者生存"这一用语。——译者注

3 Elisee Reclus，1830—1905 年，法国地理学家。——译者注

4 Francis Galton，1822—1911 年，英国科学家，他创立了优生学，并提出人的智力和体力的测量方法，他也开创了将指纹用于身份鉴定的方法。——译者注

　　另一个在社会学研究一开始就存在、后来又不断重复出现的问题是，我们要与现实生活建立怎样的联系。旁观者什么都看，而一个聪明的小分队则必须非常老练。观察不能过于综合或过于面面俱到。思考也必须长期深入且不存偏见，如果不沉静下来，又怎能实现？

　　因此才会出现孔德的"大脑卫生学"（cerebral hygiene），以及斯宾塞先生长期坚持的关于对其修道院与外部世界之争，及其逃避社会责任和社会活动的辩护，更有其他哲学家们面临的林林总总。然而，所有这些问题的另一个方面是，我们自生活中学习。作为自然主义者，除了客观观察，甚至对之加以支持之外，不可能在其希望加以调查的朴素自然环境中，将自己与同胞的生活方式和活动截然分开，社会研究者或许也是如此。由此观点看，"在罗马就要像罗马人一样生活"，如果我们愿意对其历史和精神，优点和缺点有所了解，并且评价其在文明历史中的地位的话，让我们无拘无束或许正是直至今日蕴涵于我们城市家园典型的生活方式和活动，以及社会和文化运动之中的核心所在。

318

　　如果我们要使此番评价能够具有活力，换句话说，如果我们要能够了解某一地方、某一工作、某一人群、当前某些团体或机构，或者需要了解的任何事物的各种可能性，就应当参与到大众的生活和工作中去，并离开那些在某种程度上优于我们现行大众生活的地方，就目前而言，这些地方更显得富裕，而不是贫穷。我们的活动可能在一定程度上干扰了观察和理论思考的进程，但确实应当经常这样做，从长远来看，会得到不小的补偿。理想政治经济学家惯于认为实验性社会科学行不通，其实两者并行不悖，在许多更加简单的活动领域，例如工程学或医学，无论对其加以批评或鼓励，理论与验证理论的实践具有同样的试验价值。对城市学和社会学是同样的道理。古代和现代最伟大的历史学家，都是那些参与到具体事务中的人。事实上对于所有科学而言，包括最倾向于理想化探索的科学，同样都适用这样一个原则：要想知道其中的道理，就必须生活在生活中。科学的小分队无非是一种精神状态，然而却是我们经常需要的。如果不参与到公众的活跃生活中去，我们对理论的探求就不可能实现。

　　每一种工作或职业都具有共济精神（free-masonry），能够很快热情地接受已表示一定赞同的新来者。这是世人的优点。艺术家和艺术爱好者，以及各行各业的学者专家，尤其是那些对社会世界的多面性比较敏感，并且期望帮助他的同伴且与之共同努力的市民们，他们都具备这种优点。

319

　　不仅如此，虽然组成每个城市生活的纬线是唯一的，并可能随着梭子来回穿梭而日益明显，但是不同城市生活的主要经线却大体相似。于是，家庭类型、基本职业以及他们所处的水平可以比细微的结果更被广泛地了解。实践中却并非如此，因为各地受过教育的阶层往往分化在普罗大众的生活和劳动之外，然而普罗大众却是市民的主体，甚至历来自然产生的统治者，不管是好是坏，也无非来自广大民众。因而对城市研究者提出了一个新的要求,深入群众的生活环境和生活条件中去,至少要和他们共同劳动,与他们同甘共苦,而不仅仅与那些有教养的或统治阶层打交道。

现在,对大学校区的尝试热情远远超越"过贫民生活"的现象所幸已经过时。但是城市研究者和工作者需要更加全面的体验。对于工人,以及受其影响的个人或组织来说,居民点在慈善和教育,社会和政治方面的价值可能尤其要提及。但是为了增加其城市价值和影响,需要在此观点基础上作某些改进,就像医科学生经历从其对于特定患者的门诊部体验到对于公共健康部门的体验的变化时所做的一样。

通过所有这些不同的方法,经过数年的城市调查和努力,作者关于城市研究的思想慢慢清晰起来。其中大部分研究对象是爱丁堡(基于一系列因素,爱丁堡是世界上对城市调查和实验活动最具有启发性的城市),以及邓迪的大型制造业城镇和海港,结合在伦敦和都柏林学习和任职经历,特别受到巴黎以及其他欧洲大陆城市和美国城市的影响和联系。在这些兴趣和工作中间,关于城市研究和探讨的方法,以及城市研究的实践和应用模式慢慢成形。尽管其中存在瑕疵,甚至还处于萌芽状态,然而其基本思想至少能够对其他城市研究者有所启发。普遍原理是概要性的,通过它可以对所有观点进行认识和加以应用,并为未来的城市百科全书做好准备。因为,其中必然包含着对城市生活的科学和艺术的描述,必然以对当代城市进化路线进行诠释为基础,必然更重视对未来各种可能性进行预测,通过有计划的努力促进对这些有价值的目标的认识,以唤醒和教育民众。

主要采用这种方法,当然也得益于来自自然研究和地理学的补充,许多年前,在爱丁堡的瞭望塔中出现了城市观察所和实验室的开端。一座旧式高层建筑,高居旧爱丁堡的山脊,它俯瞰整座城市甚至其四周大部分区域。它具有启发价值,每个参观者初次体验就能留下大概印象。在它作现在用途之前至少两代人的时间里,一直是一个观光客的度假胜地。它的圆形建筑投影,与远近优美的风景相和谐,这片风景对于最好的当代油画来说具有不少特质成分,因而得以保留。由于其自身原因,以及基于作为常被科学和哲学思维所忽视的一个例证的目的,他们所期望的人造景观从美学和情感方面可以更容易做到,并且是可见的和有形的。简而言之,孩子们和艺术家或许比智者看到更多的东西。因为就像不可能存在粗浅的自然研究,地理学如果脱离了对大自然的热爱和赞美,就名不副实了,城市研究同样如此。

紧邻这个高高的艺术瞭望台下面的楼层,以及与之连接的,为城市学家的科学战友,那些同样以少有的一致关注城市和区域的地理学家准备的户外走廊,在顶层户外平台上是专门学科的"展示区"。这里有时用来展示瞭望塔在天文学和

图 49 爱丁堡瞭望塔

323　地形学、地质学和气象学、植物学和动物学、人类学和考古学以及历史学和经济学等等各个方面的分析研究成果。每一门学科简单却都对专门化的问题作了介绍。从我们全部经验出发，通过科学的逻辑技巧，将整个环境各种各样的要素孤立开来，对其进行专门研究，还原可能性，形成我们称之的"科学"，并确信以此可

324

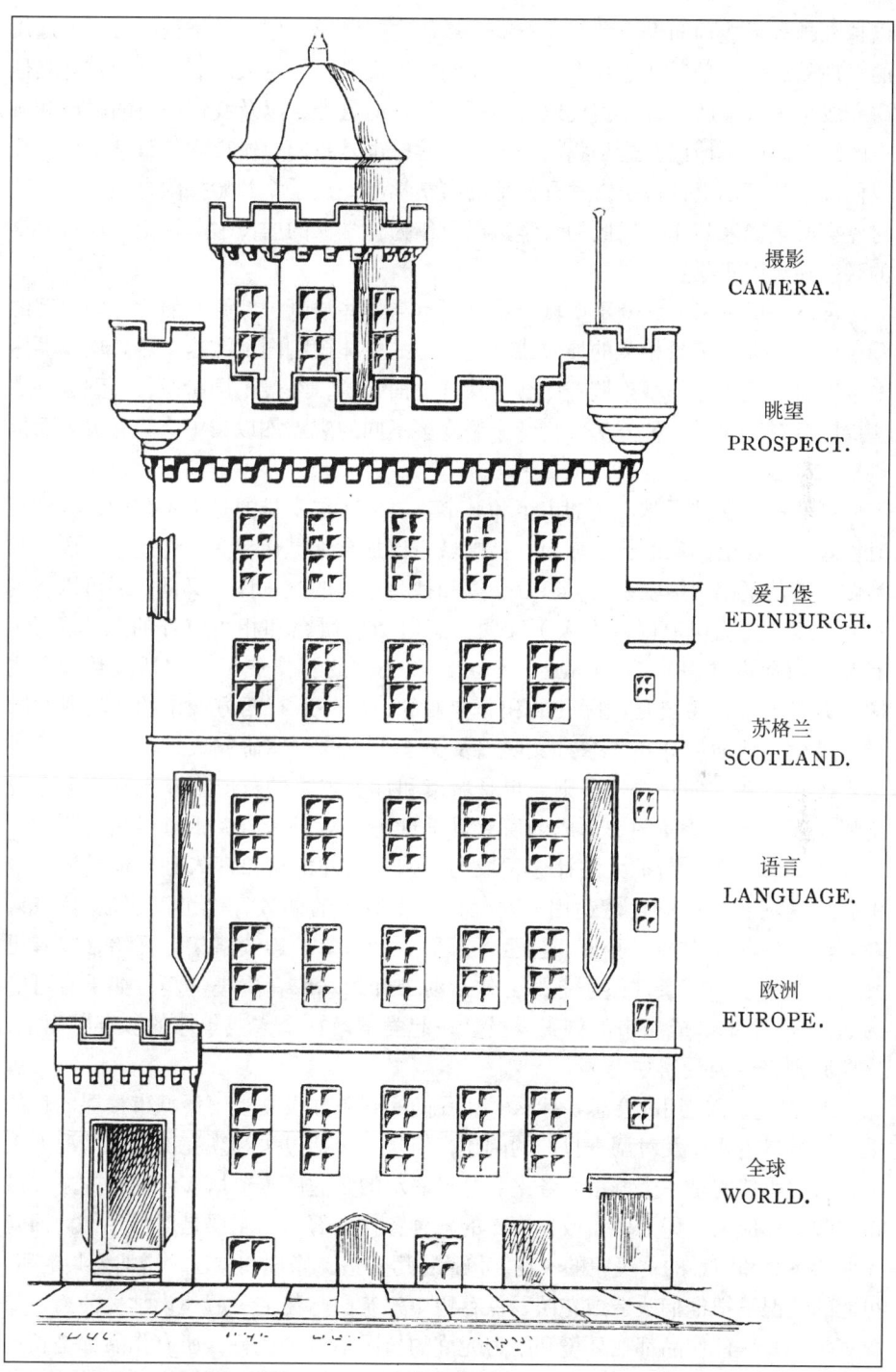

摄影
CAMERA.

眺望
PROSPECT.

爱丁堡
EDINBURGH.

苏格兰
SCOTLAND.

语言
LANGUAGE.

欧洲
EUROPE.

全球
WORLD.

图 50 表达每层用途的瞭望塔立面图——包括城市观察所、暑期学校等，区域和城市调查及它们之间广泛的
关系、相应的实践创新

以越来越有可能预知未来和指导行动。然而这门科学，作为可被证明并可被运用的真理的载体，是对其他真理（或许他们更为重要）的巨大压制，直到它与其他研究成果进行重新整合，实现地理和社会科学的融合，以及我们面对的区域和城市的统一。简单地说，这是我们的城市哲学，也是我们对城市学的哲学主张。在我们展示的基础上，孩子常常开始他的科学学习，童子军开始探险之旅。然而这时专家必须回来与作为居民的哲学家以及作为哲学家的居民一起讨论其自身科学的联系和应用问题。

325　　再下一层用来展示爱丁堡城。这里展示与那些油画、绘画和照片等中表现的爱丁堡的特点和美景相关的地质或其他类型的立体模型图。在这个场景里，循序渐进安排了爱丁堡的城市调查内容，从其史前起源，经过不同阶段，直到近日那些摄影资料。通过这种方法，将专家们许多不同的观点加以集中，为有关方面提供教育启示。

　　更低一层安排了苏格兰的市镇和城市。再低一层安排的是大不列颠，其实有时也有一些英语国家的代表城市，美国城市比加拿大城市稍多。在这里，语言被当做一种甚至比帝国联系更具有社会学和社会意义的统一体。又低一层可以看到欧洲（或者更确切地说西方人）文明，有对历史研究和相关解释的总体介绍；有关于当前事件俱乐部（Current Events Club）的工作成果，包括涉及许多主题的大量剪报，主要是国际性的和非专业的；此外还有西方城市的比较研究成果。最后，地面层介绍了东方文明以及关于人类的总体研究成果，其部门分类至今还不成熟。但是总体原则，也是城市和社会观察的首要问题现在将会十分清晰，就是运用全面调查形成的所有科学见解，甚至是与大千世界相关联的所有方面，及其在不断扩大的社会领域的影响，从外部景象深入到当地具体细节中去。这项总的原则自然适用于对任何一个城市的调查，他可以在任何城市，在任何人的研究中加以验证，甚至可以从一个书橱的连续格架上开始，或者更好的，在一家当前事件俱乐部的合作活动中开始。或者更进一步，如果有可能326　的话，与一个地区或城市的调查委员会一起尝试。在个人或集体的所有层面上，这项原则将会经受得住考验。

　　现在，实际应用的意思是什么？让我们回到单独设立爱丁堡城市楼层的目的上来，虽然主要涉及对调查目的的阐述，但是也包括过去和现在的事实情况的展览，与之毗邻的是一个城市事务室。这里展示的是这座瞭望塔多年取得的主要城市实践工作成果，即为城市改良所作的各种各样的努力。主要是对那些作为旧爱丁堡的耻辱和困难的贫民窟的改良，包括住房建造，修理和重建，增加公共空间，可能的情况下把他们改造成花园，保存历史建筑，与住宅一起建设学生公寓，如此等等。每一件作品都在环境和财力允许的情况下着手进行，所有作品都是长远综合计划的一个组成部分，即使以增长的比率发展，仍需相当长时间才能完成。简而述之，基于亦城亦校，相得益彰的观点，这项计划目的在于保存和复兴爱丁

堡这座历史名城。这就需要重建民俗文化和高等教育间的紧密联系，重新树立对
于以英国、殖民地、美国和欧洲大陆为主的大千世界热情开放的城市团结和民族
精神，这些正是爱丁堡，其实也是苏格兰的，经由历史著名的大学和学院而得以传
承的优良传统。那些历史上有名的地区，虽然眼前残破衰败，尤其需要这样的重建。

327

图 51　拉姆齐花园，大学堂，爱丁堡

　　在伦敦，一个类似的研究中心也在争取获得稳固的地位。她是城市学系的萌
芽，起初位于伦敦大学的一个临时场所，在不久前克罗斯比礼堂（Crosby Hall）
连同大学学校公寓修缮期间，主要位于托马斯·莫尔爵士建在切尔西的花园。同
样幸运的是该项目计划得到了既实际又谨慎的合作。谨慎的观点和精确的行动得
以统一，目的在于恢复切尔西所具有的，仅次于，在一些方面甚至超越伦敦和威
斯敏斯特这两座大城市的优良传统。这些有历史影响和相应魅力的传统，是一项
极其重要的遗产，能够影响激励城市居民和学生，并进而能够为城市提供了一个
新的但也是自然的发展边界，那就是，至少要成为一个名副其实的学院城，为伦
敦大学过于冷淡的个人主义和过于孤立的知识分子提供关注周边生活的社会利益
和文化推动的良好开端。

　　但是，或许有人说，所有这些太不切实际，纯粹不过是一位漫游四方的学生
的那些多变的见解和观点以及个人经验和努力的记载而已。对大学城之外的其他
城市具有何种意义？城市调查和努力怎样才能得到更加广泛的应用？下一章节将
为这一直接问题给出答案。

328

第 15 章

城市调查

怎样才能使得城市研究和城市调查更为广泛、彻底和有效？在小城镇和大城市开始的先例对城市博物馆和图书馆具有的吸引力。作为教育的过程和产物的学校调查。小学、职业学院和综合性大学的实例。城市调查的更高意义在于教育和哲学方面。城市调查成果在道德和社会领域的应用。它们相应地对所有团体和宗派的吸引力。

怎样才能使得城市调查和努力更为广泛地应用，并且彻底地呈交给公众，以及变得有效、完整、便捷和易于理解？这是上一章提出的问题，也是本章必须回答的问题，并且沿着几个会聚的线路。

如同其他专业机构一样，大不列颠的博物馆馆长们有他们的年会。年会于1907年在邓迪举行，正好位于专门展示"旧邓迪"的城市博物馆走廊。在听完馆长们关于其机构缺乏支持的自然而适当的抱怨，以及相应地对增加公众兴趣感到

一筹莫展之后，作者将其文章转换成实用建议的形式，略为总结成如下几点：

你抱怨缺乏充足的资金支持无法维持博物馆，更谈不上什么发展。是否不需要充分地寻找一些方法来宣传你的机构？当然要恰如其分，按照应有的管理者的方式提高多数群众对博物馆的兴趣。目前博物馆的文物只能吸引少数文物爱好者这样一个逐渐缩小的群体。这里我们拥有令人羡慕的城市历史收藏品，1800年、1700年、1600年、1500年，甚至早至早期凯尔特人的丘陵城堡及其古罗马人后来的改建，这当然对古文物爱好者很有吸引力。但是这些藏品的价值取决于其每次展出的现实性。真实性能够引起人们的兴趣。为什么这些藏品在今天缺乏现实性？为什么没有充分展示1900年、1907年的这座城市？为什么不作让步，在历史博物馆中增加现在的展出呢？怎么做呢？很简单。例如，可以看书中附有大幅地图的布思的《伦敦的生活和工作》（Life and Labor in London），可以看约克、曼彻斯特、邓迪等其他城市的相应调查报告。现在请为每个城市做同样的事情吧。如果每个城市的博物馆能够收集更多反映当代美好或丑陋的图画和照片，能够从

市内住宅、注册登记官等处收集统计资料和更多细节，那么从此以后每一个活跃的市民将会发现博物馆是他收集城市有关资料的最完备和最舒适的地方。这样，博物馆将会赢得一批新的常客，每一位都是未来的朋友，你会很快发现你会获得

他们的支持，而且支持越来越多。这并非你所能做的全部。除了少数对过去感兴趣的古文物爱好者和许多对现在感兴趣的务实的人外，还有第三种人，虽然人数不多，但非常重要，且人数在不断增长，那就是开始梦想未来的人。这些人希望他们的城市进步，得到切实改善，逐渐清理贫民窟，建造新的建筑和机构，提供户外空间，尤其是对城市未来发展进行规划。他们希望看到城市的可实现的乌托邦，事实上就是理想之邦。因此，在你过去的展厅和现在的展厅之外增加第三个空间，或者至少增加一到两个展板来具体展示城市的未来，这将会为博物馆带来新的第三种支持者。因此，即使你对所在的城市漠不关心，如果你还没有感受到它对市民的鼓舞，那就请仅将此建议当做一项新的游览项目，一种吸引公众的合理方式，看看不久之后会不会得有所偿。

　　这项建议几乎很明确地得到大会主席的热情鼓励，并在一个专门会议上进行了积极讨论，联合王国的很多博物馆长热情支持，并决定看看在他们的博物馆中能为各自城市做些什么。当然，前述建议同样适用于公共图书馆和城市图书馆长们，其效果不亚于博物馆和他们的馆长们。那么，作为城市社会学家，我们将立即投入这场运动，并从中学习。博物馆长和图书馆长，地质学家和博物学家，地方历史学家和文物鉴赏家，建筑师和艺术家，商人和经济学家，所有宗派的牧师和社会工作者，所有派别的政治家们应当团结力量，最初很可能是个别的，但只要有可能，也会吸引他们的社团和组织加入，为创建城市调查和博物馆而努力，现在不正是时候吗？

　　我们可以在小城镇和大城市中各选一个作为这项运动取得多方面进展的启发性实例，如萨弗伦沃尔登（Saffron Walden）[1]和位于泰恩河河畔的纽卡斯尔。前者在博物馆长与职业学院的自然科学系之间展开积极合作，组织了一个调查协会，吸收市民作为会员，并吸收工厂、学校或学院的年轻人作为非正式会员（分别缴纳第一和第三季度的适度年费）。人们的兴趣得到有效提高。博物馆得到改进，不仅藏品丰富了，组织了新的展区，更重要的是取得了群众的支持，发挥了教育作用。进行了一次摄影调查。在一位城市规划建筑师的帮助下，编制了更为清晰的古城地图和说明，甚至以生动的景象再现了城市历史的各个不同阶段。从此，作为体现这种城市调查的实用性和趣味性的主要模式，地方性展览很容易被布置成一个小型的标本采集，展品外借给城市规划展览会或其他地方循环使用。保存城镇遗址和建筑，栽培树丛和灌木，鼓励从儿童花盆到家庭窗台上的花盆箱各种规模的园艺建设，成为一种自然的行动，对公共卫生和住房建设的兴趣同样也增加了。最令人兴奋的是，新的城市意识潮流兴起，他们更乐意举办城市庆典和节日了，更能够彻底感受到市民气氛，生活在许多方面更光明了，社区和个人之间于是重新学会相互配合。

332

333

1　位于剑桥南约 23 公里的一个小镇。——译者注

纽卡斯尔现在怎样呢？如本章节所写，前景良好，市议会已经通过了亚当斯议员的提案，这里很值得把它作为普遍适用的代表性意见加以引用：

"为城市建立一个城市博物馆是值得的，除了可以做其他事情外，那里可以说明城镇的历史，以及城市市政、社会和工业生活的成长与发展，为此请求公共图书馆委员会研究和报告付诸实施的最佳方案。"

当然，伦敦在斯坦福大厦（Stafford House）拥有自己的博物馆，其他许多城市也进行重要尝试，并且拥有更多的资料。这项运动或许因此被认为有基本把握，但是由于错过在当地开展得更好的时期，因此现在时间不多。除了已经强调过的城市发展和城市规划及住房建设的紧迫性外，每个博物馆长和图书馆长都更明白，每年收集标本和插图材料是越来越艰难了，而不久以前这些东西却既廉价又相对丰富。

除了上述各个部门之外，迄今为止，还有一个特别薄弱和资源稀少，但也是最有希望和潜力的部门，那就是小学。我们要让英语、苏格兰或威尔士语，以及某一美洲城市或欧洲大陆国家这些单一教育部门明白，在这次城镇研究运动中，自然课（在这些教育课程中多少有所涉及）的内容丰富了，我们拥有了使得学习具有更广泛说服力以及更容易学以致用的联系实际生动有趣的教育手段，如"学校旅行"和童子军行军，唯有这样，一个全民调查才会随着地区和城市的工作分工迅速开展起来。与此同时，这项运动在许多方面已有良好开端。例如瓦伦丁·贝尔先生（Valentine Bell）在兰贝斯（Lambeth）小学所做的工作，他的学生们有效地帮助他进行了一项市镇调查，这在根特和都柏林博览会上激励了各地来的教师，其在英国国内的教育价值和效果也十分明显且富有成效。事实上，这是一场席卷我们的城镇，稍迟会波及美国城镇的"了解你的城市"运动的开始。随着童子军运动的兴起和发展，我们开始了区域调查，从此自然而然开始了真正的城市调查。

现在回到牛津大学地理学院，长期以来，它在调查路线方面令人印象特别深刻。在赫伯森（Herbertson）教授的学生们所从事的众多优秀区域调查中，L·M·哈迪（Hardy）小姐令人称赞的"索尔兹伯里调查"特别富有教育意义且令人信服，许多观点富有新意，对主教们和城市规划师们具有教育意义。

令作者感到特别鼓舞的是，继长期中断之后，过去许多年作为爱丁堡夏季会议特色的区域调查，将在1914年复活节得到积极恢复，这得益于一个新的年轻团体独立自主的成功努力，并且显然受到了前面谈到的萨弗伦沃尔登城市调查、巴克（Barker）小姐、梅纳德（Maynard）先生、莫里斯先生及其他前面提及或未提及的有关人士的积极精神的影响。因而打算向教师们进一步发出一个广泛号召："支持城乡区域调查的研究和实践，支持考虑将区域调查的实际运用纳入中小学的教育内容。"这个新诞生的社团向都柏林发出的邀请开创了一个新的接触社会系列，其方法迅速传播开来。英国生态学会现在尽可能像在更为古老的领域所作的地质调查那样，明确致力于绘制不列颠群岛地图，但是甚至可能很少会会员知道，其主要创始人，已故的罗伯特·史密斯（Robert Smith），是怎样完成那些以其名字命名堪称典范的植被图。这项工作是作为那次苏格兰地区调查中他所分工负责的一个部分，且不仅仅局限于瞭望塔主要关注的爱丁堡地区，他的主要申请理由是为了在每个城市和地区修正其理论。

最后一点，就教育而言，现在处于最高水平，就城市调查真正的基本原理而言，处于大学水平。为什么不能够超越？如果思想家们借助逻辑学、形而上学、心理学、数学及其他高深莫测的专业术语，把长期梦想的知识综合搞得很抽象，过于脱离自然和人类生活的简单世界的话，除了对具体世界进行调查之外，我们还有什么真正的更为简单明了的办法？如果亚里士多德这位知识大师，变得逐字逐句地，而不仅仅是隐喻般地讲述他的"全局视野"主张，又会怎样？因为"综合的观点"无疑最好求助于大众的观点。如果通过体验或真正的游历，比纯粹学习能够更好地实现哲学目的，将会怎样？如果断言，在最高的纯理论教育之上是主动和有道德的服务，我们难道不可以加强我们的城市调查，让我们正在从事的工作发挥作用？

可以彻底唤醒对开放未来的热情和活力的是那些不是太专业的以及不具有市政权力的社会成员。不限于工人以及尽力真实表达自身意见的艺术家，也包括妇女和学校的学生。因此，在最近两期很容易接触到的公共出版物《进化和性别》（Evolution and Sex）中，作者和他的同事毫不犹豫地认为，对城市学及城市改良的呼吁有精神，有技术，也有理想，具有最广泛的人类生活基础，有利于人类生活的延续和提高。

所有宗派的教会不允许长久延迟对城市重建区域的全面治理，对此加以提倡和鼓励的教皇通谕、主教命令和宗教领袖的致辞，以及市民周日礼拜布道中，均作出承诺并加以敦促。应当公正的认识到，遥远的过去从未缺乏教会重要和不可或缺的城市努力，现代的发展和改进正在到处涌现。当然，教会的分裂及被世俗国家取代比旧技术体制更早，但是其在解决旧体制方面长期缺乏成效，这证明了旧体制的强大影响力。当教会的社会变革之门在思想上逐渐清晰，在行动上逐渐明朗之时，教会的解放定会取得相应进步。不久之后，他们在解决众多城市问题方面会比政府和管理者发挥更为重要的作用。永远只有集体情感和集体热情才能够一次又一次造就城市，"啊，耶路撒冷！耶路撒冷！"的喝彩将永不缺乏共鸣和响应。

337

338

第16章

城市和政府基于城镇规划
目的的城市调查

　　　　所有这些调查都是在城市和国家范围内行动的开始。鉴于最近"土
地报告"和类似调查文献存在局限性，以及现在不断增长的政治影响和
近乎付诸实施的情况，有必要将这样的调查更加全面地发展为区域调查。
社会学协会（城市委员会）的建议。缺少先期城市调查的城市规划的危
害。调查的方法及用途。开展一项城市调查和展览的概要方案。正在进
行中的事例。

　　至此我们一直主要通过地区和城市调查以及城市学教育，着手城市规划的预
备工作，但还仅限于公共博物馆和图书馆这些关键部门为减少市内住宅做的准备，
以及小学和职业学院为促进白厅自身进步所开展的活动。为了使得这些宏大计划
清晰明了，让我们首先对近期的1914年"土地报告"的局限性提出批评，尽管
其并非官方报告，但被普遍理解为政府行动之前的准备。之后，我们再就城市调

查先于城市规划这一观点进行最终和充分的论述，并就启动和指导这项工作提出
扼要建议，供市政当局和城市规划师们思考。

　　首先是关于"土地报告"以及对令人尊敬的作者的特别呼吁，非常感激他提
出的方法和建议。

　　专业化验员了解特定的土地，或熟练评估员了解眼前的庄稼，不等于说他自
身知晓在土地和庄稼下面的石头，也不会完全深入思考这片土地还能负担的未
来增长，科学或务实的人们作这样的认识并无失礼。首先，我们认识一下朗特
里先生这位最著名的社会调查员，他的约克"贫困"调查为解决各地的贫困问
题带来希望，他对比利时农村进行的更加透彻全面的研究，超过了比利时人本身。
这里，我们不得不欣赏这份很清楚地得益于他的方法和引导的"土地报告"，并
相应期待按照几乎相似的方式很快进行准备的对应的城镇报告。但是，鉴于如
此众多精心组织的信息，清晰和令人信服的摘要，以及对未来政策的建议一定
会对舆论，甚至对近期立法造成确定和希望的影响，有必要针对朗特里先生的实

例为进一步调查所确定的，以及为政治家的实际运用所建立的方法的局限性提出

警告，甚至是谏言。

当他脱离了往日历史来讨论城市，没有哪个现代城市能被深刻理解，即使是关于贫困和非法雇用这样似乎非常时髦的问题，在这方面，约克市可能好一些。用更多地篇幅，每个城市作为一个章节，就有可能逐个城市详细证明这类批评的合理性。在爱丁堡或邓迪，贝尔法斯特或都柏林，布鲁日或根特，很容易发现和证实历史因素的痕迹，他们各不相同并深刻改变当地环境，其与朗特里先生悉心研究的现代因素的关系就如同不同的经线与相同纬线之间的关系，于是相应地为我们提供不同的社会结构。

朗特里先生对他在另一份著名书卷中加以美好描写的比利时农村地区的理解依然不太深入，把那些数量众多类型复杂的世界著名城市的发展当做这些区域的拥挤场所对待，缺少了他其他相对仔细的书卷中所具有的光芒。所有这些内容加在一起还不足以进行清晰的研究，对提升综合政治才能来说，由于缺少对新兴工业城镇发展及与之相关的"财政盈余"的调查，因而缺少利用价值。应当逐个省地重新研究并解释过去和现在农村和城市之间关系，要研究布鲁日与西佛兰德斯省，根特与东佛兰德斯省（比利时），或者列日与古代王子主教区和现代工业谷之间的关系。对约克同样如此，对利兹更应如此，它们需要连同约克郡一起来研究，因为不能狭隘地认为只有在比利时才能发现城市和乡村的现代关系，就像《城市扩张：疯狂的运动》（Les Villes Tentaculaires: Les Campagnes Hallucinees）中所描写的那样。

在法国的科学研究、文学作品和政治讨论中，区域地理很早就为人熟知，并一直支持那些越来越多的地方分权措施，其中上个年代期间法国地方大学的重建还只是开始。但是缓慢地向法国学习始终是英国作为一个岛国的不幸。我们记得，在被劝说认清现状之前，海军部认为英国的战舰和螺旋桨，无烟火药，潜艇和飞机是何等近乎完美。但在更加相互了解的今天，确实不要过于期望和平时期的政治家以及超前的立法者和他们的专业调查人员对尤其是法国区域地理新发展的了解比以前更加充分。如果他们这样做了，他们一定能重视和接受区域地理清晰全面的方法，并从它意味深长的结论中获益。

迄今为止，这不仅仅是一项鸡蛋里挑骨头的真正专业性工作。它无非强调在不远的将来加以弥补是何等紧迫。因此，区域地理不能被只讲究实用的政客置之不理，他们习惯性地嘲讽区域地理"不切实际"，更有少许的"感情用事"，因为他们常常（自相矛盾地）以不同的语气发表观点。这是一个寻求更加全面科学治理城市的明确主张，这不仅仅出于历史考虑，也是基于地理学根据。区域地理是那种甚至更为综合的研究，不仅分别研究现今乡村和城市，迄今为止朗特里先生是这方面的大师；甚至也不仅是研究与现今相关的过去，以及相反地，研究与过去相关的现在；它是研究乡村包围着的城市，以及城市周边的乡村，并且贯穿历史和现在。这是区域统一性的要求，也是地区多样化的需要。这不是不切实际的

342

343

人对只讲究实用的人的抗议，而是寻求思想和行动不可缺少的更为全面的视野，防止那些实际上过于不切实际的专门化。是到了结束古老的结怨、城市与乡村的人为分离以及城市议会与郡议会相互隔离的时候了，也是到了看到太长时间以来被作为截然不同的物种来对待的城市老鼠和乡村老鼠，而今虽然依旧来自不同区域，却被视为同类的时候了。土地报告和城市报告只好就此加以完善和合并，也更要检讨，从而形成区域报告，这样既有利于生动论述，也有利于有效分析。在这其中，我们必须结束当前现实与通常作为其源头的历史现实之间的隔离。只有这样才能一方面把目前过于死气沉沉的文件当做历史了结，另一方面停止过于草率的新闻报道和更为草率的政党演说。因此，面对信心不足的（尽管是大规模的）全国性法案起草，以及必然带来的更加信心不足的无休止的法案和条令修订，让我们超越泛泛的农村和城市报告，进入区域调查阶段。通过这些社会调查分析，相应的地方性治理和复兴也将取得进步，政治家们于是可以更加清楚地看到，区域性地全方位地加快发展是多么美好。

我们现在讨论为城市规划方案而准备城市调查和地方展览的必要性。除了将全部论点汇总外，我们确信，它对城市当局具有实际说服力，也对地方政府委员会具有吸引力，王国内的每一个地方政府委员会不得不监督他们的方案。稍微简略一点讲，这是一份社会学协会城市委员会起草给中央和地方有关当局的备忘录。

一、城市委员会工作概述

我们欢迎并高度赞赏城市规划法，并且早先决定委员会没有必要加入对此项法规及其修正建议的详细讨论。我们提出的基本上是城市规划自身的问题，这些问题是在对相关特殊类型的城市和地区的研究中提出的。我们也提出城市调查的本质和方法。我们一致认为，在任何城市规划方案能够顺利实施之前进行城市调查非常必要。虽然这些方案尚处于市政官员、公共事业协会、私人个体、专家或其他方面的酝酿阶段，但是不管它们有什么特别优点，都并非基于对城市历史发展和现有条件的充分调查，也并非基于对别处城市规划优点和缺点的充分了解。这些案例颠倒了城市调查先于城市规划的自然顺序，与在更加充分了解基础上形成的规划有很大不同，且一旦实施将不能替代甚至是难以修正，个人和公共机构正处于把自己托付给这样的规划的危险之中。

过去几年，我们为此提出开展一些有代表性的典型城市调查，并将他们在城市展览会中展出。我们期望在政府的赞助下，与公共博物馆和图书馆联合起来，并得到代表不同利益和不同观点的主要市民的合作。这项活动在莱斯特和萨弗伦沃尔登、兰贝斯、伍利奇（Woolwich），以及切尔西、邓迪、爱丁堡、都柏林和其他城市已经取得进展。有了必要的熟练事务性协助及适度的经费，我们应当能够支持在其他城市开展这样的调查。经验表明，在这鼓舞人心的工作中，通常是首次进行了解社区的过去和现在的全部环境和生活的城市调查，以及编制预示和主要决定城市重要未来的规划方案，我们开始了一项全新的运动，一项以唤醒城市意识，相应地弘扬更为开明、更加慷慨的品德为特征的运动。

二、委员会的建议

在着手编制城市规划方案之前，最好对当地城市情况进行先期调查，这在法规中虽然没有规定，但完全寓于其精神之中。因此我们迫切希望，据此感受提出的强烈建议，至少应成为地方政府委员会为指导地方当局而制订的城市规划方案规则的一个组成部分。如果缺乏这个规则，政府当局和其他利益相关者将处于执行规划先于调查这一完全相反进程的危险之中。我们为预防此危险所提的建议其本质非常明确，即

347

> 在着手编制城市规划方案之前，最好进行初步的当地调查——包括收集和公开展出各种能够说明环境、历史发展、交通、工业和商业、人口、城市条件和需求等情况的各种地图、规划、模型、图画、文献和统计等资料。

我们希望把这注重实际的建议提供给地方政府，只要有可能，通过媒体的讨论听取公众意见。听取持各种不同观点，与城市规划方案利益相关的众多团体意见的内容在政府最近修正的城市规划法第三附录中得到认可，以此回应来自我们自身及其他社团的意见。

三、缺少先期调查的城市规划的危险

对于地方当局尚未充分认识到提议中包含的通过调查展览进行充分前期准备的必要性的任何社区，将采用怎样的城市规划程序？如果有城市建筑师的话，城市议会，或者街道和大楼的管理委员可能会简单地向他请教，更多的时候通常交给市镇测量师或工程师去制订城市规划方案。

348

这样可能会做得勉勉强强。但是迄今极少有官员或委员有时间或机会来关注城市规划运动，甚至这方面的出版物，更不要说直接从其他城市的成功和失败中

了解。他们的确一直没有做好地理、经济、艺术等等多方面的准备，而这对解决这个更隐含着数不清的社会问题的，最为错综复杂的建筑问题是必需的。

如果提议邀请专家提出建议，城市议会的财政委员会及纳税人将倾向于阻止雇用外来建筑师。此外，甚至熟练的建筑师，尽管其作为一幢建筑物的设计者也许非常杰出，但他通常与城市官员们一样不熟悉城市规划，这种情况尽管存在例外，但也相当罕见。经常情况下，甚至不如城市官员。因为至少官员们建造了现有的大街，而建筑师只不过是认可它们而已。

毫无疑问，如果这种个人编制的规划在总体或局部上做得太差，连那些对某一城市或相关区域不是特别了解的人都能看出其中瑕疵所在，地方政府委员会可以不予同意，或者要求进行修改。但是，即使受理了，远处的伦敦又能做什么？或者即使派地方政府委员会的咨询官员去作短暂访问，实际危险依然存在。危险不在于那些街道等，当然也许会出现如此愚蠢的错误，而是在于迄今还只是一种堆砌市政艺术的低的审查标准，尽管也存在缘于有经验的个人主动创新而产生的例外。

于是按照这种过于简单迅速的程序制订的城市规划方案可以避开地方政府委员会的反对，不能实现城市规划法的精神和目标，在一代人的时间里，或者无法挽回地把他们的城市交付给下一代人也许会强烈反对的设计方案。无疑，一些个体设计可能会很好，但迄今我们中间缺少许多熟练的城市规划师。即使在德国，甚至在美国（尽管最近得到赞许，而且不少是合理的），这种新的艺术依然处于初始阶段。

要在甚至最具权威的场所和最令人满意的环境中认清和利用几乎最显而易见的特征和机会，爱丁堡或许可以选作为一个具体的失败例子。因为除了拥有独特的优势，令人称赞的古代和现代城市规划实例，相对觉悟的建筑师，以及市政和公众对城市便利设施的较高关注之外，爱丁堡也出现了众所周知的许多错误、失败，甚至是野蛮行为，其中有些是近期发生的。如果这些事情发生在那些主要依赖其诱人外表，并且它们的城市议会和常住居民对此具有相当的兴趣和鉴赏力的城市，那么那些处境不佳，建筑趣味下降的城市有什么引以为荣？即使通常确实很少唤起地方对伦敦郡议会的警惕以及市民对其个人成员履历的尊敬，必须说，伦敦期待地方城市依靠她提供许多指示和引导是一件整体来看很难的事情，因为她为数不多的伟大进步是地方城市天生力所不及的。我们过去说过，现在还是同样这么说。

总之，没有我们所期望在每个城市看到的初步调查和展览会，城市规划方案照样会获得"通过"，但是不能期待最好的"可能"。由于过去近代工业的混乱增长，迄今我们倾向于容易满足任何改进，然而这不会让我们长期满足，更不会让我们的后人满足。这部法律试图开创一个新的更好的时代，并使合适的城市重新变得漂亮，它的调整范围从住房建设到城市（拓展）规划，对每个市政当局而言增加了尽力做好城市规划的难题,事实上是城市发展和城市设计的难题。

四、先期调查的方法和用途

很乐意为必要的先期调查列出大纲。这是城市调查工作。应当考虑到城市的整个地形及其拓展,这一点要比过去做得更加彻底,不仅要运用常规的分布图和示意图,还要运用等高线图,并且条件允许的话,甚至运用立体模型。土壤、地质、气候、降水、风向等分布图比较容易获得,如果没有的话,要根据现有资料编制。

351

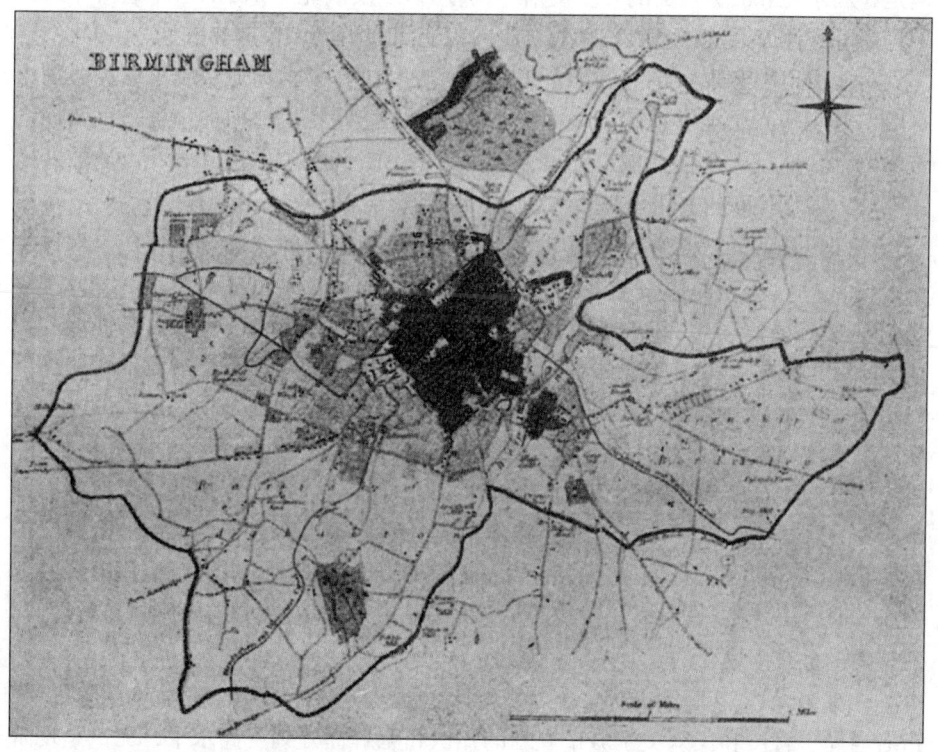

图 52 1832 年伯明翰及行政界限(黑色实线)

通常关于城市过去发展的历史资料收集起来并非十分困难。关于从铁路和工业时代到来后现代阶段的资料,可以毫不费力地从珍贵的"1832 年维新法案地图集"中间的插图开始,并将其与直至现在的各个时期的示意图进行比较。

通过对城市实际发展状况的研究(经常沿着不同于以往制定或预期的路径),

352

会有效地帮助和评价我们目前对未来发展的预测。

过去、现在以及可能的将来的交通方式也要特别仔细地标注在地图上。

这样也呈现了不仅将该城市与附近环境联系起来，还要和更大的周边区域联系起来的必要。尽管与地理科学一样古老，尽管用诸如"郡的首府"这样的术语来表达，并且内含于"港口"、"教堂城市"这样的名称中，等等，等等，这一思想在我们现在这个时代却很容易被遗忘，因为城市和乡村的利益通常被分别对待，从而使两者都受到伤害。郡和农村当局关于农村和城市协作的观点应当尽可能牢固，并且会看到其巨大价值。近期爱尔兰的农业开发显示城市和乡村开展比以往更多的富有才智注重实际的合作的需要。为了实现这样的目标开始了城市调查，并且正在发现其价值所在。

对于增加布思先生著名的伦敦地图的丰富和细致，社会调查也许并不必要，但是像马尔（Marr）议员的"曼彻斯特调查"，以及沃克（Walker）小姐对邓迪的调查等等这样广泛的调查，代表着极少数没有忽视适度城市改良的地方。

353

对城市历史和现状调查的准备工作能否顺利进行，常与城市图书馆和博物馆有关，其工作人员能够比较容易地从市内住宅，熟知特别行业的市民，以及如果希望的话，从社会学协会城市委员会获得帮助。不同城市的经验表明，通过这样的方法，能够比较容易筹备城市展览会，且花费不多。

然而迫切的问题是保障城市规划方案的编制也能同样透彻，这将在很大程度上决定未来。

因此，关于城市过去和现状的展览会必须增加相应的场地来展示其他地方城市规划好的实例，并且接受各种有关城市未来的设计和建议。这些设计和建议可以来自多个方面，一些是受到市政当局的邀请，其他一些则是主动提供的，来自本地或其他渠道，内行外行兼而有之。

通过对城区或城市的过去、现在和未来的可能这三重内容的展览，在编制城市规划方案之前，政府和民众几乎清楚形成必要的城市调查主要大纲。可以安排

354

对民众及其代表和官员们进行教育，这也是我们早已建议的方法，也是唯一的方法。其他城市,特别是那些区位或条件相似的城市规划实例,具有特别重要的价值,甚至几乎是必不可少的。

展览会以后，基于展会本身、公众和新闻界的讨论以及一般和专业的批评，市府当局、官员和民众关于城市规划的知识和见解提升到更高水平，无论是现阶段，还是前面所批评的短期的和易于漫不经心，仅遵守法律最低要求的阶段。这样我们可以编制现有（尽管有限）条件允许情况下尽可能好的城市规划方案。这应当吸收来自各个方面的最佳意见，从提交的设计中自由选择，并依照常规建筑费率可以接受的标准支付相应费用。

如果城市规划方案必须得到地方政府委员会的同意，它们的审查员将会受惠于展览会上收集的大量资料，既省时又省力。他的检查就能落在点子上，任何可

能被委任的批评家会自然而然要求这样做。他就能更容易更充分提出建议和修改意见，并被更乐意接受。

选择最好的设计将是对这个领域的个人知识和创造力的极大促进，同样将促进有益的城市竞争。

355

五、城市调查和展览会大纲

前面所提及的城市初步调查已经正将各座城市的位置、历史、活动和精神等许多方面的地方个性特征清楚显示出来。因此不能制订单一的方案来同样适用于所有城市的具体情况。然而，为了条理清晰和便于比较，有必要统一方法。经过对具体城市调查方案的认真研究，一个适用于所有城市，在细节方面易于细化和改编以适应各个城市个性特征的大纲制订出来。附加的这个方案，适合于一般用途，主要用于在编制城市规划方案之前的先期调查，这是城市委员会最迫切的建议。

为了充分编制城市规划方案所作的调查包括对关于下述条目的详细信息的收集。这些信息应当尽可能采用图示方式，即通过以图画、照片、雕版等说明的地图和示意图来表示，配以统计摘要和必要的描述文本，以便在市内住宅、博物馆或图书馆，或者有可能，在城市艺术画廊展出。

356

下述主要调查条目概要允许根据各座城市的个性特征和特殊条件加以修改和扩充。

位置、地形和自然优势
（a）地质、气候、水源等
（b）土壤，所覆植被和动物生活等
（c）内河或海洋的渔业
（d）自然使用权（海岸等）

交通设施，陆路和水路
（a）自然和历史情况
（b）现状
（c）发展预期

工业、制造业和商业
（a）本地工业
（b）制造业

(c) 商业等

(d) 发展预期

人口

(a) 迁移

(b) 职业

(c) 健康

(d) 密度

(e) 福利分配（家庭条件等）

(f) 教育和文化机构

(g) 发展预期

城市条件

357

(a) 历史情况：逐个阶段，从最初开始。重要遗迹和群落等

(b) 近期情况：特别自 1832 年调查以来，区域、增长和扩展的
界限，现代条件下当地的变化，例如街道、户外空间、休
闲设施等

(c) 当地行政管理机构区域（市的、教区的等）

(d) 当前情况：现行总体和详细的城市规划方案

街道和林荫道

户外空间、公园等

市内交通等

给水、排水、照明、电力等

住房建设和环境卫生（详细位置）

现行市政和私人的城市改良活动

城市规划：建议和设计

(A) 英国和国外其他城市实例

(B) 有关城市规划方案的贡献和建议，关于

(a) 区域

(b) 城市扩展的可能性（郊区等）

(c) 城市改善和开发的可能性

(d) 对以上各方面的具体建议措施（可能的替代方案）

更加全面细致的城市活动大纲将会超越我们目前的范围，当开始进行城市调
查时将会发现当然要增加更多内容，并需要各种各样的合作。在前面提到的一些

城市如爱丁堡和都柏林，正在准备这样更加详细的调查，并且取得进展。尽管迄今这些调查还只是自愿且非官方性质，但有迹象表明不久将会发现值得为政府所采纳。这里或许可以再次引用近来泰恩河畔纽卡斯尔委员会建立城市博物馆并开始城市调查的实例以资鼓励，可以预见，这个实例不久有望成为典范。

358

　　有时我们会思考这样一个问题，怎样才能加快进行城市调查和展览，避免完全依靠个人或私人的努力所带来的延误？可以借助像都柏林（参见第12章）这样的城市规划展览会所提供的那些显而易见的服务。这样，经过与当地各种类型专家的磋商，城市调查开始启动，如此制订的内容广泛的调查大纲详细包含了未来当地发展的内容，既节省了时间，也便于与其他城市进行比较。包含其他地方城市调查内容的展览会对本地工作人员是一种提示和鼓励，来自不同渠道多样化的城市规划和设计实例对所有感兴趣于编制当地可能最好的城市规划方案的人来说自然有所帮助。

第 17 章

城市精神

在开展了城市调查，举办了展览会及编制了城镇规划方案之后，接下来还要做些什么呢？上述工作仅仅是个开始，是对城市的初步研究，是一个关于城市发展和拓展的草案。无论是在当前所有现代城市或多或少需要的改进中，还是在今后的改进中，如果我们不会助长忘却或抑制的话，我们不得不认识到城市的精神和特色，个性和特点，将其铭记在心并加以强化和表达。

怎样呈现和表达城市精神？调查对于城市的炫耀或许有所帮助，对于更具表演性质的假象更有帮助，文学作品和各种艺术必须运用城市学和社会学以成就真正的史诗。无论怎么说，每个城市都需要一个城市学院，在一些城市这项工作已经起步。

就城市精神，以及认识城市精神与洞察城市各自潜力的关系而言，需要具体的事例。这里选择"切尔西——过去和未来可能"作为一个例子，来做简要且不完整的概述。

现在我们可以假设到目前为止已经完成城市调查，并着手准备进行规划。这至少在不同年龄阶段和不同能力水平的人中间进行着，从小学、大学、博物馆、图书馆到城市住宅的每一间公寓，并通过许多渠道深入大多数家庭和大部分公民。现在我们可以放下这个艰难的话题，并自信所有该做的事情，无论是对还是错，均已完成了吗？

展览会结束了，城市规划委员会（设想它期待已久）于是可以指示城市工程师来编制城市规划，毫无疑问他已经采用自己的方法将规划方案草拟出来，不管是好是坏。从我们的城市规划展览中，工程师和他的委员会现在的确可以认识到他们多数人许可，或者一个活跃的少数派反对的关于城市发展、结构及其需求的想法，这样我们的辛苦才不会完全白费。即使这样的目的达到了，在与地方政府的适当沟通以及根据批评进行调整之后，规划方案将获得正式批准，一代人（在某种程度上是永远的）的城市未来就这样简单决定，今后甚至可能继续这样下去。

然而到目前为止我们积累的不过是城市历史的素材，城市景象的研究以及城市设计的草图。首次展览的主要成功之处在于揭示出城市的不足，我们现有的资料仅仅只是开始，与其他城市进行必要的比较也才刚刚起步。

对于所有这些，务实的人如今会说他不能继续等待，并显得理所当然，虽然他已经毫无抱怨地等了很长时间。因此，当城市规划工作开始的同时，城市研究应当继续进行，更重要的是，产生了对过去、现在和将来城市改造的创造力的需求。

我们想象并描绘我们的城市产生伊始，在邻近而广阔的场景中是山谷、河流、小路。我们在其平原上拓展城市，在其山丘上树立城市，甚至延伸到更加广阔的大海边。于是，对于城市各个发展阶段的大概印象也处于从区域到众多家庭，再回到区域这一变化中，想象中跟规划一样完备。最初如同大自然胸脯上未经雕琢的宝石，然后成为由森林、葡萄园、果园、绿色牧场、金色土地做成的华丽刺绣衣服上的纽扣。

从地理和历史的角度看，我们设计或更新城市景观，一幕接着一幕。尽管做到了不忽视当地考古专家和古文物爱好者的一点点发现，以及不与一般历史学家所讲述的外部世界发生接触，但是在了解城市的基本历史以及城市各个时期的生活特征表现的同时，太过于忽略了研究历史本身的问题这一主要任务。我们必须把城市放在前罗马时代，罗马时代，"野蛮人"时代，中世纪前期和后期，文艺复兴时期，以及自蒸汽机和铁路出现以来不断发展的现代工业社会发展时期来加以审视。由缺少密切关系的众多事件及其非常频繁的外部联系构成的城市过于完美的壮观景象，尽管光彩照人，却不能让公众满意。但是从中我们看到了城市的下一步发展，即更多的关于城市生活的表面假象。这些假象如同它曾经或者正在经历的七个不同时代一样，尽管很幸运地与莎士比亚的独特作品不尽相同，但却是一种华贵传统的不幸堕落。虽然在许多方面我们的城市假象还需要以壮观的场景来弥补，但在其他方面城市假象也许会走向宏大。事实上，这里开始产生一种新的宏大形式，并遍及各个年代的每个城市和地区。

我们于是正在接近文献的真正入口。然而，多亏我们所作的户外调查和展览，使得我们能够从中回顾生活，以及各处创造生活的城市。我们要认识到萧条的城镇也拥有过美丽与年轻。我们要看到它是怎样经历信任的时代以及怎样拥有辉煌的日子，怎样为胜利而激动，为失败而悲伤，怎样从牺牲和冲突中复苏，以及在命运不断变化，思想和灵魂更是不断变化的情况下，一代又一代艰苦的努力。但是由于面对大量繁荣的英美城市，我们过分容易忘却过去的历史，仅仅关注城市的现代工业和铁路发展，从而把现代城市类型当做最终本源，看不到它自身也在变化和改变。

这是无视历史，把在别处发生并记录在案的事情当成我们城市生活过程、它的传统和动力的真正本来面目，这延误了明智者对城市变化的认识，甚至阻碍了

361

362

更加进步的人对城市变化的理解。既然神学家也很不了解当今世界末日的无情惩罚和惊人报应，我们就不能对经济学家在这些方面的迟钝而感到奇怪了，包括认识旧技术时代的局限性，分析罪恶、贫穷和奢侈病、堕落和犯罪、无知与愚蠢、冷漠与懒惰等错综复杂的弊端，并把他们联系起来，或者转而赞赏并支持对新技术的创新与追求等等。

从过去的传奇小说作家瓦尔特（Walter）爵士和里德（Reade）到当代的现实主义者左拉（Zola）和贝内特（Bennett），文学作品的素材就是生活，尤其是城市生活和地区生活。如同伯格森（Bergson）正确指出的那样，思想只是生活的种种片断，运动是生活的本质。这种生命运动按照不断变化的节奏进行，由当地的天才人物发起，并在时代精神的支持下得以持续，伴随着好和坏的影响。在城市调查进行当中，除了一会儿听到缪斯的歌声，一会儿听到复仇女神尖叫以外，我们还能听到其他什么！

因此，城市调查是了解我们大众生活历史的一种手段。这种生活历史既未过时，也未结束，它融入了当前城市生活和特性之中。所有这一切，加上这种也许起到提升或阻碍作用的新的影响，正决定着城市不久的将来。通过对众多事实的调查，不仅要收集经济方面或建设方面的重要档案，而且要唤起迄今每代人的确不同的，更是始终不断自我表现的社会个性。

事实上，有一个关于城市调查更高层次的问题，我们先前那些章节的每个主题都归结到这个问题。那些只看到城市的共性以及它们的道路和公用通信网络的人，充其量只是一个很普通的工程师，而不是一个真正的城市规划师。即使是一个工作中埋头苦干的纯粹工程师，更不用说是一个艺术家，也必须真正了解他的城市，深入城市的灵魂，就像斯科特和史蒂文森对爱丁堡，以及佩皮斯（Pepys）、约翰逊、兰普（Lamb）、贝赞特（Besant）和戈姆（Gomme）对伦敦的了解和热爱一样。牛津、剑桥、圣安德鲁斯和哈佛相当鼓舞了它们好学上进的学子，但是伯明翰、格拉斯哥、纽约或芝加哥，没有哪一个对善于观察和思想活跃的人具有吸引力。每一个城市拥有大量优点和更多前景，因此对于作为艺术家的城市规划师来说，城市的最坏之处或许会成为最好的东西。

因此，在这长篇巨著的末尾，我们还仅仅处于研究进化中的城市的初始阶段。我们现在应当放弃选择典型城市。我们需要找出所有这些独特发展的社会学解释，正是由于缺乏这种具体调查，才使得社会学长期处于介于人类学和形而上学之间的原地踏步阶段，在今天的城市社会生活中没有足够的立足点。我们需要像生物学家调查个体和种群进化的相互作用那样彻底调查城市和居民生活，并了解他们相互之间的关系。只有这样我们才能充分解决社会病理学问题，进而给城市带来希望，更明确地着手城市治疗和社会卫生。只有这样，并通过这种研究，才能保证刚刚开始的城市复兴不仅仅是空想，才能够更明确地看出，甚至提出必要的政策。于是我们沿着新的螺旋式上升，回到了把城市规划当做"城市设计"的阶段。一个城市又一个城市地提出并明确我们的城市理想，在城市复苏中探寻如何努力摆脱城市旧技术弊端，如何打开建立在良好起始规则基础上的更为宽广的大门。为了再次拥有健全思想和健康体魄，教育和工业有可能重新组织在一起。将理想主义观念、建设性思想与实际努力统一起来，将城市伦理学、集体心理学与艺术，甚至是经济学统一起来，才是一座又一座城市真正、实际和可行的理想之邦规划。这是我们所有城市调查的根本目的，然而一个城市的调查成果不适用于其他城市，可能要把一个城市接着一个城市关于事物的现实、变化情况及可能情况的调查内容作为新的章节增加到报告中，实际上有时一个城市就需要一卷。

　　每一位城镇规划师确实或多或少在朝这个方向转变。现在没有哪个人承认自己仅仅是一个削足适履的工程师，或者仅仅是一个透视图制图员。但是就像从前的建造者一样，在我们能够真正表达城市精神之前，还要面临长期艰苦的工作和探索。虽然我们仅仅处于解决精神和艺术上小事情的时代，然而确实担负着重大责任。因此我们在瞭望塔及城市规划展览会那些展室里通过草案或草图对此尽力加以说明，并且间或在爱丁堡、邓弗姆林、切尔西、邓迪、都柏林或马德里作一些实现理想城市之邦的尝试。

　　通过像在都柏林进行的城市规划这样大规模的城市尝试，城市调查与理想之邦之间的联系对其他那些城市而言变得更加清晰，这种尝试也对所有党派、阶层、职业和个体产生吸引力。采用这样的方法，城市调查、展览会和城市规划实际上推动了一个新的教育运动，都柏林成立了一家城市学院，其他每个城市也很快会有进展。学院、大学、画室、画廊和图书馆等将会为城市研究提供多么大的帮助，关于这一点，前面已经充分建议过。但是现在有一点比较清楚，那就是，城市研究也会反过来帮助他们。因为如果城市大学没有取得新的进步，举办城市展览会并进而推动城市复兴又从何谈起？

　　缺少对城市个性和精神认识的提高、深化和广泛传播，城市规划和改进方案计划至多只是对那些上代人非常容易满足，而我们今天正在彻底放弃的"行列式街道"的重复而已（尽管无疑是采用更好的形式并呈现进一步螺旋式上升），最终无非像贫民窟，在某些方面讲就是简单标准化的牺牲品。

　　在这一点上，我们比以往任何时候更需要来自一个又一个城市的具体例证。但是限于篇幅，不能介绍更多。例如，单就爱丁堡或都柏林，就需要整卷甚至更多才能说得清楚。确实，对于相比较而言规模更小，并且不太复杂的邓弗姆林来说，作者已经采用加倍紧凑的不太充分的篇幅。

　　然而，一些事例尽管简短，却仍须列举。关于解放城市精神的研究和思考的一点迹象，以及关于哪怕能够激发一点点城市精神的预言、倡议和努力，随着各地城市学院运转和发展，作者抛砖引玉，提出下面的简要概述供开展"切尔西——

366

367

过去及可能"的讨论。

　　对于切尔西的考察让人充满兴趣并富有意义。对考察过程进行的详细介绍采用了漫谈形式，这种形式不仅仅为入门手册式的摘要所采用，更为雷金纳德 · 布伦特（Reginald Blunt）先生令人钦佩的指南所采用。

　　每个切尔西人多多少少都会知道切尔西教堂和那些纪念碑，以及教堂大道及其相连的道路，对每一个重要财富也是如此。但是次要的事物却容易被低估，因此老教堂的虔诚参观者如果对新的教区教堂现代哥特式的平淡不加注意的话，常会完全漠不关心地路过。但是它不仅是在这个地区，而且是在19世纪时期著名建筑中的一座，因为它是第一座采用石拱顶的现代教堂，也是中世纪后期以来兴建哥特式大型建筑的第一次真正尝试。难怪它不尽如人意，说它好不如说它是一个奇观。即使我们也许感受不到先辈们对现代哥特式建筑的热爱，我们也应当知道这座大型建筑依然有其地位，是近代历史中一次具有重要影响的运动中的创新产物。

　　即使在切尔西的隐蔽角落，在避开本地和全国性生活普遍潮流的隐居之处，我们也能发现许多痕迹，从个人兴趣到人类意义，到历史的众多方面，包括世俗的和精神上的。于是切尔西骑士协会为它的所有居民所熟知，但是曾经是辛森道夫男爵庄园的林赛府，却是对三十年战争进行思考的一个台阶，小巧安静有着朴素墓地的莫拉维亚人教堂，让我们回想到历史上一次最伟大优秀的清教徒运动。甚至他们已废弃的微小教室，即使阴暗，也胜过仅仅残存的进步标志。它具有比我们任何学院和大学，比南肯辛顿还更为古老的自身传统。因为与莫拉维亚（Moravian）教师以及《世界图绘》（Orbis Pictus）和《心灵的朝圣者》（Pilgrimage of the Soul）的作者夸美纽斯（Comenius）主教相比，在历史教员中间，缺少一些更具影响的人，并且或许此刻没有人是更加明确的现代派，来对科学与人文科学共同进步的双重需要作出明确表示。

　　我们那些历史大厦众所周知。特纳在那里度过余生并辞世，罗塞蒂（Rossetti）、惠斯勒（Whistler）以及每个追求彻底改造一代人的名人皆与之有缘。如果包括次要一点的名人，自C · 劳森（Ceeil Lawson）之前或之后，至少可以列出三十个成就仅次于前三位的伟大人物，由此可见艺术协会成员是何其众多。我们今天比以往任何时候都拥有更多的画家，尽管谁也不是自己所在城市的倡导者，但老的杰出人物离去了，新的杰出人物必定会出现。我们也许为图案优雅的旧瓷器的消失而感到惋惜，但是我们不断发展，我们拥有数不清的画室，并以更大规模和更加持久的方式表达更高理想主义和比过去更加多样化的现实主义。即使在现在，我们切尔西的雕刻家正在发起一项艺术运动，不久整个国家会承认其重要性和意义不亚于我们这里经常回想起的那些伟大画家所作的贡献，现在是到了认清这一点的时候了。

在切尔西（以及各处的莫尔公园），我们关于文艺复兴的本地记忆可能还未被遗忘，也不会忘记英国"新学术"运动的出现，要不是伊拉斯谟（Erasmus）这样一位被热情友好的大法官裁定为信心坚定并富有感染力的支持者，又怎能取得远非轻易的进步。虽然很少记得，但是非常重要的是，后来运动之所以得到更加彻底的发展（因为也包括文艺复兴后期的科学运动），我们要归功于莫尔的继承人，其同乡和邻居汉斯·斯隆爵士。切尔西以外的许多人知道他的"植物园"，但有时却忘记了作为大英博物馆起家的他的那些藏品，更经常忘记斯隆的设计是多么庄严宏伟，因为那个设计已经完成，他的历史丰碑至今依然永存。在布卢姆斯堡，这一国家财库的中心，并不因为城市拥挤而难以看到，但却像卢浮宫一样炫耀，从公园或在河上看，甚至可能更加完美。因此，大概是通过观念的内部调整，大批博物馆又回到了我们邻近地区，以至于我们现在在精神上不必拒绝至少成为南肯辛顿（South Kensington）的外院以及切尔西的腹地。

370

如同所有切尔西人，所有历史学家知道的那样，对传统的追溯可以持续并扩大。我不必过多谈及当地关于文学、评论和大事件方面的记载。现在到了给出结论的时候了。首先，我们正好身处 4 世纪的一个思潮的汇聚地、一个便于沉思的隐居地，一个学术中心，一个有创造力的艺术之乡，更重要的是，一个散发出理想之邦一丝令人喜悦光芒且永不消逝的道德和社会理想主义的辐射中心。再次回忆起切尔西为数不多的那些伟大人物，谁也不能怀疑，除了当地自莫尔及伊拉斯谟的赞美画以来的空想和幽默团体外，一定依次糅合了强烈的空想、斯威夫特（Swift）[1]的极度诙谐以及卡莱尔那充满英雄气概的幻想和感情强烈的讽刺。或者，另一方面，在这三位人物之后，同样的乌托邦传统是否没有能够唤起金斯利（Kingsley）的丰富热情？或强化托马斯·戴维森清晰易懂的乐观主义？昔日的切尔西兄弟会已经成长为费边学会这一今日一代人关于乌托邦理想最为强大的团体之一，它后期在教育复兴和城市理想主义方面的学说，在经受了甚至来自纽约的金融寡头的无限权威后，依然那么清晰。

371

接着是关于我们城市精神的结论。尽管就面积、财富、人口和其他简单数量来衡量，切尔西只是伦敦的一个次级地区，但却是按照自身最好的道路发展的城市，并且总体而言，是继金融城和威斯敏斯特之后比较显著的伦敦中心区主要三驾马车之一。诚然，金融城以商业、物质财富和金融繁荣作支撑，威斯敏斯特则因神圣的传统以及管理能力而立，而切尔西相比较而言只不过是一座郊外小村。然而，当改革终结了威斯敏斯特作为中世纪思想隐居地的

1　Jonathan Swift（1667—1745 年），爱尔兰讽刺作家、诗人、英国国教会牧师，通称"斯威夫特教长"；以《格列佛游记》（1726 年）最著名，作品以讲述在一些虚构的国家里旅行的荒诞故事的形式来讽刺人类社会。——译者注

传奇，却开始了切尔西的历史，它自然成为文艺复兴理想的隐居城市。从那时起，它一次又一次担当了与两座中心城市的物质和政治繁荣互为补充必不可少的角色。除了在切尔西获得个别和零星认同外，这个观点已经为牛津大学更加充分清醒地采纳，并在教育上加以运用。但是当成为往日的目标和理想主要堡垒的时候，切尔西的功劳基本在于它在新理想和建设性运动方面的首创精神。事实上，这里所长期建立起来的，不是真正的莫尔式"乌托邦"，更不是那个几乎同时代的"泰勒玛修道院"——在那里每个人随心所欲过着自己的生活。

　　我们对当地历史和成就的记录不仅仅是突发奇想，而是对某些可认定的原理的不断更新。尽管对历史学家和他们的读者而言，也许经常觉得过去的生活太过死气沉沉，保存在图书馆的记载只是为了做学术研究，但是对于成长中的以寻找延续至今的本质生活，以及更进一步的，保持文化连续性以及社会精神永垂不朽为宗旨的历史社会学重解而言是必不可少的。从"世上所知及所做的最佳之物"方面说来，对文化的解释仅说对一半，是在墓碑间的哀悼与沉思。文化的更深含义同样更接近其原始意义，在历史中它不但找到果实，同样也发现种子，以为来年春天和将来收获做好准备。历史并不按照我们历史学家划分的"时期"而结束，世界总是在重新开始，每个社区、每个城市和每个地区均是如此。那么，我们这个小城，这个现在身处大量历史著名城市中最富饶的思想艺术隐居地，又何尝不是如此呢？

　　那么，怎样才能将往日的传统延续到即将开始的未来？现在这是一个乌托邦的问题。作为城市联合会的切尔西协会过去多年一直为生存而斗争，此刻它可以将我们分散的努力和追求更加积极的公民权利的激情组织起来，而不仅仅限于关注煤气、排水管以及税捐这些有限目的。我们确实具有像追求如近来的盛装游行、艺术狂欢以及非凡的画展这些文化成就那样追求更多雅典公民权利理想的能力。为什么我们不同样追求更加相互关联进而相应更加独特的生活？我们有进行许多文化活动的传统，这些是一般含义上的"城市大学"的要件，因为，在宗教层面，社区就是教堂，在政治层面，社区就是国家，同样，在文化层面，社区将是大学。此外，除我们之外，我们这个时代一直在发展字面意思上的大学街区。为什么现在不将这两个新出现的动向结合在一起？也许在切尔西，那对我们自己来说不是一次新的推动，那么不久以后对于伦敦，就像之前立刻促进了它的大学学院发展那样，不该是件有价值的事情？为此，对莫尔花园上的克罗斯比礼堂这一可谓是最后幸存的古伦敦遗迹的重新组装，不仅是表现考古学上虔诚的行为，更不仅仅是一次"整修"，而是一次更新。这是一种有益象征，一种复兴的首创精神，它将乌托邦理想与本地实际、市民与学院的思想合为一体。它首先将过去生活以及与其相关方面重新连接在一起；在公众和学院两个方面，它也同样具有日常效用；更重要的是，作为为将来的准备，不应当简单地夸大现在以及铭记过去。因此，在切尔西的过去与未来之间可能有一种新的联系，

图 53　克罗斯比礼堂，切尔西：1909—1910 年重建为大学宿舍

一个把思想和行动以及城市回顾与城市未来统一起来的勤奋好学和注重实际的中心。

第 18 章

城市改良的经济意义

前文对切尔西的论述的批评，及其解释：其他城市的不同发展已经与新技术进步是相符的；一个充满希望的征兆。

能否把住房和城镇规划当成产业计划书？是否由政治环境来决定？从过去的经验来看都不是。像其他先进的理想主义一样，对于倡导者来说都是要花钱的，然而随着时间的流逝和人们的熟知，它会变得越来越便宜。从爱尔兰农业运动的经验得出这样的结论：更好的住房，更好的生活，更好的工作。

建设公债和其他早期的社会投资：一种公开的承诺。

城市学和优生学：他们的有机联系。城市的发展与人的进化息息相关。

针对上一章结尾处提到的有助于切尔西发展的建议，批评指出这不是很好的例子，因为太过学术化并不能代表真正的实际情况。对于这种观点，有几种解释：第一，这是我所做过的和所知道的最佳案例；第二，即使在现有的秩序中，也有牛津、剑桥、圣安德鲁斯（St Andrews）这样的城市，大学是主要的资产；

第三，随着新技术文化的进步，通过对年轻一代的素质教育，财富越来越多；而这一定可以继续下去，直到高等教育和专业技能变得越来越普遍。再次，很明显，与之相关并且相当一部分的高层次的工业，比如印刷等，一定会自然增长；等等。然而，即使是切尔西的建议是学院发展中的几个重要因素，尤其是其作为重要的传统的种植业以及两千年之久的艺术都会或多或少的有所发展。再看看爱丁堡，我们可以很清楚地看出目前对其工业未来的探讨有两种截然不同的学派。一种是对所谓"新工业"的绝对崇拜；另一种是客观地考查所有的因素——现有的地点、工作和人的因素，以及有利的和不利的因素，来思考未来的发展。这样的调研对邓迪、都柏林等城市是很重要的，但每个城市的发展都会有很大不同，这一点已

经从不断地调研中得到证实。即使单纯从经济发展的角度看，单一对待这些看似相同但又有完全不同历史的城市将注定不会成功，在都柏林，城市规划和"工业大纲"（industrial brief）是同时进步的。

实际上，这里是城市政治学与城市社会学的开放领域，它非常希望，随着这些共同进步的重大成果可以进一步发展，无论是理论还是应用，这些共同进步的

重大成果都可以成为具有健全科学的简单理论水平的明智的做法，虽然优秀的精神成果肯定没有问题。因此，爱丁堡并没有一定走向老化，邓迪也不会在东方最低水平的生存竞争中成为一座废城，都柏林也不会继续衰退成为废墟，贝尔法斯特也不必愤慨，每个城市都会通过更好的跨城市合作，充分利用自己的优势来复苏发展。

让我们回到最简单最直接的，也是读者最可能问到的问题。这些完美的住房和城镇规划是否能够实现？如何支付？能否把住房和城镇规划当成产业计划书？让我们来看一看。

379

特别值得注意的是，在上文提到的住房发展的不同阶段（第 7 章）不会自发出现，从普通的经济角度看，许多自然和盈利的发展在政治上并没有得到发展。即使是那些渴望进一步改善住房和城市建设的人，也只有两种选择。实际的发展并非如此简单。每一步发展都源自对当前状况的大声疾呼或强烈抗议，源自那些总是引起反抗或大声疾呼的梦想和计划，那些"不切实际"和"乌托邦"的梦想和计划。然而，这些"不切实际的梦想"仍然会变成决心和努力，那些"乌托邦计划"随着辛劳的工作和一个或两个或更多人的牺牲而发展，至少最开始的那几个人是牺牲品。是时候用文字充分的记载下来这个开创性的历史，因为直到今天，它仍然需要唤醒我们的城市和我们的同胞。但在这里只能提出几个注释和建议。其中之一，试图把旧体制下肮脏拥挤的城市改造成功，格拉斯哥恰恰就是这样的。我们必须回顾查尔默斯（Chalmers）博士和他的"基督教城市经济学"（Christian Economy of Cities），同样也是他实际的努力的结果。例如，现在我们所知的"埃尔伯费尔德系统"（Elberfeld system）就是直接派生来的。在相同的工业区，

380

有段时间，虽克莱德（Clyde）的投机活动与罗伯特·欧文（Robert Owen）的实际行动很少联合，但也造成了世界性的影响，这已经在波德莫尔（Podmore）先生最近的自传中有所记载。通过立法改善劳工待遇的重要的先驱者中，沙夫茨伯里（Shaftesbury）伯爵阁下艰辛生活的故事中有充分的告知。欧文（Owen）是共产主义者，于是戈丁（Godin）就是傅立叶主义者。卡莱尔本身有一段时间是一半的圣西莫尼安（St Simonian），他通常是强烈反对人力徒然论的经济学家和旧制度。举个例子，就像"哈得孙的雕像"，是由金斯利继续下去的，我们英国的拉梅内（Lamennais），后来又由拉斯金继续下去，而拉斯金大体上是被西斯蒙迪（Sismondi）唤起的。所有这些理想主义者唤起了越来越多的觉醒，尽管有这些积极的因素，但重建工作仍然是缓慢的、漫长的、不完美的。奥克塔维娅·希尔（Octavia Hill）是第一次当业主的拉斯金的房屋代理人，他的"圣乔治协会"虽然没有成功，但仍然是一个设计，他的思想和理想仍然是有影射作用的。

返回到早期的卫生学家，西蒙（Simon）、帕克斯（Parkes）和其他人，我们

必须感谢这些人，因为他们给了我们纯净的水、公共清洁、家庭卫生和降低死亡率这些暗示，并考虑在有着历史上无与伦比的材料污垢的城镇中，为了他们积极而艰辛工作的这代人，理想主义者给他们带来了福音。在这过程中，理想主义者要与冷漠和反对甚至愚钝的人抗争。因此，甚至今天我们还能记得，我们管理街道制定的恰当的细则表明了理想主义者克服恶劣的不利条件所做的努力，而一系列的占有物和郊区乡村的改善都已经能看出理想主义者慷慨的努力。埃比尼泽·霍华德与他的田园城市就是这样，但它是他们漫长的一系列实践的最高典范，而忠于他的田园城市协会的股东们，像所有其他真正的实验家一样，仅仅是在头几年获得了少量的分红，他们也是绝不能忘记的。

图54 小规模的田园乡村，利用利斯（Leith）河旁的独特灌木建设起来，朝向爱丁堡市郊。自1892年以来的一项早期努力

然而，火炬一定要点燃并传承下去，如果我们不能继续传递火炬的话，就像已经频繁发生的事情一样。举个例子，我们这代人的影响力应该不小于罗伯特·欧文那个年代的世界各地的声望和影响力。诚然，火炬现在在建筑师和城市规划师的手中，在约翰·伯恩斯发现第一个政治家之后，现在和今后，这都是一个实际的政策问题。然而，"所有的事情都实现了，而且过去了"，住房和城镇规划的工作比其他工作更实际，我们没有持久不朽的城市，那么，我们还需要哪些更进一步的理想和想法呢？

那么，难道更好的住房和城镇规划始终是理想主义和勇于牺牲的人的事业，或者他们能定居下来，以可靠的工作和有利润的回报为生吗？简而言之，他们将为此付出代价吗？会怎么样呢？确信无疑的是，由于有逐年增长的红利支付，合作社业主无疑会选择它，而很多其他人也会这样。因为有霍勒斯·普伦基特爵士的爱尔兰农业运动：先行的理想主义者一定总是对物质生活的要求较为简单随意，无意追求物质享受，他们已经洒下的种子，其他人已经收获。普伦基特的"更好的农业，更好的工作，更好的生活"的口号尽管一度遭到怀疑和嘲笑，但现在吸引了数以万计的爱尔兰农民。既然真正处处为百姓着想，为什么不继续甚至更加广泛地呼吁"更好的住房，更好的生活，更好的工作"呢？

　　诚然，没有哪个熟知的旧技术类型的城市有非常受欢迎的、能完美融资的城市计划书；其提倡者过于频繁的表现，并潇洒地向投资者承诺，可以迅速获得他

383

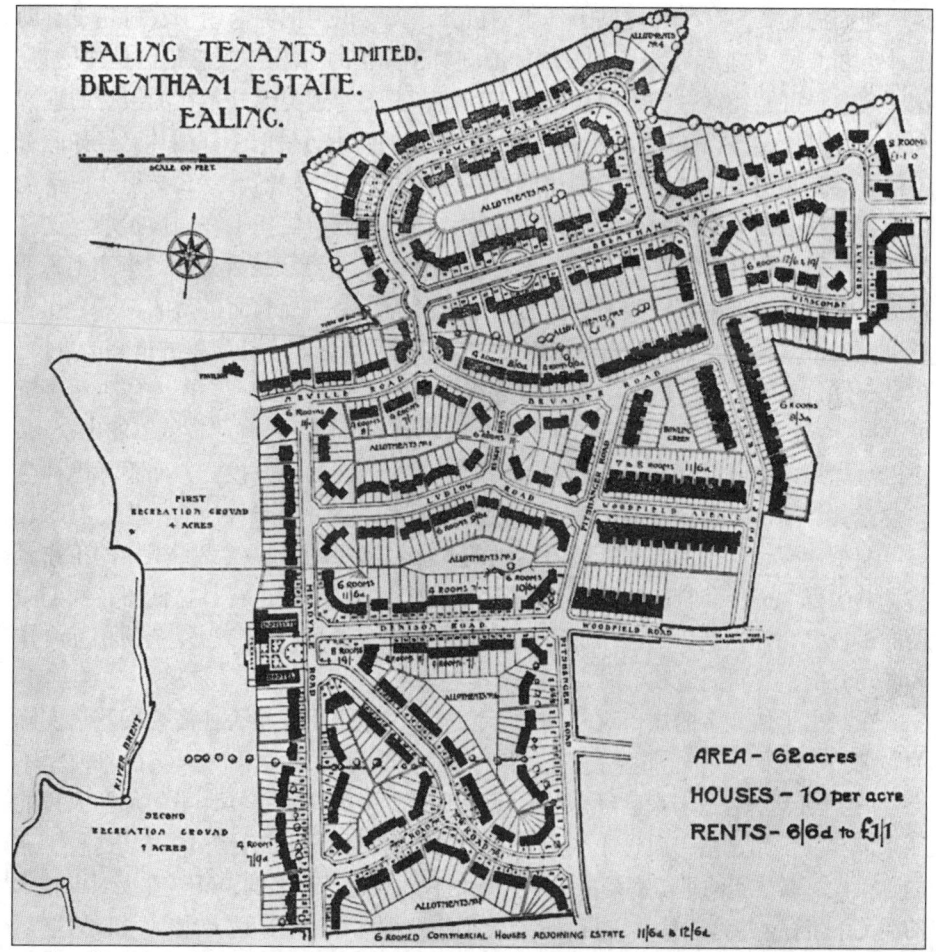

图 55　位于伊令（Ealing）的有限合作住宅区：发展进步的范例，从 1901—1902 年的"规则型街道"（bye-law streets）到 1911 年的田园乡村类型（自右向左生长）

们想要的巨额回报。在稳固的农业中，没有谁能够快速致富，无论他是农工、农
场主，还是地主乡绅；也很少有任何幸运可言：每一次离开土地比他发现的更好，
但每个人看起来有适宜和高尚的职业、健康和幸福的家庭生活、真正和实在的家
人感受。因此，每种有助于国民致富的方式，最好都是地方和人民在一起。那么，
简而言之，他有生计，同时也是生活。砌砖工和建筑商，建筑师和规划师恰恰是
如此：从前它也是这样，尽管有时会有（旧技术的住房丑闻和建设纠纷）。正如
通过对城镇和乡村的保护、更新和改良，真正的财富不断地增加，这是更重要的，
远胜于"城市"的那些金钱符号、财政的乌托邦，及其大量的债务和梦想。

　　因而，经过现代演变，开始出现的新技术城市的经济理论和实践取代了从前
的重农主义者的观点；但这并不影响制定新的适宜的财政体制的形式。建设公债，
我们称其为政府建设贷款增长计划，这明显是一个开始；并且在当今及今后的世
代，他们的发展为财政部提供了不小的机会。当意识到把资金用于农村建设有助
于社会和谐时，农业银行组织和发展的原则对于真正的"城市"观念仍然是神秘的；
这些观念很可能经常过于崇拜获取个人利益，更不管这类无处不在的银行的理智
和兴旺。但是，当城市整治已经成为紧迫及重要的政策方针时（都柏林已经如此），
银行家要么必须适应城市土地利用的这种办法，想出更好的，要么必须让位给能
做到的更好的银行家。城市银行即将来临，在这里城市信托也许会被扩展，这将
鼓励迄今为止最出色的人——卡内基（Carnegie）先生继续慈善事业。事实上，新
形势下的社会融资有多种类型，所有的也都是为了公共福利而进行的友好合作和
竞争。当然，所有需要（努力争取的）社会融资，不仅是一件简单的情感的事情，
更是一件科学的事情。因此，需要懂能源经济的工程师和物理学家，懂生活经济
的卫生学家，懂城市经济的规划师。在旧技术财政体制下，有"贷款"的出资人，
占绝对优势，就当前利益只会越来越向即时回报最高的地方投资，而不考虑社会
效益。会计师，即公众的懂工业和商业的分析师，不过是照管他的医生，有时也
更可能是侦探。但是，随着新技术活动的开展和阅历的增长，我们积极的工作者
将日益懂得，资金和贷款实质上是我们自己创造的；因此也将日益懂得，我们需
要的银行家，首先是头脑清醒而有政治家风格的会计师，他参与复杂的相互合作
和劳动分配，共同创造城市财富，共享福利。

　　在给出了如此多的城市观点和对于未来的讨论之后，是否还需要回答"实际
的"旧技术的问题呢？那些人坚信"观点没有得到回报"，即"人类的本质是不
会变的"等等？但是未来已经来临，就像明年春天的花蕾一样，虽然那些人可能
从来没有注意到这些，但这不会阻止它们的绽放。无论城市还是国家，这种工业
的建设性、新技术的重组都是成形的，规划和地点也是相似的，甚至在反对旧技术
的混乱中生存，并且这是就它自身的信条而言，即斗争生存，适者生存，既然这样，
组织更多的社会活动是至关重要的。劳工为了雇用而转动车轮，资本家为了利润
而投资，无疑已经持续这么久了，在这样大的人群中，说服他们的成员，使他们

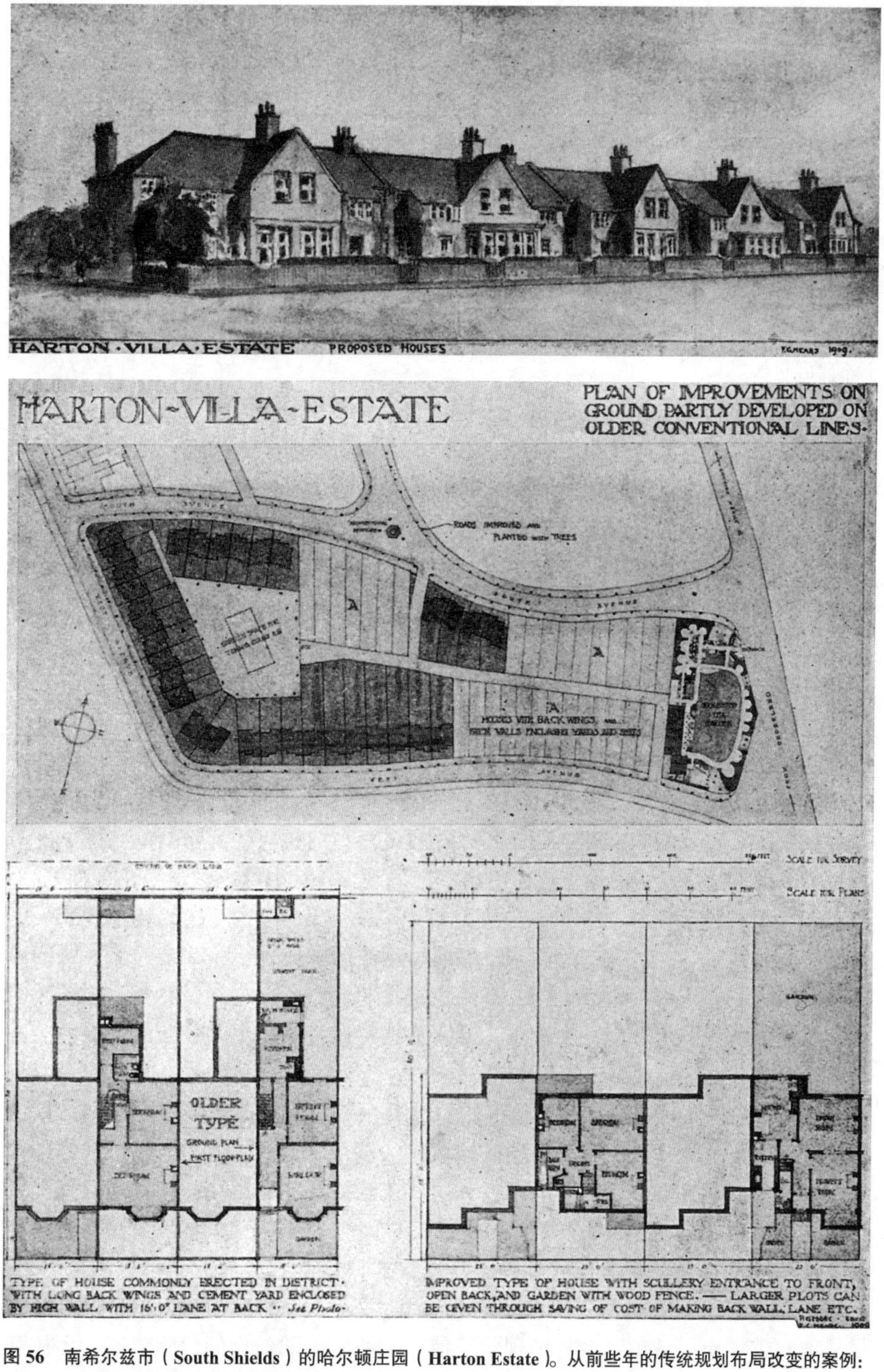

图 56　南希尔兹市（South Shields）的哈尔顿庄园（Harton Estate）。从前些年的传统规划布局改变的案例：能够灵活适应各地规则型街道的类型

意识到什么更好的事情现在正在等待他们去做，并且他们能从中得到多少更好的生活和生计。但是，让那些胜利者笑吧，这不是那些坦诚的人吗？他们为了妻子和孩子，把家园和环境建设得更美好，发展得更快。不是那些不坦诚的人，为了这些更好的条件，他们最多是通过工资或利润而得到，因此，他们世世代代在不好的或更恶劣的条件中痛苦着。

388 　　随着城市学的开始，我们应该会有社会财政，它是以创造真正物质的财富为基础的，它会帮助个人和家庭生存，这正在向健康的方向发展。此时，我们来看优生学：这种优生学是适当的，摆脱了那些宿命论和不成熟的达尔文学说（进化论）的元素，否则，反动的诡辩就会不时地出现，阻止人民改善生活条件的热情高涨。

　　把城市学和优生学联合起来，不再以单独的专业分别研究，也没有人提倡，好像他们是对手的灵丹妙药，很可能占据了一个新天地。这样已经足够了，但在这里不详细讨论，仅仅阐述两三点主要的经验和信念以说服他们。首先，优生学家往往会想到许多人并且把他们列成表，正如股票的"堕落"一样，在不好的环境下是更加恶化的。其次，这样的股票，我们贫民文化的大规模旧技术实验已经证明是最敏感的或者适应它的邪恶，不能改善人民的生活，使他们达到平均水平之上。这些当然不是新的设想：它们是整个历史通过实验证实的学说，至少和真理和语言一样古老，甚至它们的提倡者有时候似乎忘记来表达它们。现在，处理这些问题唯一新颖的方法可能是脱离贫民窟和超级贫民窟提供的巨大的努力是要

389 重申这些学说，独立的感觉或传统。这是和不成熟的达尔文学说对抗，优生学家在前面有提到过。在比他们更充分的科学范畴中，生物学、心理学的、社会学的，以及观察的、实验的和推理的一样，并呼吁更充分的相应的实验，没有科学的对手能公平地拒绝。新增的论点可以引出不同的观点，其中的一些是与经济有关的，如医院、精神病院、私立学校、公立学校、营房、少年犯管教所（感化院）、违警罪法庭、监狱等；另一些是娱乐、赌博、烟酒店和代理店；其余的是下层的出版社、闲置的俱乐部、官僚机构，当然也包括职业，所有这些虽然各不相同，但都涉及前面所说的。补充一个论点，源于道德物质价值和个人股票的生产力，进而在城市学和地区重建过程中用到它。

　　如果要进一步考虑经济和其他可能的因素，我们仍是充满信心并重点提的是：记得旧体制下的大规模的工薪阶层的城镇，大多数工人都生活在非常恶劣的条件下，毫无对舒适奢华的生活的追求。和这些工薪阶层的城镇相比，奢华的高消费阶层的城镇也处于衰落的状态，特别是劳工的状态也随着繁华程度的上升而下降。

391 以上的这两种典型的现代社区都趋于衰退，这种衰退显然是很全面的、复杂的，无法用征兵统计学来表达。因此，要尽一切力量，及早地推进住房和城镇规划建设，尽早地改善城市、城镇和乡村的现状，使我们所需要的新型的田园郊区、乡村和不久前刚出现的田园城市付诸实现。但是，必须面对这庞大的国家重建的发展变

390

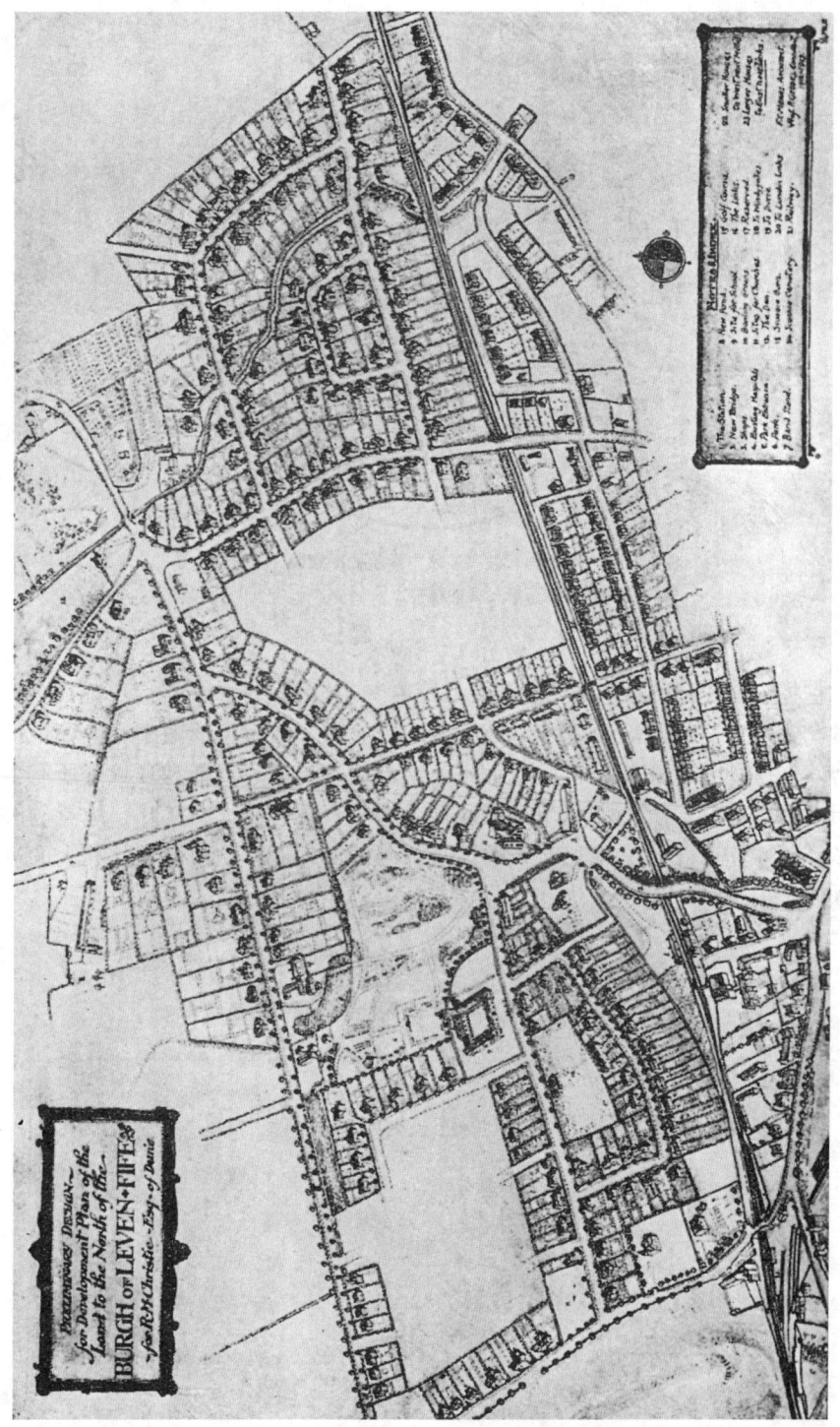

图 57　新利文（New Leven）。法夫郡（Fifeshire）小镇的田园郊区设计

图 58　都柏林的当代复兴：城市学院的图章设计（旨在发扬
1914 年都柏林城市展览会的精神）

392　化，它将创建我们旧技术文明所需要的疗养院；然而令人高兴的是，显而易见会
计师和银行家只有从城市逃跑，从事他的专业时，才有生产效率和生存价值的
优势。综上所述，正如健康生存是完美结合的有机体、功能和环境等所有事物
有机联系的整体，我们的城市生活和社会进步，既包括人对工作、地点的改善
和依赖，也包括工作、地点对人的促进和制约。因此，城市的进化和人的进化
必须同步前进。

摘要和结论

从第 1 章开始，我们摆脱当前的一些经济学和政治学抽象概念（我们都是在这些抽象概念或多或少的影响下成长起来的）：回归至具体事物的研究——城市的具体事物，就像当初我们所发现的那样，或者更确切地说，就像我们所看到的发展情况那样。在过去，政治学和社会哲学实际上都是从具体事物的研究发展起来的，但迄今却大大偏离了原有的主题。为了辨识我们的城市目前的发展情况，它们的拓展情况，以及朝向新的、更大的城镇组群和组合城市的演化动力，为了认识我们的城市所可能具有的活力状态，首先从我们岛屿的地图研究开始，而后也对国外的情况进行描述，此乃后续两章的任务。这样，本书所展示的内部社会生存斗争（intersocial struggle for existence）概念，已不再是像很多人所认为的那样，主要由国际战争的主题所决定；也不是像和平主义者所想象的，是通过和平协商（amicable negotiations）的手段，将当前的工业化进程维持在其现有的水平。和平与繁荣，取决于我们的城市的运行效率，取决于不同地区内为达到一个更高级的工业文明状态，社会公众所可能采取的各项措施。

这样我们来到了第 4 章，对过于松散发展的，并被历史学家和经济学者含糊其辞地描述的"工业时代"进行批判；将其解析为两个主要阶段，粗野的和精美的，古老的和新颖的，旧技术时代和新技术时代；并得出结论，我们当前的城镇，尽管并非没有向更高级阶段发展的积极性，或者推动其更充分地发展的各种手段，但是老实说，它们仍然处于旧技术时代的支配之下。

然而，导致我们延迟接受新技术时代秩序的社会条件，不应被过于简单地看待。因而，不应当仅从这些情况就推论出一些简单的政策方针，并予以争辩和立即采纳，这是一种政治方法。与之相反，当务之急是应唤起民众观察的意识，并使其投身其中，详细地认识我们的区域和城市，使我们各自能够在参与推动我们自己的城市的觉醒和发展方面更具实践能力，而不是仅通过政治的或城市选举的方式将责任转嫁给他人。

随后是关于住房问题的第 7 章[1]，对田园城市和田园郊区进行了特别的讨论，这是 20 世纪内伦敦乃至英格兰对人类文明与安宁的发展所作出的最佳贡献，它真实地留在正在成熟的一代人的记忆或生命中，并世代相传。

---

1 原著中此处误为第 8 章。——译者注

为了满足城市知识及进行比较的需要，开始旅行是比任何抽象的讨论更有兴趣及更有教育意义的事情。因此第8—10章[1]概述了最近在德国经历的一次典型的城镇规划旅行。之所以选择德国为案例，并不是因为它是近年来人们普遍认为的那种最有威胁的商业竞争者或海军竞争对手的国家，而是因为，在欧洲的范围内，德国的城市发展和进步对其他邻邦颇具借鉴意义，英国和美国的城镇规划活动，很大程度上亦源自德国的驱动。

随着所有可能参与的国外旅行及对本地区考察的阅历的增加；笔记和感想随之积累；照片、规划方案、模型以及其他的图解档案汇集在一起。这就逐渐出现了城市规划搜集，接下来再是城市规划展览。它们首先在德国发动，但现在已被很多其他国家所效仿，事实表明"城市规划展览"正在各种不同的城市中兴起。在它的发展过程中，被有秩序地加以区分，因而出现各不相同的部分；各不相同的捐献者和组织者，尚处于各自专门化的逐步发展过程中。总之，专业知识的增加，用于比较的各种必需材料的积聚，参考文献和图表的积累，正在进行之中；这就形成对社会公众的一项广泛而不断发展的诉求。在一个又一个的城市中，正在唤起关于城市历史和传统社会的新兴趣，对当代城市优缺点的鲜活的批判，以及关于城市改革与发展的可能性的讨论。

在这种情况下，城市改革及城镇规划问题自然而然地全面涌现出来。然而，面对如此多的历史传统，如此多的对当代社会的改革建议，一个新的危险也开始显现，即盲目模仿我们所羡慕的一切，却较少顾及我们自己的地点、时间及生活方式方面的差异性。为了想再现过去，我们满足于现有城市中所展现的伪古典主义（pseudo-classical）或虚浪漫主义（feebly romantic）相混杂的建筑风貌，以及简陋的城市街道或传统的别墅城郊，这正反映出建设者的思想贫乏。千篇一律的城市景观和一览无余的林荫大道直穿而过，令人混淆，但却似乎满足了许许多多的城镇规划师的需要；许许多多的规划方案中，到处重复着莱奇沃思或汉普斯特德城郊的局部（这在当地都是极好的）；这都是些城镇规划的拙劣案例。事实上，它们正在成为城市设计的新障碍和新干扰。

真正的乡村发展，真正的城镇规划，真正的城市设计，完全不同于这样一些低劣的抄袭或复制。经济上的浪费，实践中的失败，莫过于艺术上的轻浮，或者更甚。每一个真正的城市设计，每一项正当的规划方案，应当且必须体现出对当地及区域条件的充分利用，展示当地的和区域性的个性。"地方特色"（Local character），并不像那些效颦者所想的和说的那样，仅仅只是故弄过时的风雅。它只能在对整个环境的充分领会和处理的过程中，在对本质的、特有的地方生活进行积极的协调过程中，才能获得。每一个地方都有其真实的个性，并因此而展现出一些独特的因素——这些个性，或许大多尚处于沉睡状态，但规划师的任务，

---

1 原著中此处误为第9—11章。——译者注

正是像总艺术师（master-artist）那样，将其唤醒。只有当他能够做到这一点时，他才算爱上和熟悉——真正地爱上，完全地熟悉——他的工作，这种爱，能够以高度的直觉来充实知识，激发他最丰富的表现力，唤起他面前潜在的、极其重要的可能性。因此，我们要求必须对农村和乡镇、村庄和城市进行全面的、彻底的调查，以此作为所有城镇规划和城市设计的前期准备；通过对旧技术时代城市的地质调查（geological survey），为正在形成中的新技术秩序（参见最初的人口地图）做准备；实际上还有更多的意义。

因此，提供了有序进行前期调查的大纲；对于博物馆和图书馆，学院和大学，城市及其市政当局。在他自己的城镇，读者将发现它们是有益的，至少是有启发意义的。对于我们所有人来说，最重要的是使我们自己逐步成为越来越多的调查员；这将使我们自己十分独特的经验更加生动化和合理化（rationalise）；并能把我们自己的观察与思考同他人进行比较和协调。这种日益增长的知识，是为乡村和城镇必需的进步而进行的真实且必需的准备。

在我们紧邻的环境中，这种新鲜而令人着魔的兴趣不断发展，超越那些太过庸俗的冷漠，日常漫步和身处长期熟悉街道的市民，将会逐渐地或突然地醒悟于一个真正的新发现——关于过去的或当前的兴趣的新发现，关于他身边的日常社会场景的未尽利用的可能性，以及它们当前的或潜在的美丽。商业和工业劳动者，机械的投票者和议员，行政官僚和事务主义者（routinist）——那些行事较欠思量，茫然努力，但却阴暗的，或只顾自家，做一些比旧技术秩序略好的事情——或许会返老还童，人们醒悟过来，被一种新的景象赋予生机，这种新景象包括毫不夸张的艺术"新观点"（fresh eye），也包括科学的开放观点。两种观点至关重要的结合和协调，正是新技术秩序的特征，与我们的萎靡不振和不可救药形成对峙。气馁和玩世不恭的做法，在过去极为普遍并世代影响，至今仍有着日益增加的影响，并非思想的正确态度，但这是容易理解的——甚至是熟知的。为什么19世纪的科学不能胜任？主要因为它在与艺术的联系方面过于僵化（static）和解析（analytic）。为什么艺术及其他浪漫的运动不能胜任？因为它们在与科学的联系方面过于历史性（retrospective）。二者都失败于在社会和城市中的应用，因而其过于常规的思路坠入自身的偏执，或机械化的和盈利性的状态。但是现在，科学正在其观念和内容方面不断进化，在其应用方面更加协调和社会化。艺术正在从那种重塑已消失的过去的外壳和伪装的无益努力中挣脱出来：它意识到，艺术的价值在于对当代重大情感、理想和观念的表达，因而，艺术的任务即以其鲜活的资源和建设性的新手段，展示时代之美。在科学家和艺术家不断前进的过程中，他们也开始相互理解和信任；一种真正的协调正在开始。由于科学和艺术的这种初始合作得以实现，我们的气馁和玩世不恭逐渐减少；不久之后，我们的压抑和麻痹将彻底消失。这样，一个新的时代，一种新的激情，一项新的启迪，已在拂晓；借此，城市的振兴，将

398

399

指日可待。

区域调查及其应用——乡村发展，城镇规划和城市设计——必将会成为新一代的主流思想（master-thoughts）和实践抱负（practical ambitions），至少不会比过去的商业、政治和战争逊色，相对于我们这一代人而言。在这些富有建设性的行动过程中，那些在商业、政治甚至战争的外表之下的合理而有效的所有元素（尽管它们常常是不足的），能够被得以发现，并各自日益增加。对于各地有思想的地理学家、艺术家、工程师以及城镇规划师而言，新技术秩序已经不仅是即将来临的意识，而是被归纳为综合性的地工学（geotechnic）；其艺术和科学，将较少地视作智力乐趣、成就和声誉，而更多地作为能够被组织开展地理服务及城乡区域复兴的手段。

这样，我们将学会更全面地领悟城镇的精神；并因而能够从那些对于今天的所有城市而言多少有点共同性的普通进步中，区别出那些特有的发展，借此我们已经开幕的未来将最能胜任，于是，我们已经学会评估的精神将会得到更全面地、更正当地表述。

这种复兴并非仅是（或基本上是）单一地理学上的：它也是人类学和社会学方面的。它属于优生学的范畴，颇具教育意义——精神改良，因而是最重要的。无论如何，优托邦对于正在开启的工业时代的新技术阶段是能够实现的理想，正如那"物质进步"和"工业发展"的理想一样——在现有的黑暗而肮脏的坎坷邦中，旧技术时代的无秩序状态行将瓦解。在它的废墟上，为未来森林的种植已经遍地开始；在最糟糕的贫民窟中，在行将被埋葬的污秽与腐朽之中，孩子们正在栽种玫瑰。在这种物质的和智力的重建过程中，这种社会的和城市的转型，逐渐被正在成长的新一代所领会，将会愈加迅速地进行下去；不论那些愤世嫉俗者变得松懈或强硬，也不论他和我们一同前行或一意孤行。他们从反复的挫折中的自我恢复，从长期的冬眠中的复苏，并非望尘莫及之事。尽管在今天看来，这可能是微小之事，但一旦经历更好的城市和社会秩序，他的气质将随之而变，通过前期的除草与播种，必将赢得鲜花与果实的收获。

对于政治家也是这样，对于各行各业的人们都是如此。对于每个学校的理想而言，对于每个政党的目标而言——每一个都较其竞争对手更充分地接纳有见识和慈善的人——如果没有一些关于历史或现实社会生活的基本原则，没有一些关于其未来发展的前景展望，是不可能发展起来的。在城市历史和现实生活更加丰满的景象和演绎中——城市学，虽然是最后降临的科学，但很快就将变得最丰富，并向每个社区提供关于可能前景的合理预测和准备——政党和所有者常有的嘈杂声将会不断增加。竞争将逐渐趋缓，并转向合作。甚至连敌意和自私主义，也将转向共同福祉的提升方面；并因此而获得胜利、成功及自我实现——凭借服务。

在城市科学中，每项任务都获得超越政治的责任取向，通过为货币经济学所忽视的意义和价值。尽管在科学的时代中，我们不再期盼政治学时代所梦想和表述的那种尽善尽美的理论水平，但随着它的增长和衰退，我们被一种关于未来可能性的更具体的景象所回赠，社会改良与进步的景象——日日积累，年年不断，代代相继——人、工作和地点在一起的景象。

在这种真实的情况下，社会的和谐将会旋即且不断地产生；和谐的努力将唤起，甚至超越历史的渴望，追逐并超越人类最高的历史成就。

优托邦即将来临——这里，那里，到处都是。即使有当前的阻碍，欧洲战争的阻碍，及其超越物质方面的巨大破坏性影响，自此以后，即将行动的一代人，必须将其最好的精神应用于综合问题的解决，应用于复兴的任务。因而，城市紊乱的进化将会被更加清晰地解析和阐释，城市的复兴将茁壮地开始。

推荐阅读文献

个人收藏

读者应当首先：（1）了解自己所在的城市或街区，以及在青年时、假期或旅行中所熟悉的其他地区；（2）了解那些在历史、经济或文化方面使他感兴趣的历史城市或现代城市。每个城市的指南书或其他文献，不管旧的或新的，都应设法找到。旧的规划图、雕版图（engravings）、照片等，也应被收集起来。老师们将会发现学生们的好处，他们甚至能提供让人难以预料的帮助。

一般阅读

现在的公共图书馆收藏有城市学方面的文献。旅行、建筑、探险或发掘等方面的一般读物或特别读本，有很多关于历史上杰出的中世纪城市或文艺复兴时期城市的插图，有助于使读者形成对不同时期城市的精神图库（mental gallery）。拉斯金对威尼斯、佛罗伦萨和亚眠等地，以及 R·L·史蒂文森（R.L.Stevenson）对爱丁堡等地的城市精神的描述，已经为后来的作家作出了榜样、提供了动力。

期刊，尤其是美国的期刊，现在越来越多地涉及城市问题，很多文章经常有很多好的插图辅助论述。

费边主义学会（Fabian Society）的出版物有很多有价值的论文和建议。它们的"新七国联盟系列"（New Heptarchy Series）[第一部,《省域自治》（Municipalisation by Provinces）]部分预见到本书第 2 章的联想。

历史研究

Miss Penstone 所著《城镇研究》（Town Study）（National Society，Westminster）是城镇研究方面的一本优秀的入门书。"历史城市"（Historic Cities）系列读本（Macmillan 出版）包括很多优秀著作。关于中世纪城市，卡米洛·西特（Camillo Sitte）所著《城市建设》（Die Städtebau）（法语译本为《L'Art de Bâtir des

Villes》) 值得推荐。传奇小说作家的作品也有很大价值：Reade 所著《修道院和家庭》(Cloister and the Hearth)[1] 是一流的读本。

城镇调查

C·布思（Charles Booth）所著《伦敦市民生活和工作调查》(Survey of the Life and Labour of the People of London)（12 卷，有地图，Macmillan 出版），深入地调查了街道和街区状况及其居民的生活情况，得到自狄更斯（Dickens）以来的小说的补充——怀特（Whiteing）的《第 5 号约翰大街》(No. 5 John Street)一样著名。

法语文献很多；如左拉（Zola）的《三名城：巴黎、罗马和伦敦》(Les Trois Villes: Paris, Rome, Lourdes)，描写城市和市民的相互影响。夏庞蒂埃（Charpentier）的歌剧《路易丝》(Louise)同样值得阅读。

回到调查方面，马尔（Marr）的《曼彻斯特调查》(Survey of Manchester)简洁而富有启发意义，附有地图（Sheratt & Hughes，第一版）。朗特里（Rowntree）所著《贫穷和失业》(Poverty and Unemployment)（Macmillan 出版）有很重要的价值。在经济学与城市研究的关系方面，M·麦基洛普（Margaret McKillop）[2] 和 M·阿特金森（Mabel Atkinson）所著《经济学，叙述和理论》(Economics, Descriptive and Theoretical)是一个导论性读本（London, Allman, 第 3 版，6d.）。然而，《美国调查》(American Surveys)的内容是最为丰富的，请参见拉塞尔·塞奇学院（Russell Sage Institute）的书目。

住房

汤普森所著《住房指南》(Housing Handbooks)（King & Son）值得参考。

田园城市

E·霍华德（Ebenezer Howard）所著《田园城市》(Garden City Association, 第 1 版)极大地推动了田园城市运动；成果丰硕的"优托邦"，现在被田园城市和城镇规划协会（Garden Cities and Town Planning Association）所继承，并有一个同名的月刊杂志。库尔潘（Culpin）所著《现代的田园城市》(Garden Cities Up to Date)也有推荐价值。

405

---

1 该书中文版译名为《患难与忠诚》，译者谢百魁，译林出版社 2002 年出版。——译者注
2 原著中为"Margaret M'Killop"。——译者注

城镇规划

霍斯福尔（Horsfall）的《德国范例》（Example of Germany）（Sheratt & Hughes，第 1 版）。推动市政行动和立法的名著，内特尔福德（Nettleford）所著《向伯明翰城镇议会的报告》（Report to the Town Council of Birmingham，第 1 版）（关于德国城镇）是市政调查方面的佳作。同样地在推动市政觉醒方面，必须提到"国家住房和城镇规划协会"（National Housing and Town Planning Association）的工作及其出版物（Leicester: Henry D. Aldridge，第 2 版），奥尔德里奇（Aldridge）的《城镇规划案例》（Case for Town Planning）同样著名。极力推荐他们在一个又一个城市所举办的城镇规划大会，以及在大陆城市举办的城镇规划展览。

《城镇规划大会报告》（Report of Town Planning Conference）（R.I.B.A.，1910）值得研究。J·伯恩斯（John Burns）主席的开幕致词值得阅读，这部分内容有注释和参考文献。笔者会提到《爱丁堡城市调查》（Civic Survey of Edinburgh），有 F·C·米尔斯（F. C. Mears）制作的大量插图。也可参考《城镇规划之前的城市调查》（City Surveys before Town Planning）（Sociological Society），及其应用作品，如由 F·C·梅纳德（F. C. Maynard）和 M·巴克（Mabel Barker）所著《沙夫伦·沃顿区域调查》（Saffron Walden Regional Survey）（The Museum, Saffron Walden, 1915）。

《城镇规划展览目录》（Outlook Tower, Edinburgh, 第 6 版）对更深入的城市学研究有帮助，至今有原作可用。除了建筑学和市政学的杂志外，正在不断增加一些城镇规划文章的，可推荐《城镇规划》（Town Planning Review）杂志，由阿谢德（Adshead）和 R·阿伯克龙比（R. Abercrombie）教授编辑（Liverpool: School of Civic Design）。雷蒙德·昂温（Raymond Unwin）所著《城镇规划》（Batsford, Holborn, 第 21 版）精于专业技术，并有广阔的知识和正确的评价。它关于建筑学和城镇规划的论述，并非孤立的艺术至上主义（arts for art's sake），而是表达了过去的一些有价值的城市生活，以及当前的城市复兴，使这些至今成为城市运动的中心工作。关于国外的情况，W·黑格曼（Werner Hegemann）所著《城市建设》（Der Städtebau）（2 卷，出版），柏林，1911 年和 1913 年出版，值得特别推荐。雷（Ray）和金博尔（Kimball）所著《城市规划》（City Planning），美国哈佛大学出版社（Harvard University Press）1913 年出版，也有参考价值。

关于美国城镇规划的文献，也有很高的价值；特别是 C·M·罗宾逊（C. Mulford Robinson）的综合读本，约翰·诺兰（John Nolan）等的城市研究专题报告，奥姆斯特德（Olmsteds）及快速成长的年轻人的设计作品。

　　在对城市进行全面的讨论方面，特别是在停车场、花园和文化机构等方面，可以提到笔者所著《城市发展》（City Development）（Outlook Tower, Edinburgh, 第 21 版）。关于笔者近来的教学大纲，可以参阅《社会学刊》（Sociological Papers）和《社会学》（The Sociological Review）杂志（Sociological Society），以及《关于城市和城市学演讲的大学补充课程提纲》（University Extension Syllabuses of Lectures on Cities and Civics）（University of London），及其各种不同的再版本（Outlook Tower, Edinburgh）。

索引

本索引后的页码均为英文原版书页码。参见正文每页切口侧所附的边码。

译后记

关于本书的翻译，早在 2006 年就有一些初步的想法。当时在导师邹德慈先生的支持下着手《城市和区域规划》及《明日之城市》的翻译，联系到《进化中的城市》一书，很奇怪这么有名的一本书，国内居然还没人完整翻译过。年少轻狂，便有跃跃欲试的冲动。于是去国家图书馆寻找它，但遗憾的是，国家图书馆中的版本是 1997 年的一个重印本，并非原版。而翻译的话，当然最好是原版了（对于本书，原版还省去了版权的麻烦）。后经多方努力，终于在 2007 年 5 月份从国外的一个网上书店（http://www.biblio.com）以 100 多美元的价格购得一本硬装的 1915 年原著。因为年代久远，该书的原著在国内外流传极少，购得此书，可谓如获珍宝。而翻译工作却并没有立即启动，因为当时手头上正有其他的翻译工作在进行中，另一方面我的博士论文工作进入攻坚阶段，没有更多的精力。

2008 年年底我博士毕业，同时我的两位同门叶冬青、吴骏莲已修完博士阶段的基础课、进入论文工作的前期构思阶段，大家相对有点空余的时间。在先生的号召下，我们几个及先生的秘书马克尼，组成兴趣小组，师徒联手，共同开始本书的翻译工作。具体分工方面，吴骏莲负责第 6—11 章，叶冬青负责第 12—17 章，马克尼负责第 18 章，其余内容由我承担。翻译中遇到的一些问题，我们除了进行相互交流和帮助，还时不时向先生请教。译稿完成后，先生对本书进行了认真的审校。由于公务繁忙，先生的审校只能加班加点抽空进行，历时达 3 个月之久。先生的审校极为认真，除了修正错误，指出疑问，许多精彩之处还特别用 "√" 注明，如第 8 章关于美国城市设计的评价、第 9 章关于城市生活在长远来看是国家生存斗争的首要内容、第 17 章关于城市精神的描述等等。在正式作序之前，先生还专门约我谈了他对本书的许多看法，足见先生工作之严谨。

在序言中，先生评价本书翻译工作 "是一项艰苦的'壮举'"，这是对我们几个学生的莫大理解和 "同情"。的确，本书的翻译十分不易。究其原因，一方面在于本书内容的博大精深、旁征博引，同时，"格迪斯是一个熟练的修辞学家，善于有效地使用一些能唤起感情的词语，在必要的情况下还能创造出一些这样的词语"[1]，在本书中，也不乏一些古语和源自盎格鲁－撒克逊语的一些词语，这就无

---

1 伊丽莎白·贝金塔（E.Baigent）. 李浩，华珺译. 格迪斯、芒福德和戈特曼：关于 "Megalopolis" 的分歧 [J]. 国际城市规划，2007（5）：8–16.

形中增加了翻译工作的难度。当然，或许是语言水平过高的缘故，格迪斯的语言风格多少有点过于啰唆，加上思维的跳跃，这就使得本书既难翻译，其实也难阅读。先生对本书译稿的阅读和审校，想必也一定是在极大的耐心下完成的。作为译者，力求译文的简洁明了是我们的职责所在，但原文整体风格如此，并非我们能左右的事情。如若只从译文简洁的角度，大幅简译，虽于读者阅读有利，但恐怕并非是忠于原著的作风。

如果要说翻译工作中的体会，我个人最大的感受是，本书的有关内容，令人很难相信它是一百年前、第一次世界大战战火纷飞时代背景下的作品。书中论述的很多内容，如城镇密集地区发展问题、住房问题、环境问题等，似乎是我们身边所发生的事情。联系我国城市和区域发展的现实，本书仍可用"针砭时弊"加以评价。文中有关推动城市和区域健康发展的呼吁，仍是那么令人震撼和耳目一新。当然，先生向我们特别提醒过，本书所描述的城市社会中，还没有"汽车"这一当今时代的"重要元素"，这也是它与埃比尼泽·霍华德所著《明日：一条通向真正改革的和平道路》相似，而与勒·柯布西耶所著《明日之城市》所显著不同之处。

本书的副标题为"城市规划与城市研究导论"，准确表明了该书的基本性质，我想大家应该都会认可。的确，从中西方现代城市规划理论发展的历史长河来看，本书确实是一本十分重要的"导论"。近年来国内所讨论的城镇群、世界城市、城市调查、城市生态学、区域规划、公众参与、规划展览等很多热门话题，追根溯源，很多都是从本书的有关思想发端。正是在这个意义上，吴良镛先生评价格迪斯是"现代城市规划的奠基人之一，与霍华德堪称'两股并行的溪流'"[1]；邹德慈先生则指出"这是西方近现代城市规划史上一本经典著作"。[2]

翻译工作中，时常被格迪斯执著的科学精神所感动，被他博学的理论知识和对社会现实的洞察所折服，被他像观察自然界中的生灵那样来观察城市的独特视角所着魔。我想，这可能就是翻译名著的最大乐趣。

李浩

2011 年 9 月 6 日于北京

---

1 吴良镛.人居环境科学导论 [M].北京：中国建筑工业出版社，2001：9–10.

2 见邹先生为本书所作的序言。

著译者简介

原著者

帕特里克·格迪斯（Patrick Geddes，1854—1932 年），出生于苏格兰，曾在伦敦大学师从著名生物学家、进化论研究的先驱 T·赫胥黎（Thomas Huxley）学习生物学，后在丹迪大学、伦敦大学、孟买大学执教。著名的生物学家、社会学家和教育学家，现代城市和区域规划理论的先驱思想家之一。

译者

李浩，男，1979 年生，城市规划博士（师从邹德慈院士），中国城市规划设计研究院高级城市规划师，国家注册城市规划师，清华大学与中国城市规划设计研究院联合培养博士后，中国城市规划学会城市生态学术委员会委员，中国城市科学研究会生态城市研究专业委员会青年学组委员。

吴骏莲，女，1978 年生，南京大学城市与区域规划专业在读博士（师从邹德慈院士），城市规划师，国家注册城市规划师，江苏省南通市规划局技术处处长，曾任南通市城市博物馆馆长。

叶冬青，女，1968 年生，南京大学城市与区域规划专业在读博士（师从邹德慈院士），南京市城市与交通规划设计研究院有限责任公司城市规划设计所所长，研究员级高级城市规划师，国家注册城市规划师，江苏省注册咨询专家，江苏省工程建设标准化专家库成员，留美访问学者。

马克尼，男，1978 年生，中国城市规划设计研究院城市规划师，清华大学建筑学院在读硕士研究生。

审校者

邹德慈，中国城市规划设计研究院学术顾问，中国工程院院士。